"十三五"江苏省高等学校重点教材

编号：2019-2-284

无机合成技术与实验

● 蒋荣立　郑菊花　主编

化学工业出版社

·北京·

内容简介

　　《无机合成技术与实验》共分为三部分，包括：无机合成方法及技术、无机合成中的分析表征及 50 个综合与设计实验项目，内容包括无机合成（制备）中的实验技术和方法、无机合成（制备）中的结构鉴定和表征、物质的性质分析等。教材内容涉及化学、材料、化工、环境、能源、物理等多个领域。

　　本书可作为高等学校化学及相关专业学生实验教材，也可作为广大从事化学、材料、化工、能源等领域研究、开发、生产及相关工作人员的参考书。

图书在版编目（CIP）数据

　　无机合成技术与实验/蒋荣立，郑菊花主编. —北京：
化学工业出版社，2022.11
　　ISBN 978-7-122-42594-2

　　Ⅰ.①无…　Ⅱ.①蒋…②郑…　Ⅲ.①无机化学-合
成化学-化学实验-教材　Ⅳ.①O611.4-33

　　中国版本图书馆 CIP 数据核字（2022）第 230580 号

责任编辑：李　琰　宋林青　　　　　　　　装帧设计：韩　飞
责任校对：赵懿桐

出版发行：化学工业出版社（北京市东城区青年湖南街 13 号　邮政编码 100011）
印　　装：三河市延风印装有限公司
787mm×1092mm　1/16　印张 12　字数 283 千字　　2023 年 10 月北京第 1 版第 1 次印刷

购书咨询：010-64518888　　　　　　　　售后服务：010-64518899
网　　址：http://www.cip.com.cn
凡购买本书，如有缺损质量问题，本社销售中心负责调换。

定　　价：35.00 元

前 言

　　合成化学是化学学科的核心，是化学家改造世界、创造社会最有力的手段之一。发展合成化学，不断地创造与开发新的物种，将为研究结构、性能（或功能）与反应以及它们之间的关系，揭示新规律与原理奠定基础，是推动化学学科与相邻学科发展的主要动力。

　　作为合成化学中极其重要的一部分，现代无机合成不仅已成为无机化学的重要分支之一，而且其内涵也大大扩充了，它不再只局限于昔日传统的合成，而是包括了制备与组装科学。目前，国际上几乎每年都有数十万种的新无机化合物和新物相被合成与制备出来，进入无机化学各相关的研究领域。因此，无机合成已迅速地成为推动无机化学及相关学科发展的重要基础。另外，随着新兴学科和高新技术的蓬勃发展，对无机材料提出了各种各样的要求，无疑，这更进一步加强了无机合成在材料科学发展和国民经济建设中的重要地位。

　　无机合成化学及其实验是化学和应用化学专业的一门重要的专业基础课程。在材料、能源和信息成为现代文明三大支柱的今天，随着微电子、激光、光通信、计算机和空间技术的高速发展，无机化学正进入一个日新月异的时代。作为无机化学和材料科学等学科重要分支和基础的无机合成化学，更肩负着设计新化合物和新材料、研究新的反应途径和合成方法、开发新的分离技术和组装功能材料等重要的科学使命。

　　目前，无机合成化学教材已陆续出版，但无机合成实验教材还很少，迫切需要一本简明、现代的实验教材。本书以"无机合成方法及技术—无机合成中的分析表征—无机合成实验"为总体脉络结构，在介绍重要的无机化合物和无机材料的合成方法及原理、基本的表征手段的基础上，设置系列实验，将理论和实验合二为一，适用于没有单独设无机合成理论课的实验课程教学。

　　《无机合成技术与实验》讲义已在三届学生中使用，具有一定的实践应用基础，使用效果良好，本书在原讲义的基础上加以完善补充。教材第1章为无机合成方法及技术，包括：无机合成中的反应、选择合成路线的基本原则、无机合成方法概述以及固相合成、液相合成、化学气相沉积等现代无机合成技术。第2章为物质结构表征方法，包括：物质组成分析、物质结构分析、材料形貌表征、材料性能表征等。第 3 章为无机合成实验项目。在实验内容的精选与安排上，既有典型无机化合物的合成，又有现代无机材料的制备；既有经典无机合成方法的练习，又有无机合成新方法新技术的引入。

在本教材编写过程中，得到了江苏省高等教育学会及中国矿业大学的关心和支持；同时，本教材相关内容参考了国内有关高等院校编写的多部教材，在此一并表示衷心感谢。同时，本教材中涉及众多相关知识和多种实验技术，由于编者水平有限，书中的不足和疏漏之处在所难免，敬请广大读者批评指正。

编者
2022 年 8 月

第1章 现代无机合成方法及技术

第2章 无机合成中的分析表征

第 3 章　无机合成实验

参考文献

第1章　现代无机合成方法及技术

目前已知的化学物质达 7000 多万种，其中绝大多数并不存在于自然界，而是利用化学反应通过某些实验方法，从一种或几种物质得到的。长期以来，化学的发展重心都是放在制备和发现新化合物上。无机合成不仅能制造许多化学物质，还能为新技术和高科技合成出各种新材料（如新的配合物、金属有机化合物和原子簇化合物等）。具有一定结构、性能的新型无机化合物或无机材料合成路线的设计和选择，化合物或材料合成途径和方法的改进及创新是目前无机合成研究的主要对象。

现代无机合成的主要任务是合成新的无机物，并发展新的合成方法。

1.1　无机合成中的反应

无机制备中涉及的反应很多，主要有以下几类。

1. 热分解反应

某些含氧酸盐（$KMnO_4$、$KClO_4$、$AgNO_3$），不活泼金属氧化物（HgO、Ag_2O）及共价型卤化物、羰基化合物、氢化物等受热分解可以制备单质。许多金属，特别是重金属的碳酸盐、硝酸盐、草酸盐及铵盐等不稳定，受热分解可以生成相应的金属氧化物，固体配合物的热分解反应相当于固态下的取代反应，当固体配合物被加热到某一温度时，易挥发的配体逸出，其位置被配合物的外界阴离子占据，从而得到新的配合物。

例如，利用甲硅烷的热分解制备半导体材料硅：

$$SiH_4 \xrightarrow{800\sim1000℃} Si + 2H_2$$

由 $CaCO$ 热分解制备 CaO：

$$CaCO_3 \xrightarrow{900℃} CaO + CO_2$$

高温下水氨合金属配合物往往可以失去配位水分子，利用此性质有时可以方便地制备氨合金属配合物：

$$[Rh(NH_3)_5H_2O]I_3 \xrightarrow{100℃} [Rh(NH_3)_5I]I_2 + H_2O$$

2. 化合反应

利用非金属氧化物及金属氧化物与水化合可制备含氧酸及碱，在非水溶剂中，利用两物质之间的化合反应也可以制备某些配合物。

例如，硫酸的制备：

$$SO_3 + H_2O \xequal H_2SO_4$$

活泼金属氢氧化物的制备：

$$CaO + H_2O \xequal Ca(OH)_2$$

二氯二氨合铂（Ⅱ）的制备：

$$PtCl_2 + 2NH_3 \xequal [Pt(NH_3)_2Cl_2]$$

3. 复分解反应

由两种化合物互相交换成分，生成另外两种化合物的反应称为复分解反应，利用复分解反应可以制备各种酸、碱、盐及氢化物。

通常利用盐与盐反应，从可溶性盐制难溶性盐：

$$3ZnSO_4 + 2K_3PO_4 \xequal Zn_3(PO_4)_2 + 3K_2SO_4$$

利用酸与氧化物、氢氧化物作用制备硝酸盐、硫酸盐、磷酸盐、碳酸盐、乙酸盐、氯酸盐、高氯酸盐等：

$$CuO + 2HNO_3 \xequal 2Cu(NO_3)_2 + H_2O$$

用酸与盐作用制备某些盐时，最常用的原料是碳酸盐或碱式碳酸盐，这时可制得纯度很高的化合物，例如：

$$CoCO_3 \cdot 3Co(OH)_2 + 8HCl \xequal 4CoCl_2 + 7H_2O + CO_2$$

利用非金属和金属二元化合物与酸作用可以制备卤素、硫族元素、磷、砷、锑及硅等的氢化物，但必须注意酸的选择：

$$Mg_2Si + 4HCl \xequal 2MgCl_2 + SiH_4$$

4. 氧化还原反应

利用氧化还原反应可以制备单质及多种化合物。通常用 C、H_2、Mg、Al、Na 等还原剂从金属氧化物或卤化物中还原出金属单质，例如：

$$CuO + H_2 \xrightarrow{250\sim300℃} Cu + H_2O$$

非金属单质可由其相应的化合物通过氧化还原反应制得，如由卤化物的氧化可制取卤素单质，氨的高温氧化可制取氮，磷酸钙的电热还原可制取 P_4：

$$2Ca_3(PO_4)_2 + 6SiO_2 + 10C \xrightarrow{\triangle} 6CaSiO_3 + P_4 + 10CO$$

常用氧化剂氧化低价化合物制备高氧化态的含氧酸盐，如 K_2MnO_4 的制备：

$$3MnO_2 + 6KOH + KClO_3 \xequal 3K_2MnO_4 + KCl + 3H_2O$$

1.2 选择合成路线的基本原则

合成路线是合成工作者为合成目标化合物所拟定的合成方案。合成路线设计涉及化合物的结构、性能、反应等诸多方面的内容。要做好这方面的工作，必须遵循下面几个原则：

1. 合成路线的科学性

无机合成的基础是无机化学反应，要从热力学方面考虑化学反应的可能性，主要根据元素在周期表中的位置和性质进行定性判断，辅以 $K_a^{\ominus}(K_b^{\ominus})$、$K_{sp}^{\ominus}$、$K_{稳}^{\ominus}$、$E^{\ominus}$ 和 $\Delta G^{\ominus}$ 等热力学数据进行定量判断。另外，也要从动力学角度来分析。若一个化学反应的反应趋势极大，但反应进行得非常缓慢，那么没有实际意义。

无机合成中仅仅实现一个或几个无机化学反应是远远不够的，还必须对产品进行分离和提纯，使之达到要求（或规定）的质量标准，这往往是化学合成工作的重要组成部分，甚至成为技术难关。

2. 合成路线的先进性

合成路线设计涉及化合物的结构、性能、反应等诸方面的内容。首先要分析成功的可能性，即能得到所需化合物，同时要考虑经济上是否合理；另外从合成本身来讲，创造性也是合成工作者所追求的目标。从总体上看，合成路线的选择要求工艺简单、反应条件温和、操作简便安全，原料试剂来源丰富、价廉、易得、毒性小，成本低、转化率高、产品质量好，同时对环境污染小，生产安全性高。

3. 按照实际情况选择合适的合成路线和方法

产品生产通常有多种方法，各种方法又各具优、缺点，应综合评选出适合实际情况的最佳合成路线；另外，有时因条件限制，不得不放弃较优方案，而采取能满足实际需要的原料和条件的方案。

例如，$SbCl_3$ 的合成有以下两种方法：

（1）金属锑法。金属在氯气中燃烧，得到 $SbCl_3$ 的同时生成 $SbCl_5$，可用蒸馏法除去。

（2）锑化物法。三氧化二锑或三硫化二锑与盐酸反应后，经浓缩蒸馏而得。

锑化物法能得到较纯的产品，但成本高，设备腐蚀严重；金属锑法成本低，劳动保护易解决。因此，目前工业上多采用金属锑法生产。

又如，以 Cu 为原料合成氧化铜也有两种方法：

（1）直接合成法。将 Cu 与 O_2 直接化合得到。

$$2Cu + O_2 \xrightarrow{\triangle} 2CuO$$

（2）间接合成法。先将 Cu 氧化为可溶性 $Cu(\text{II})$ 化合物，再转化为 CuO。

$$Cu \longrightarrow Cu(\text{II}) \longrightarrow \begin{array}{l} \longrightarrow Cu(OH)_2 \longrightarrow CuO \\ \longrightarrow Cu_2(OH)_2CO_3 \longrightarrow CuO \end{array}$$

工业铜杂质较多，一般不采用直接合成法。而采用间接合成法时，若先将 Cu 转化为 $Cu(NO_3)_2$，由于

$$Cu(NO_3)_2 \xrightarrow{\triangle} CuO + 2NO_2 + 1/2O_2$$

考虑 NO_2 的污染，一般不采用此法。而 $Cu(OH)_2$ 显两性，可溶于过量碱中

$$Cu(OH)_2 + 2OH^- \Longrightarrow Cu(OH)_4^{2-}$$

且 $Cu(OH)_2$ 为胶状沉淀，过滤困难，故很少采用由 $Cu(OH)_2$ 分解制备 CuO 的方法。所以一般采用碱式碳酸铜热处理的方法来制备 CuO。

$$Cu_2(OH)_2CO_3 \Longrightarrow 2CuO + CO_2 + H_2O$$

　　而合成 $Cu_2(OH)_2CO_3$ 时还要考虑原料选择，是用 $NaHCO_3$、Na_2CO_3、$(NH_4)_2CO_3$ 还是 NH_4HCO_3 与可溶性铜盐作用，如果产品对碱金属含量要求不高，可用 $NaHCO_3$，反之就用 NH_4HCO_3。

1.3　无机合成方法概述

　　无机化合物或材料种类繁多，其合成方法多种多样，主要包括六种方法：（1）电解合成法，如水溶液电解和熔融盐电解；（2）以强制弱法，包括氧化还原反应中由强氧化剂、强还原剂制备弱氧化剂、弱还原剂，和酸碱反应中由强酸、强碱制备弱酸、弱碱；（3）水溶液中的离子反应法，如气体的生成、酸碱中和、沉淀的生成与转化、配合物的生成与转化等；（4）非水溶剂合成法；（5）高温热解法；（6）光化学合成法。

　　现代无机合成中，为了合成具有特殊结构或聚集态（如膜、超微粒、非晶态等）及具有特殊性能的无机功能化合物或材料，越来越广泛地应用各种特殊实验技术和手段，如高温和低温合成、水热溶剂热合成、高压和超高压合成、放电和光化学合成、电氧化还原合成、无氧无水实验技术、各类 CVD（化学气相沉积）技术、sol-gel（溶胶-凝胶）技术、单晶的合成与晶体生长、放射性同位素的合成与制备以及各类重要的分离技术等。例如大量由固相反应或界面反应合成的无机材料只能在高温或高温高压下合成；具有特种结构和性能的表面或界面的材料，如新型无机半导体超薄膜，具有特种表面结构的固体催化材料等，需要在超高真空下合成；大量低价态化合物和配合物只能在无水无氧条件下合成；晶态物质的造孔反应需要在中压水热合成条件下完成；大量非金属间化合物的合成和提纯需要在低温真空下进行等。

　　根据材料制备过程中反应所处的介质环境不同，将现代无机合成的技术手段简单地分为固相法、液相法和气相法。本章介绍部分现代无机合成中常用的几种技术。

1.4　固相合成

　　固相化学反应是人类最早使用的化学反应之一，我们的祖先早就掌握了制陶工艺，将制得的陶器做生活用品，如将陶罐用于集水、储粮，将精美的瓷器用作装饰。因为固相化学反应不使用溶剂，加之具有高选择性、高产率、工艺过程简单等优点，已成为人们制备新型固相固体材料的重要手段之一。

　　固相反应能否进行，取决于固体反应物的结构和热力学函数。所有固相的化学反应和溶液中的化学反应一样，必须遵守热力学的规则，即整个反应的吉布斯函数改变小于零。在满足热力学条件下，固体反应物的结构成为固相反应进行的速率的决定性因素。

　　事实上，由于固相反应的特殊性，人们为了使之在尽量低的温度下发生，已经做了大量的工作。例如，在反应前尽量研磨混匀反应物以改善反应物的接触状况及增加有利于反应的缺陷浓度；用微波或各种波长的光等预处理反应物以活化反应物等。

　　根据固相化学反应发生的温度可将固相化学反应分为三类，即反应温度低于 $100℃$ 的低温固相反应，反应温度介于 $100\sim600℃$ 之间的中温固相反应，以及反应温度高于 $600℃$ 的高温固相反应。

1.4.1　低温固相反应

所谓低温固相反应，即 100℃ 以下发生的有固相参与的反应，又称为室温固相反应。低温固相反应被发现的时间很早，但并未引起足够的重视，因而也未能在合成化学领域中得到广泛的应用。然而，低温固相反应具有化学反应操作简便、便于控制、不使用溶剂、选择性高、产率高、污染少、合成工艺简单、节约能源等优点，非常符合现代社会绿色化学发展的要求。因此，从 20 世纪 80 年代开始，我国在低温固相合成方面开始了相关的研究工作。目前，低温固相合成法已成为制备新型无机功能材料的重要手段之一。

反应过程由扩散、反应、成核、生长四个阶段组成。首先，固相反应的发生起始于两个反应物分子的扩散接触，接着发生链的断裂和重组等化学作用，生成新的化合物分子。此时的生成物分子分散在源反应物中，只有当产物分子聚积形成一定大小的粒子，才能出现产物的晶核，从而完成成核过程。随着晶核的长大，达到一定的大小后出现产物的独立晶相。但由于各阶段进行的速率在不同的反应体系或同一反应体系不同的反应条件下不尽相同，使得各个阶段的特征并非清晰可辨，总反应特征只表现为反应的控制速率步骤的特征。长期以来，一直认为高温固相反应的控制速率步骤是扩散、成核、生长，原因就是在很高的反应温度下，化学反应这一步速度极快，无法成为整个固相反应的控制速率步骤。在低温条件下，化学反应这一步也可能是速率的控制步骤。

低温固相反应的操作步骤一般为：将反应物 A 和反应物 B 分别置于玛瑙研钵中研磨数分钟，或者加入一定的添加剂后混合研磨，研磨过程结束后，再进行洗涤、干燥直接得到所需产物，或者进行热处理后洗涤、干燥得到产物，然后再进一步对产物进行表征测试。

低温固相反应由于其独有的特点，在合成化学中已经得到许多成功的应用，获得了许多新化合物，有的已经或即将步入工业化的行列，显示出它应有的生机和活力。但低温固相反应作为一个发展中的研究方向，需要解决的问题还很多。例如与气相或液相反应相比，低温固相反应的机理更加复杂和特殊。固态物质在参与化学反应并产生晶核的同时，还需要一个物质和能量的扩散或传输过程才能使反应继续进行。它不像气相反应或液相反应那样，靠反应物浓度的变化来推动反应。在固相反应中，这种物质和能量的传递主要通过晶格振动、缺陷运动和离子与电子的迁移来进行，其取决于固相反应物质的晶体结构、内部缺陷、形貌以及组分的能量状态等因素。这些因素分布较广，而且可以相互影响，这就造成了固相反应的复杂性和特殊性，使之研究非常困难。但是，低温固相反应的发展前景还是非常诱人的。尤其是跨入 21 世纪的今天，其具有的"节能减排和高效"的特征更加符合时代发展的要求，必将获得人们的关注，成为绿色生产的首选方法。

1.4.2　高温固相反应

高温固相反应法是将固体原料混合，并在高温（高于 600℃）下通过扩散进行反应。这一方法是无机固体材料合成和制备的传统方法，该方法操作简便，成本低，被广泛地用于无机固态化合物的合成、粉体材料和陶瓷材料的制备。

在溶液反应中反应物分子或离子之间可以直接接触，反应的活化能主要涉及键的断裂和形成，因而反应可以在较低的温度（室温或 100～200℃）下进行。而在固相反应中，反应物一般以粉末形式混合，接触是很不充分的。实际上固体反应是反应物通过颗粒接触面在晶格中扩散进行的，因而要使固相反应发生，必须将它们加热到很高的温度，通常是 $1000\sim1500℃$。而把固体原料混合物在室温下放置，一般情况下它们之间并不发生反应。以下通过讨论 MgO 和 Al_2O_3 反应生成尖晶石 $MgAl_2O_4$，来理解固相反应的机理及影响反应的因素。

把 MgO 和 Al_2O_3 以摩尔比 $1:1$ 混合，在室温下观察不到它们之间的反应。但将反应物加热超过 $1200℃$ 时，可以观察到有明显的反应，然而只有把反应物在 $1500℃$ 下加热数天，反应才能完成。

尖晶石 $MgAl_2O_4$ 与反应物 MgO 和 Al_2O_3 的晶体结构有相似性和相异性。在 MgO 和 $MgAl_2O_4$ 中，氧离子均为立方密堆积排列。而在 Al_2O_3 中，氧离子为畸变的六方密堆积排列。Al^{3+} 在 Al_2O_3 和 $MgAl_2O_4$ 中，均占据八面体格位；而 Mg^{2+} 在 MgO 中占据八面体格位，在 $MgAl_2O_4$ 中却占据四面体格位。

以 MgO 和 Al_2O_3 接触面来考查反应的过程和机理，见图 1-1。反应的第一步是生成 $MgAl_2O_4$ 晶核。晶核的生成是比较困难的，因为反应物和产物的结构是不同的，生成产物时涉及大量结构重排：化学键的断裂和重新组合，原子也需要作相当距离（原子尺度）的迁移。通常认为，MgO 中的 Mg^{2+} 和 Al_2O_3 中的 Al^{3+} 束缚在它们固有的格点位置上，欲使它们跳入邻近的空位是困难的，然而在很高的温度下，这些离子具有足够的动能，使之能从正常格位跳出并通过晶格扩散。$MgAl_2O_4$ 的成核可能包括这样一些过程：氧离子在将要生成晶核的位置上进行重排，与此同时，Al^{3+} 和 Mg^{2+} 通过 Al_2O_3 和 MgO 晶体的接触面互相交换。

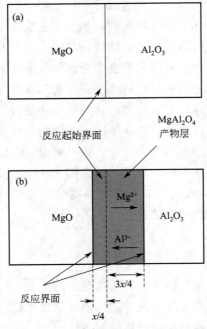

图 1-1　MgO 和 Al_2O_3 反应时相互紧密接触状态（a）和
MgO 与 Al_2O_3 中阳离子扩散（b）示意图

虽然成核过程是困难的，但随后进行的反应（即产物层的增长）更为困难。为了使反应进一步进行，即产物 $MgAl_2O_4$ 层的厚度增加，Mg^{2+} 和 Al^{3+} 必须通过已存在的 $MgAl_2O_4$ 产物层，扩散到达新的反应界面。在此阶段有两个反应界面：MgO / $MgAl_2O_4$ 以及 $MgAl_2O_4$ / Al_2O_3，我们可以假定 Mg^{2+} 和 Al^{3+} 的扩散是反应速率的决定步骤，因为扩散速率很慢，所以反应即使在高温下进行也很慢，而且反应速率随尖晶石产物层厚度增加而降低。

离子在晶格中的扩散速率符合下列形式的抛物线定律：

$$\frac{\mathrm{d}x}{\mathrm{d}t}=\frac{k}{x} \quad 或 \quad x=(2kt)^{1/2}$$

式中，x 为反应量（此处是尖晶石层的生长厚度）；k 是速率常数；t 是反应时间。人们对 $NiAl_2O_4$ 尖晶石的反应过程进行了仔细的考查，证明 $NiAl_2O_4$ 的生成速率符合上述公式，见图 1-2。

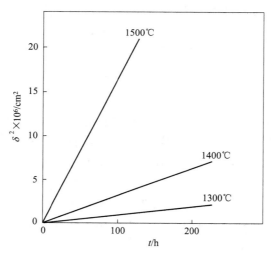

图 1-2　NiO 与 Al_2O_3 反应中，产物 $NiAl_2O_4$
层厚度 δ 与温度和时间的关系

上述 MgO 和 Al_2O_3 的反应机理，涉及 Mg^{2+} 和 Al^{3+} 通过产物层的相对扩散，以及在两个反应物/产物界面上继续反应，这个机理称为 Wagner（华格纳）机理。为了使电荷平衡，每 3 个 Mg^{2+} 扩散到右边界面，就有 2 个 Al^{3+} 扩散到左边界面．在理想情况下，在两个界面上进行的反应可以写成如下形式：

界面 $MgO/MgAl_2O_4$

$$2Al^{3+}-3Mg^{2+}+4MgO=\!=\!=MgAl_2O_3 \tag{a}$$

界面 $MgAl_2O_4/Al_2O_3$

$$3Mg^{2+}-2Al^{3+}+4Al_2O_3=\!=\!=3MgAl_2O_4 \tag{b}$$

总反应　　　　　　　　$4MgO+4Al_2O_3=\!=\!=4MgAl_2O_4$

从上面的反应方程可以看出，反应（b）中尖晶石产物的量相当于反应（a）中的 3 倍。因而，右边的界面的增长速率应该是左边界面速率的 3 倍。在 MgO 和 Al_2O_3 反应生成 $MgAl_2O_4$ 尖晶石的反应中，发现两个界面移动速率比为 1∶2.7，与理论值 1∶3

很接近。

通过以上的讨论可以推知影响反应速率的 3 个重要因素：①反应固体原料的表面积及各种原料颗粒之间的接触面积；②产物相的成核速率；③离子通过各种物相特别是产物物相的扩散速率。

1.5 液相合成

液相法是以均相的溶液为出发点，通过各种途径使溶质与溶剂分离，溶质形成一定形状和大小的颗粒，得到所需粉末的前驱体，热解后得到产物。液相法相比于固相法，其有效组分可达到分子、原子级别的均匀混合，且具有合成反应温度低等优点，成为目前制备多组分材料的主要方法。在温和的反应条件下和缓慢的反应进程中，以可控制的步骤，一步步地进行化学反应获得超细粉体的液相法称为软化学法，包括沉淀法、水热法、溶剂热法、溶胶-凝胶法和微乳液法等。它具有设备简单、产品纯度高、均匀性好、组分容易控制、成本低等特点，这样得到的粉体性能优于常规反应合成的粉末，甚至可以直接通过软化学法制备材料和器件，因而在最近几十年中获得了迅猛发展。

1.5.1 沉淀法

沉淀法是一种常用的从液相中合成无机粉体材料的方法。向含某种金属（M）盐的溶液中加入适当的沉淀剂，当形成沉淀的离子浓度的幂指数的乘积超过该条件下该沉淀物的溶度积时，就能析出沉淀。除了直接在含有金属盐的溶液中加入沉淀剂可以得到沉淀外，还可以利用金属盐或碱的溶解，通过调节溶液的酸度、温度使其产生沉淀；或于一定温度下使溶液发生水解，形成不溶性的氢氧化物、水合氧化物或盐类并从溶液中析出。最后将溶剂和溶液中原有的阴离子洗去，经热解或脱水即得到所需的粉体材料。沉淀法包括直接沉淀法、均匀沉淀法、共沉淀法、醇盐水解法。

1. 沉淀法的原理

使用沉淀法得到沉淀一般要经过晶核形成和晶核长大两个过程。将沉淀剂加入含有金属盐的溶液中，离子通过相互碰撞聚集成微小的晶核。晶核形成后，溶液中的构晶离子向晶核表面扩散，并沉积在晶核上，晶核就逐渐长大成沉淀微粒。

从过饱和溶液中生成沉淀时通常涉及 3 个步骤。

（1）晶核生成。离子或分子间的作用生成离子或分子簇，再形成晶核。晶核生成相当于生成若干新的中心，再自发长成晶体。晶核生长过程决定生成晶体的粒度和粒度分布。

（2）晶体生长。物质沉积在这些晶核上，晶体由此生长。

（3）聚结和团聚。由细小的晶粒最终生成粗晶粒，这个过程包括聚结和团聚。

为了从液相中析出大小均一的固相颗粒，必须使成核和生长两个过程分开，以便使已形成的晶核同步长大，并在长大过程中不再有新核形成。产生沉淀过程中的颗粒生长有时在单一核上发生，但常常是靠细小的一次颗粒的二次凝集。沉淀物的粒径取决于核形成与核生长的相对速率。即如果核形成速率低于核成长速率，那么生成的颗粒数就少，单个颗粒的粒径就大。

2. 沉淀法原料选择及溶液配制

原料的选择直接决定了生产成本的高低、工艺的复杂程度及产品粒子的性质。因此，原料选择对沉淀法制备的材料性质至关重要。由于制备材料的不同，通常选择可溶于水的硝酸盐、氯化物、草酸盐或金属醇盐等作为原料。

溶液配制是沉淀法制备材料过程中第一个关键的操作步骤。通常将含有目标元素的几种溶液混合，或用相应物质的盐类配制成水溶液，必要时还可以在混合液中加入各种沉淀剂，或向溶液中加入有利于沉淀反应的某些添加剂。为实现溶液均匀混合或同步沉淀，配制溶液时可按化学计量比来调整溶液中金属离子的浓度。对于某些特殊的难以同时共存的离子，在配制溶液时，还需要加热或严格控制各溶液的相对浓度。

3. 沉淀法制备纳米微粉的影响因素

（1）盐溶液的浓度

盐溶液的浓度决定了形核粒子的聚集速率和生长速率，溶液浓度高，粒子的聚集速率占优势，沉淀时发生反应生成大量的核并聚集在一起，得到无定形沉淀；溶液浓度低，粒子的生成速率占优势，得到晶形沉淀，但浓度过低影响粉体的收率。

（2）溶液的 pH 值

不同阳离子沉淀时的 pH 值不同，只有将溶液的 pH 值调至合适的范围，阳离子才能全部沉淀。

（3）反应温度

温度影响形核速率和生长速率。制备超细粉体应在最大形核速率对应的温度时发生沉淀反应，由于形核数量多，可得到一次颗粒细小均匀的粉体。温度过低，对反应速率不利，容易造成颗粒聚集速率增加而导致粉体团聚；温度过高，则容易导致沉淀物发生水解。

（4）搅拌

为了保持溶液、溶液中 pH 值的分布以及沉淀产物的均匀性，在整个反应过程中应该进行剧烈搅拌，沉淀结束后一般仍需保持在此温度连续搅拌一定时间，让沉淀粒子发育完善，使颗粒均匀化、球形化。沉淀反应时，母盐和沉淀剂会引入一些其他离子，必须经过水洗去除，否则在后续工艺中将对粉体性能产生影响。水洗时为保证各成分不流失，水洗液仍需保持在完全沉淀时的 pH 值。

（5）沉淀剂加入方式

从外部加入沉淀剂有两种方式，一为正滴，即将沉淀剂滴加到盐溶液中，直至沉淀完全，在整个反应过程中溶液的 pH 值不断连续变化；二为反滴，即将盐溶液与沉淀剂以一定比例同时加入到容器中，沉淀反应一直在固定的 pH 值下进行，生成的沉淀均匀、细小。沉淀剂加入慢，粉体缓慢式成核；沉淀剂加入快，粉体爆炸式成核。

1.5.2 溶胶-凝胶法

溶胶-凝胶法是低温或温和条件下合成无机化合物或无机材料的重要方法。该方法可使反应物在原子水平上达到均匀混合，并且很多种材料的原料组分都可以制成溶胶-凝胶体系。制备溶胶-凝胶体系的方法有很多，常用的方法之一是采用金属醇盐的水解。例如要制备金

属离子 M_1 和 M_2 的混合凝胶，可选用它们的醇盐混合，然后加水调整至适当的 pH，让醇盐缓慢水解并逐渐缩聚。随着时间的延长，聚合度增加，黏度提高，体系由溶液变为溶胶，再变为凝胶，最后成为透明固体。反应过程可以表示为：

水解过程

$$M_1-(OR)_m + mH_2O \longrightarrow M_1-(OH)_m + mROH$$
$$M_2-(OR)_n + nH_2O \longrightarrow M_2-(OH)_n + nROH$$

缩聚过程

$$M_1-(OH)_m + M_2-(OH)_n \longrightarrow (OH)_{m-1}-M_1-O-M_2-(OH)_{n-1} + H_2O$$

在此过程中，反应生成物聚集成 1nm 左右的粒子并形成溶胶；经陈化，溶胶形成三维网络而成凝胶；将凝胶干燥以除去残余水分、有机基团和有机溶剂，得到干凝胶；干凝胶研磨后，煅烧，得到纳米粉体。

1. 溶胶-凝胶法过程中的反应机理

溶胶（sol）是具有液体特征的胶体体系，分散的粒子是固体或大分子，尺寸为 1～1000nm。从热力学的角度看，溶胶属于亚稳体系，因此胶粒有发生凝聚或聚合的趋向。稳定溶胶中粒子的粒径很小，通常为 1～10nm，其表面积很大。凝胶（gel）是具有固体特征的胶体体系，凝胶的形成是由于溶胶中胶体颗粒或高聚物分子相互交联，空间网络状结构不断发展，最终溶胶失去其流动性，粒子呈网状结构，这种充满液体的非流动半固态的分散体系称为凝胶。经过干燥，凝胶变成干凝胶或气凝胶，呈现一种充满孔隙的结构。

因此，简单地讲，溶胶-凝胶法就是用含高化学活性组分的化合物作前驱体，在液相下将这些原料均匀混合，并进行水解、缩合，在溶液中形成稳定的透明溶胶体系，溶胶经陈化，胶粒间缓慢聚合，形成三维空间网络结构的凝胶，凝胶网络间充满了失去流动性的溶剂，形成凝胶。凝胶再经过低温干燥，脱去其溶剂而成为具有多孔空间结构的干凝胶或气凝胶。最后，经过烧结、固化，制备出分子乃至纳米级结构的材料。

溶胶是否能向凝胶发展取决于胶粒间的相互作用是否能克服凝聚时的势垒。因此，增加胶粒的电荷量，利用位阻效应和溶剂化效应等都可以使溶胶更稳定，凝胶更困难；反之，则容易产生凝胶。

溶胶-凝胶法的制备过程可以分为 5 个阶段：（1）经过源物质分子的聚合、缩合、团簇、胶粒长大形成溶胶。（2）伴随着前驱体的聚合和缩聚作用，逐步形成具有网状结构的凝胶，在此过程中可形成双聚、链状聚合、准二维状聚合、三维空间的网状聚合等多种聚合物结构。（3）凝胶的老化，在此过程中缩聚反应继续进行直至形成具有坚实的立体网状结构。（4）凝胶的干燥，同时伴随着水和不稳定物质的挥发。由于凝胶结构的变化，这一过程非常复杂，凝胶的干燥过程又可以分为 4 个明显的阶段，即凝胶起始稳定阶段、临界点、凝胶结构开始塌陷阶段和后续塌陷阶段（形成干凝胶或气凝胶）。（5）热分解阶段，在此过程中，凝胶的网状结构彻底塌陷，有机物前驱体分解、挥发，同时目标产物的结晶度提高。经过以上 5 个阶段，即可以制得具有指定组成、结构和物理性质的纳米微粒、薄膜、纤维、致密或多孔玻璃、致密或多孔陶瓷、复合材料等。

2. 溶胶-凝胶法制备的影响因素

（1）水的加入量。水的加入量低于按化学计量关系所需要的消耗量时，随着水量的增加，溶胶的时间会逐渐缩短，超过化学计量关系所需量时，溶胶时间又会逐渐增长，所以按化学计量加入时成胶的质量好，而且成胶的时间相对较短。

（2）醇盐的滴加速率。醇盐易吸收空气中的水而水解凝固，因此在滴加醇盐溶液时，在其他因素一致的情况下滴加速率明显影响溶胶时间，滴加速率快，凝胶速率也快，易造成局部水解过快而聚合胶凝生成沉淀，同时一部分溶胶未发生水解，最后导致无法获得均一的凝胶。所以在反应时还应辅以均匀搅拌，以保证得到均一的凝胶。

（3）反应溶液的 pH 值。反应液的 pH 值不同，其反应机理也不同，对同一种金属醇盐的水解缩聚，往往产生结构、形态不同的缩聚。pH 值较小时，缩聚反应速率远远大于水解反应速率，水解由 H^+ 的亲电取代引起。缩聚反应在完全水解前已经开始，因此缩聚物交联度低。pH 值较大时，体系的水解由 OH^- 的亲核取代引起，水解反应速率大于亲核反应速率，形成大分子聚合物，有较高的交联度。

另外，溶液的 pH 值对产物的形貌有明显的影响。这是由于在凝胶的形成过程中，溶液的酸碱性影响凝胶网状结构的形成。因此，可以根据需要，通过调节溶液的 pH 值来催化金属醇盐水解，从而对所形成的凝胶的网状结构进行剪裁，形成富有交联键或分枝的聚合物链，或者形成具有最少连接键的不连续的球状颗粒。纳米材料的合成，通常采用碱性催化水解。所有的试验结果表明，在对产物尺寸和形貌的控制中，溶液的 pH 值的影响至少和前驱体的结构一样重要。

（4）反应温度。温度升高，水解反应速率相应增大，胶粒分子动能增加，碰撞概率也增大，聚合速率快，从而导致溶胶时间缩短；另外，较高温度下溶剂醇的挥发快，相当于增加了反应物浓度，加快了溶胶速率，但温度升高也会导致生成的溶胶相对不稳定。

（5）凝胶的干燥过程中体积收缩会使其开裂，其开裂的原因主要是毛细管力，而此力又是由填充干凝胶骨架孔隙中的液体的表面张力所引起的，所以要减少毛细管力和增强固相骨架，通常需加入控制干燥程度的化学添加剂。另一种办法是采用超临界干燥，即将湿凝胶中的有机溶剂和水加热、加压到超过临界温度、临界压力，则系统中的液气界面消失，凝胶中毛细管力不存在，得到完美的不开裂的薄膜，此外，在进一步热处理使其致密化过程中，须先在低温下脱去吸附在干凝胶表面的水和醇，升温速率不宜太快，避免发生炭化而在制品中留下炭质颗粒（—OR 基在非充分氧化时可能炭化）。

3. 溶胶-凝胶法的特点

（1）纯度高。溶胶-凝胶法的原料可以用蒸馏方法或结晶方法提纯，保证了原料的纯度；没有机械研磨等过程所引入的杂质，制得的材料纯度高。

（2）化学组成均匀。各组分在分子级混合，可以得到化学组成准确、相结构均匀的多组分固溶体。并且很容易均匀定量地掺入一些微量元素，实现分子水平上的均匀掺杂。

（3）加工温度较低。在较低的温度合成时，产物粒度分布均匀且细小；较低的烧结温度可以有效控制某些易挥发成分的挥发。

（4）可以控制颗粒尺寸。

（5）工艺操作简单，不需要昂贵的设备，易于工业化。

采用溶胶-凝胶法可以制备纳米尺度的粉体材料，但这些纳米颗粒之间很容易发生硬团聚现象。我们将颗粒之间以范德华力连接形成的团聚现象称为软团聚，这种团聚的颗粒分散较为容易；颗粒之间以共价键形式连接形成的团聚称为硬团聚，这种颗粒的分散是十分困难的。若要利用溶胶-凝胶法制备粒度分布窄、分散性好的纳米粉体材料，需要做仔细的研究工作，从而掌握合适的制备条件。

另外，工业生产中仍存在工艺周期长、原材料利用不够充分等情况，因而缩短工艺周期、充分利用原材料降低成本和解决产物团聚等是今后需要研究解决的问题。

1.5.3 水热和溶剂热合成法

水热与溶剂热合成法是指在密闭体系中，以水或有机溶剂作介质，在一定温度（100～1000℃）和压力（1MPa～1GPa）下，原始混合物进行反应合成新化合物的方法。在亚临界和超临界水热条件下，由于反应处于分子水平，反应性提高，因而水热反应可以替代某些高温固相反应。根据合成时的加热温度可分为低温水热合成（100℃以下）、中温水热合成（100～200℃）和高温水热合成（大于300℃）。

水热合成法的研究是从19世纪中叶地质学家模拟自然界成矿作用开始的。石油、煤、矿物的形成，都是因为生物质、金属盐渗入地下甚或降到地下几千米处后，在地下高温高压条件下发生水热反应。科学家们建立了水热合成理论，从模拟地矿生成开始到合成沸石、分子筛、其他晶体材料，以后又开始转向功能材料的合成，迄今已经历了100多年。随着水热合成技术在合成领域越来越广泛的应用，该方法已经成为无机化合物合成的一个重要手段。

1. 水热和溶剂热法合成原理

在亚临界和超临界水热或溶剂热条件下，物质在溶剂中的物理性质与化学反应性能如密度、介电常数、离子积等都会发生变化，如水的临界密度为 $0.32g/cm^3$。由于反应处于分子水平，反应性提高，因此可以说水热和溶剂热反应扩充了高温固相反应。

水热（溶剂热）反应过程初步认为包括以下几个过程：前驱体充分溶解——→形成原子或分子生长——→基原——→成核结晶——→晶粒生长。

高温时，密封容器中一定填充度的溶媒膨胀，充满整个容器，从而产生一定的压力。水或有机溶剂既是溶剂又是矿化剂，同时作为压力传递介质，还可以作为一种化学成分参与到反应中。为使反应较快且充分进行，通常还需在反应釜中加入各种矿化剂。在加热过程中反应物溶解度随温度的升高而增加，最终导致溶液过饱和并逐步形成更稳定的化合物新相。反应过程的驱动力是最后可溶的前驱物或中间产物与最终产物之间的溶解度差，即反应向吉布斯焓减小的方向进行。

反应的总原则是保证反应物处于高活性状态，使反应物具有更大的自由度，从而获得尽可能多的热力学介稳态。从反应动力学历程看，起始反应物的高活性意味着体系处于较高的能态，因而在反应中需要克服的活化势垒较小。

2. 水热和溶剂热合成法的特点

水热和溶剂热合成体系中的溶剂一般处于临界、亚临界或超临界，这种状态下的溶剂，其溶解性能、流动性能等都与常态的溶剂非常不同，整个反应体系一般也处于一种非理想、非平衡的状态。

与其他合成方法相比，水热与溶剂热合成法有以下特点：

（1）水热和溶剂热条件下，由于反应物处于接近临界、亚临界或超临界状态，反应活性大大提高，所以不需要特别高的温度就可以得到目标产物。

（2）在水热和溶剂热条件下，溶液黏度下降，扩散和传质过程加快，而反应温度大大低于高温反应，水热和溶剂热合成可以代替某些高温固相反应。

（3）反应在密闭体系中进行，易于调节环境气氛，有利于特殊价态化合物和均匀掺杂化合物的合成。

（4）水热和溶剂热合成适用于在常温常压下不溶于各种溶剂或溶解后易分解、熔融后易分解的化合物的形成，也有利于合成低熔点、高蒸气压的材料。

（5）由于在水热与溶剂热条件下中间态、介稳态以及特殊物相易于生成，因此，能合成与开发一系列特种介稳结构、特种凝聚态的新化合物。

（6）由于等温、等压和溶液条件特殊，有利于生长缺陷少、取向好、完美的晶体，且合成产物的物相更纯、结晶更完美并易于控制产物晶体的粒度。

另外，由于水热和溶剂热反应的均相成核及非均相成核机理与固相反应的扩散机理不同（差别在于"反应性"不同，反映在反应机理上，固相反应的机理主要以界面扩散为其特点，而水热和溶剂热反应主要以液相反应为其特点从而生成完美晶体等），因而可以创造出其他方法无法制备的新化合物和新材料。

水热和溶剂热合成法的不足：

（1）由于反应在密闭容器中进行，无法观察生长过程，不直观，难以说明反应机理。

（2）设备要求高（耐高温高压的钢材，耐腐蚀的内衬）、技术难度大（温度和压力控制严格）、成本高。

（3）安全性能差（我国已有实验室发生"炮弹"冲透楼顶的事故）。

3. 水热、溶剂热合成设计和操作

（1）反应釜

高压反应釜是进行水热与溶剂热合成的基本设备，高压容器一般用特种不锈钢制成，釜内衬有化学惰性材料，如 Pt、Au 等贵金属或者聚四氟乙烯等机械强度大、耐高温、耐酸碱腐蚀材料。高压反应釜的类型可根据实验需要加以选择或特殊设计。

图 1-3 是国内实验室常用于无机化合物合成的简易水热反应釜实物图。釜体和釜盖用不锈钢制造。因反应釜体积小（小于 500mL），可直接在釜体和釜盖设计丝扣直接相连，以达

图 1-3　普通聚四氟内衬水热反应釜

到较好的密封性能,其内衬材料通常是聚四氟乙烯。采用外加热方式,以烘箱或马弗炉为加热源。由于使用聚四氟乙烯,使用温度应低于聚四氟乙烯的软化温度(250℃)。釜内压力由加热介质产生,可通过介质填充度在一定范围内控制,室温开釜。

填充度是指反应混合物占密闭反应釜空间的体积分数。它之所以在水热与溶剂热合成实验中极为重要,是由于直接涉及实验安全以及合成实验的成败。实验中我们既要保持反应物处于液相传质的反应状态,又要防止由于过大的填充度而导致的过高压力。实验上为安全起见,填充度一般控制在60%~80%,80%以上的装满度,在240℃下压力有突变。

高压釜的直径与高度比有一定的要求,对内径为100~120mm的高压釜来说,内径与高度比以1∶16为宜。高度太小或太大都不便于控制温度的分布。由于要装酸、碱性的强腐蚀性溶液,当温度和压力较高时,在高压釜内要装有耐腐蚀的贵金属内衬,如铂金或黄金内衬,以防矿化剂与釜体材料发生反应。

(2)反应介质

水是水热合成中最常用和最传统的反应介质,在高温高压下,水的物理性质发生了很大的变化,其密度、黏度和表面张力大大降低,而蒸气压和离子积则显著上升。例如:在1000℃、15~20GPa条件下,水的密度大约为1.7~1.9g/cm^3,如果解离为H_3O^+和OH^-,则此时水已相当于熔融盐。而在500℃、0.5GPa条件下,水的黏度仅为正常条件下的10%,分子和离子的扩散迁移速率大大加快。在超临界区域,水的介电常数在10~30之间,此时,电解质在水溶液中完全电离,反应活性大大提高。温度的提高,可以使水的离子积急剧升高(5~10个数量级),有利于水解反应的发生。

在以水做溶剂的基础上,以有机溶剂代替水,大大扩展了水热合成的范围。在非水体系中,反应物处于液态分子或胶体分子状态,反应活性高,因此可以替代某些固相反应,形成常规状态下无法得到的介稳产物。同时,非水溶剂本身的一些特性,如极性、配位性能、热稳定性等都极大地影响了反应物的溶解性,为从反应动力学、热力学的角度去研究化学反应的实质和晶体生长的特征提供了线索。近年来在非水溶剂中设计不同的反应途径合成无机化合物材料取得了一系列重大进展,越来越受到人们的重视。常用于热合成的溶剂有醇类、DMF、THF、乙腈和乙二胺等。

(3)操作条件对反应的影响

影响水热、溶剂热合成反应的主要因素有温度、升温速度、搅拌速度以及反应时间等,但溶剂的选择,特别是在生长晶体时则格外重要。这一点也是源于成矿原理,在地矿形成时,矿化剂起重要作用。矿化剂常指碱金属及铵的卤化物、碱金属的氢氧化物、弱酸与碱金属形成的盐类、一般无机酸类。

① 水和溶剂的压力-温度关系最为重要(图1-4)。因为高温高压下水热反应具有三个特征:可使重要离子间的反应加速;使水解反应加剧;使有氧化还原反应的电势发生明显变化。水的性质在这时变化最大:蒸气压增加,离子积增加,密度、黏度和表面张力都降低,使得一般的反应都会从离子反应变为自由基反应,即使具有极性键的有机化合物,其反应也常具有某种程度的离子性,自然能诱发离子反应或促进反应。

② 在工作条件下,压力大小依赖于反应容器中的原始溶剂的填充度。图1-5中的曲线表示不同填充度的密闭容器在加热到一定温度时容器内产生的压力。例如一个起初装了30%水的密闭容器内,当温度为600℃时,密闭容器内的压力为800bar(1bar=

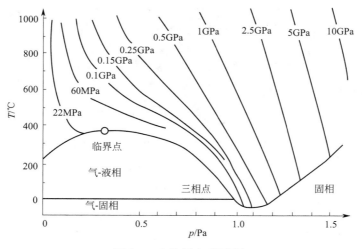

图 1-4　水的压力-温度图

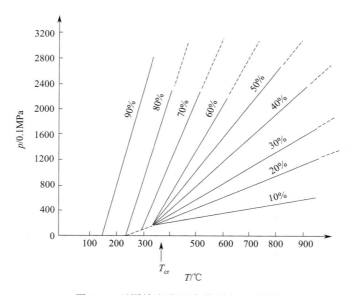

图 1-5　不同填充度下水的压力-温度图

100kPa)。图中的压力-温度关系曲线是由以纯水为溶剂得到的。但如果反应物在水中的溶解度很小,图中的曲线关系变化不大。通常,密闭容器填充度通常在 50%～80% 为宜,则压力为 0.02～0.3GPa。

(4) 合成溶剂的性质

① 水热反应中,溶剂使反应物溶解或部分溶解,生成溶剂合物,这会影响化学反应速率。在合成体系中,反应物在液相中的浓度、解离程度及聚合态分布等都会影响反应过程。特别是有机溶剂的加入或部分加入,都会得到一些理想结果。

② pH 效应:通过改变或调整溶剂的 pH 可获得不同结果。例如,用水热和溶剂法制备稀土氢氧化物纳米线或棒时,通过改变碱度可得到不同形貌的稀土氢氧化物纳米晶的线或棒(图 1-6)。

15

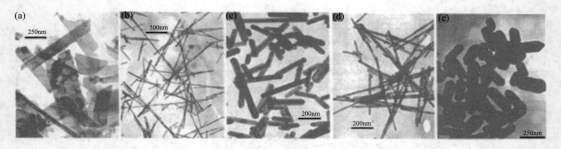

图 1-6 不同碱度下所得稀土氢氧化物纳米晶的 TEM 照片

(a) Se(OH)$_3$ 纳米片（pH＝6～7）；(b) Se(OH)$_3$ 纳米线（pH＝9～10）；(c) Se(OH)$_3$ 纳米棒（KOH，5mol/L）；

(d) Gd(OH)$_3$ 纳米线（pH＝7）；(e) Gd(OH)$_3$ 纳米棒（KOH，5mol/L）

（5）合成步骤

一个好的水热或溶剂热合成实验步骤是在对反应机制的了解和化学经验的积累的基础上建立的。水热和溶剂热合成实验的程序取决于研究目的，一般的水热合成实验步骤如下。

① 选择反应物料。

② 确定合成物料的配方。

③ 配料序摸索，混料搅拌。

④ 装釜，封釜。

⑤ 确定反应温度、时间、状态（静止与动态晶化）。

⑥ 取釜，冷却（空气冷、水冷）。

⑦ 开釜取样。

⑧ 过滤，干燥。

1.5.4 微乳液法

微乳液是由水、油和表面活性剂（多数情况下还包含助表面活性剂）组成的澄清透明、各向同性的热力学稳定体系。根据结构的不同，微乳液被分成 3 种类型：水包油（O/W）型微乳液、油包水（W/O）型微乳液和双连续型微乳液。在微乳体系中，用来制备纳米粒子的一般都是油包水（W/O）型微乳液，也被称为反相微乳液（图 1-7 为微乳液和反相微乳液的示意图）。微乳液液滴的微观结构如图 1-8 所示。W/O 型微乳液中的水核被表面活性剂和助表面活性剂所组成的单分子界面层所包围，分散在油相中，其尺寸大小约为几到几十纳米。这些水核能增溶一定浓度的反应物，并且由于其具有很大的界面面积而使物质交换以很

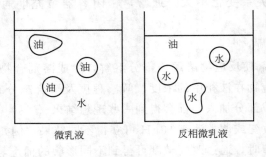

图 1-7 微乳液和反相微乳液的示意图

大的通量进行，因此可以作为负载合成纳米粒子的微型反应器。相应地，把制备微乳液的技术称为微乳技术，这种技术可以用来制备纳米微粒。

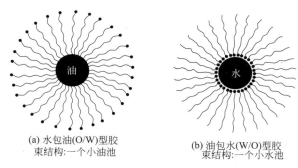

(a) 水包油(O/W)型胶
束结构:一个小油池

(b) 油包水(W/O)型胶
束结构:一个小水池

图 1-8　微乳液和反相微乳液液滴的微观结构示意图

1. 微乳液的形成条件

微乳液的形成条件：在水相中，当表面活性剂的浓度达到临界胶束浓度时，表面活性剂的亲水端基链与水分子结合，而表面活性剂的憎水烃基链向圆心内定向排列，从而形成如图 1-8 所示水包油型胶束。

反相微乳液的形成过程与之相反，将表面活性剂和助表面活性剂溶解在非极性或极性很低的有机溶剂中，当表面活性剂的量超过临界微胶束浓度时，表面活性剂开始形成如图 1-8 所示油包水型的聚集体，即反胶束。

微乳液和反相微乳液通常是各向同性的热力学稳定体系，反相微乳液中的微小"水池"被表面活性剂和助表面活性剂所组成的单分子层的界面所包围，其大小可控制在几至几十纳米之间，这些微小"水池"尺寸小且彼此分离，因而构不成水相，通常称之为"准相"。

常用的表面活性剂是二磺基琥珀酸钠，其特点是不需要助表面活性剂即可形成微乳液。此外，还有阴离子表面活性剂，如十二烷基磺酸钠、十二烷基苯磺酸钠；阳离子表面活性剂，如十六烷基三甲基溴化铵；以及非离子表面活性剂，如聚氧乙烯醚类也可以形成微乳液。溶剂常用非极性溶剂，如烷烃或环烷烃等。

反相微乳液作为目前制备纳米粒子的研究热点，具有以下特点。

(1) 分散相中的水相比较均匀，水核大小可控制在 1～100nm 之间。

(2) 水核非常小，因而溶液呈透明或半透明状。

(3) 具有很低的界面张力，能发生自动乳化，不需要外界提供能量。

(4) 处于热力学稳定状态，离心沉降不分层。

(5) 在一定范围内，可与水或有机溶剂互溶。

2. 微乳液法制备纳米微粒的机理

微乳液中的微型反应器也称为纳米反应器，尺度小且彼此分离，拥有很大的界面面积，反相微乳液的水核中通过"增溶"各种不同的反应物（或有关试剂），成为一种很好的化学反应介质。微乳液的水核半径大小取决于增溶水的量，增溶水的量越多，其水核半径就越大，制备得到的纳米颗粒也就越大。因此，在用 W/O 型反相微乳液法制备超细纳米材料时，增溶水的量对纳米颗粒的大小起着至关重要的作用。水核内纳米颗粒的形成一般分两种情况：双微乳液法和单微乳液法。双微乳液法中，将两种反应物分别单独配成两种微乳液，然后将两者混合并搅拌；此时，由于微乳液滴混合时相互之间的碰撞，导致水核内的增溶物相互交换或相互传递，从而引起水核内的理化反应（图 1-9），得到最终的纳米颗粒。单微乳液法中，将一种反应物配成微乳液，而将另一种反应物直接或以水溶液的形式加入微乳液体系中。该反应物通过对微乳液界面膜的渗透进入水核内，与另一反应物发生反应产生晶核并生长。若另一反应物为气体，则直接将其通入液相中，充分混合以使气体进入水核中，与水核中的反应物充分反应而制得超细纳米粒子。

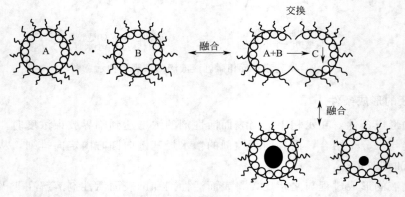

图 1-9　微乳液中纳米粒子的形成机理图

3. 微乳液制备纳米微粒的优点

由于反相微乳液的水核直径小、分散性好，水核内部的水相是很好的化学反应环境，因而，与传统的制备方法相比，反相微乳液体系制备纳米微粒具有以下优点。

（1）制备出的纳米微粒的粒径小、分布窄，且单分散性好。

（2）实验装置简单、操作容易，可人为地控制颗粒大小。

（3）用于制备催化材料、磁性材料等时，可选不同的表面活性剂对粒子表面进行改性，使它们具有更优异的性能。

（4）制备复合材料时不但组分均匀，而且由于粒子表面包覆了一层表面活性剂，颗粒不易聚结。

1.6　其他合成法

1.6.1　微波合成

20 世纪 30 年代初，微波技术主要用于军事方面。第二次世界大战后，发现微波具有热效应，才广泛应用于工业、农业、医疗及科学研究。实际应用中，一般波段的中波长，即 1～25cm 波段专门用于雷达，其余部分用于电信传输。最早的关于微波在化学中的应用报道出现于 1952 年，当时 Broida 等用形成等离子体（MIP）的办法以原子发射光谱（AES）测定氢-气混合气体中气同位素含量。随后的几十年，微波技术广泛应用于无机、有机、分析、高分子等化学的各个领域中。微波技术在无机合成上的应用日益增加，已应用于纳米材料、沸石分子筛的合成和修饰，陶瓷材料、金属化合物的燃烧合成等方面。

1. 微波合成原理

微波是指频率为 $300\sim30000MHz$ 的电磁波，即波长在 $1m\sim1mm$ 之间的电磁波，位于电磁波谱的红外辐射（光波）和无线电波之间。由于微波的频率很高，所以也称为超高频电磁波。当微波作用到物质上时，可能产生电子极化、原子极化、界面极化以及偶极转向极化，其中偶极转向极化对物质的加热起主要作用。在无外电场作用时，偶极矩在各个方向的概率相同，因此极性电介质宏观偶极矩为零；而当微波场存在时，极性电介质的偶极子与电场作用而产生转矩，各向偶极矩概率不等使得宏观偶极矩不再为零，产生了偶极转向极化。由于微波中的电磁场以每秒数亿至数十亿的频率变换方向，通常的分子集合体，如液体或固体根本跟不上如此快速的方向切换，因而产生摩擦生成大量的热。

物体在微波加热中的受热程度可表示为：$\tan\delta=\varepsilon+\varepsilon'$，其中 $\tan\delta$ 表征了物体在给定频率和温度下将电磁场能转化为热能的效率；ε 表示分子或分子集合体被电场极化的程度；ε' 表示介质将电能转化为热能的效率，其中 $\tan\delta$ 值取决于物质的物理状态、电磁波频率、温度和混合物的成分。由此可见，在一定的微波场中，物质本身的介电特性决定着微波场对其作用的大小，极性分子的介电常数较大，同微波有较强的耦合作用，非极性分子与微波不产生或只产生较弱的耦合作用。如：金属导体反射微波而极少吸收微波能，所以可用金属屏蔽微波辐射；玻璃、陶瓷等能透过微波，而本身产生的热效应极小，可用作反应器材料；大多数有机化合物、极性无机盐及含水物质能很好地吸收微波、升高温度，这就为化学反应中微波的介入提供了可能性。

微波加热有致热和非致热两种效应，前者使反应物分子运动加剧而温度升高，后者则来自微波场对离子和极性分子的洛仑兹力作用。微波加热能量大约为几焦耳/摩尔，不能激发分子进入高能级，但微波加热可以加快反应速率，许多反应速率甚至是常规反应的数十倍乃至上百倍，研究人员认为主要在分子水平上进行的微波加热可以在分子中储存微波能量，即通过改变分子排列等来降低吉布斯自由能。

2. 微波合成法特点

微波辐射法能里外同时加热，不需传热过程；加热的热能利用率很高；通过调节微波的输出功率无惰性地改变加热情况，便于进行自动控制和连续操作；同时微波设备本身不辐射热量，可以避免环境高温，改善工作环境。微波水热合成仪如图 1-10 所示。

与传统的通过辐射、对流以及传导由表及里的加热方式相比，微波加热主要有 4 个特点：

（1）加热均匀、温度梯度小，物质在电磁场中因本身介质损耗而引起的体积加热，可实现分子水平上的搅拌，因此有利于对温度梯度很敏感的反应，如高分子合成和固化反应的进行；

（2）可对混合物料中的各个组分进行选择性加热，由于物质吸收微波能量的能力取决于自身的介电特性，对于某些同时存在气固界面反应和气相反应的气固反应，气相反应有可能使选择性减小，而利用微波选择性加热的特性就可使气相温度不致过

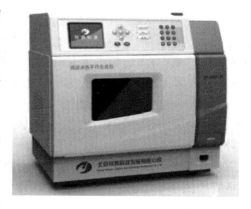

图 1-10　微波水热合成仪

高，从而提高反应的选择性；

（3）无滞后效应，当关闭微波源后，再无微波能量传向物质，利用这一特性可进行对温度控制要求很高的反应；

（4）能量利用效率很高，物质升温非常迅速，运用得当可加快物料处理速度，但若控制不好，也会造成不利影响。

3. 微波辐射法在无机合成中的应用

微波辐射法不同于传统的借助热量辐射、传导加热方法。由于微波能可直接穿透样品，里外同时加热，不需传热过程，瞬时可达一定温度。微波加热的热能利用率很高（能达50％～70％），可大大节约能量，而且调节微波的输出功率可使样品的加热情况无条件地改变，便于进行自动控制和连续操作。由于微波加热在很短时间内就能将能量转移给样品，使样品本身发热，而微波设备本身不辐射能量，因此可避免环境高温，改善工作环境。此外微波除了热效应外，还有非热效应，可以有选择地进行加热。

化学反应中采用微波技术会产生热力学方法所得不到的高能态原子、离子和分子，使某些使用传统热力学方法不可能进行的反应得以发生，且一些反应速度快数倍甚至数百倍。例如：

（1）Y 型分子筛的合成。将反应物料按如下配比：$(8\sim10)SiO_2$：Al_2O_3：$(3\sim4)$ Na_2O：$(100\sim135)H_2O$ 配制溶液。经 24h 熟化后，反应混合物置入反应釜。用 80W 的微波功率辐射 30s，升温达到 120℃。切断微波电源，冷却至 10℃ 后，以 10W 功率保持在 10℃ 下继续辐射 10min。产物经急冷、过滤、软化、水洗涤后于 120℃ 下干燥 3h。SEM 电镜照片显示，所得 Y 型沸石为均匀的、小尺寸的结晶聚集体。说明微波辐射导致大量同时成核作用。

常规加热条件制备的 Y 型沸石，常伴随有 P 型结晶相或水钙沸石或钠菱沸石生成。而在微波加热条件下，未发现有上述非 Y 型结晶相生成。可见，微波合成的选择性优于常规方式。可以认为是由于主要的成核作用在 120℃ 的高温区间发生，而晶体则是在 10℃ 条件下生成。采用常规加热方式，由于体系经历了较长的诱导期，导致其他结晶相容易萌发。而采用微波加热方式，诱导期极短，甚至没有诱导期，从而有效地防止了其他结晶相的生成。

（2）超导材料 $YBa_2Cu_3O_7$ 的合成。将 CuO、Y_2O_3 和 $Ba(NO_3)_2$ 按一定的化学计量比混合，反应物料置入经过改装的微波炉内（能使反应过程中释放出来的 NO_2 气体安全排放），在 500W 功率水平，辐照 5min，所有 NO_2 气体均已释放出（取样经 X 射线分析表明，已无 $Ba(NO_3)_2$ 相存在），物料重新研磨，辐照（在 $130\sim500W$ 功率下）15min，再研磨，辐照 25min，取样。经衍射分析显示，产物的主要成分为 $YBa_2Cu_3O_{7-x}$，但也存在强度较低的 YBa_2CuO_5 衍射线，若继续辐照 25min，则可得到单一的 $YBa_2Cu_3O_{7-x}$，其四方晶胞参数 $a=b=0.3861nm$，$c=1.13893nm$，这个四方结构按常规方式通过缓慢冷却，将转变为具有超导性质的正交结构。

（3）稀土磷酸盐发光材料的合成。稀土元素是良好的发光材料激活剂，已广泛地用于彩色电视、照明或印刷光源、三基色节能灯、荧光屏等方面。通常使用固相高温反应法制备发光材料。利用微波辐射的新技术，可合成以 Y^{3+}、La^{3+} 稀土离子的磷酸盐为基质，以稀土元素（Gd^{3+}、Eu^{3+}、Dy^{3+}、Sm^{3+}、Tb^{3+}）和钒为激活剂的发光体。在 $100\sim350W$ 微波功率下，可一步合成晶态、微晶态和无定形态磷酸盐发光体。与传统方法相比，具有效率高、速度快、反应产物组成结构均匀、质量高等优点。

总之，化学反应中采用微波技术会产生热力学方法所得不到的高能态原子、离子和分子，使某些传统热力学方法不可能的反应得以发生，且一些反应速率快数倍甚至数百倍。由此可知，微波合成作为一种新兴的合成方法，将为化学合成带来一场变革，在化学合成领域具有广阔的应用前景。

1.6.2　电解合成

为了使本来不能自发进行的反应能够进行，较简便的办法就是给反应体系通电，这就是电化学反应。利用电化学反应进行合成的方法即为电化学合成法。电化学合成本质上是电解，故也称为电解合成。电解合成技术为人类提供了一系列用其他方法难以制得的材料，如制备 Na、Mg、Al 等活泼金属及 $K_2Cr_2O_7$、$KMnO_4$ 等强氧化性或强还原性物质；Cl_2、H_2、NaOH、氟化物等；以及有机化合物等。电解合成技术也为解决化学工业给地球环境造成的污染问题展示了切实有效的解决途径。另外，原子能技术、宇航技术、半导体技术等对材料纯度要求很高，可采用电解合成法。电解合成法一般分为水溶液电解和非水溶液电解，非水溶液电解又分为熔盐电解和非熔盐电解。电解系统电路示意如图 1-11 所示。

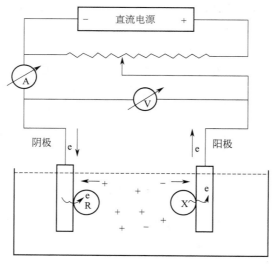

图 1-11　电解系统电路示意

1. 电化学的一些基本概念

要想将电能输入反应体系，使不能自发进行的反应能够进行，就必须利用电化学的反应器——电解池（简称电池）。电池包括两组"金属/溶液"体系，这种"金属/溶液"体系称为电极。两电极的金属部分与外电路相接，它们的溶液通过隔膜相互沟通。当电池工作时，电流必须在电池内部和外部流通，构成回路。所谓电流就是电荷的流动，电流的大小或电流强度是指单位时间内通过的电荷数量或电量。在此所说的电荷应指正电荷，其流动方向与电流方向一致。

电池与一般回路的不同之处主要是存在着两种不同的导电体。其一是金属导体，在其中可以移动的电荷是电子，电流的方向与电子流动的方向相反。其二是电解质溶液导体，在其中可以移动的电荷是正负离子。电流通过时正负两种离子向相反的方向移动。众所周知，电子是不能自由进入水溶液的。要使电流能在整个回路通过，必须在两个电极的金属/溶液界面处发生有电子参与的化学反应，这就是电极反应。有电子参与的电极反应必然引起化学物质价态的改变，在与电源正端连接的电极金属上缺乏电子，因此发生反应物质价态的增加即氧化反应，这个金属电极即为阳极。在与电源负端连接的电极金属上电子富足，因此发生反应物质价态的降低即还原反应，这个金属电极即为阴极。

（1）法拉第定律

当电流通过金属/溶液界面时必定会伴随电极反应的发生。如果电流在整个回路中通过时没有在任何位置发生电荷的滞留，则当一定量的电荷通过电池时，电极上发生变化的物质的量与通过的电量成正比。这就是大家熟知的法拉第电解定律。法拉第电解定律的数学式可表示如下：

$$m = \frac{MQ}{F}; Q = It$$

式中，m 为析出物质的质量，g；M 为析出物质的摩尔质量，g/mol，其值随所取的基本单元而定（原子量或分子量与每分子或原子得失电子数的比值）；Q 为电量，C；F 为法拉第常数，取 96485C/mol；I 为电流强度，A；t 为电流通过的时间，s。法拉第电解定律对电解反应或电池反应都是适用的。

（2）电流效率

电解时化学反应的物质的量和通过的电量有严格的正比关系，电解反应的快慢即反应的速率与电流的大小也应严格成正比关系。故电流强度能够反映电池中反应的程度也就是产率。

在实际电解时，实际析出的物质的量往往低于理论上应析出的量，其比值即称为电流效率，以 η 表示。

$$\eta = \frac{实际析出量}{理论析出量} \times 100\%$$

理论析出量是指按法拉第定律计算得到的析出量。由于存在着副反应，或电极上存在着不止一个电极反应，因此电流效率往往达不到100%。

（3）电流密度

每单位电极面积上所通过的电流强度称为电流密度，通常以每平方米电极面积所通过的电流强度（安培）来表示。

（4）电极电位和标准电极电位

在任意电解质溶液中，浸入同一金属的电极，在金属和溶液的界面处就产生电位差，称为电极电位。测量时，选择 $\varphi_{H^+/H_2}^{\ominus} = 0$ 为标准，金属不同，电极电位也不同，而且溶液的浓度和温度对电极电位也有影响。电极电位可由能斯特（Nernst）公式计算：

$$E = E^{\ominus} + \frac{2.303RT}{nF} \lg a$$

对于任意氧化还原反应，Nernst 公式可表示为：

$$E = E^{\ominus} + \frac{2.303RT}{nF} \lg \frac{a_{氧化态}}{a_{还原态}}$$

式中，$R = 8.314 \text{J}/(\text{mol} \cdot \text{K})$；$F = 96485 \text{C/mol}$，$n$ 为离子价态的变化数（或得失电子数）；a 为溶液活度；$E^{\ominus}$ 为标准电极电位，在一定温度下，它是一个常数，即溶液中离子的活度为 1 时的电极电位。

（5）分解电压和超电压

电流之所以能通过电池，是因为存在一定的电压，即外加一电压到电池的两极。由于电解过程中，电池的两极组成新的原电池，所产生的电位方向与通入电池的电压方向相反。因此，当外加电源对电池两极所加电压低于这个反向电压数值时，电流不可能正常通过，电解过程就不能进行。这个最低电压的数值称为理论分解电压，它随电极反应不同而不同。理论分解电压等于反向电压，而实际开始分解的电压往往要比理论分解电压大一些，两者之差称为超电压。在此，认为电流无限小，电解池内溶液电阻产生的电压降（IR）趋于零。而实际分解电压，还应包括电解池内溶液电阻产生的电压降（IR）。若令外加电动势为 $E_{外}$（即实际分解电压），则有：

$$E_{外} = E_{可逆} + \Delta E_{不可逆} + E_{电阻}$$

式中，$E_{可逆}$ 是电解过程中产生的原电池电动势；$E_{电阻}$ 是电解池内溶液电阻产生的电压降（IR）；$\Delta E_{不可逆}$ 是超电压（极化所致）。

电极上产生的超电压主要由如下的过电位构成：

① 浓差过电位　由于电解过程中电极上产生了化学反应，消耗了电解液中的有效成分，使得电极附近电解液的浓度和远离电极的电解液的浓度（本体浓度）发生差别所造成的。

② 电阻过电位　由于在电极表面形成一层氧化物薄膜或其他物质，对电流产生阻力而引起的。

③ 活化过电位　由于在电极上进行电化学反应的速度往往不大，易产生电化学极化，从而引起的过电位。电极上有氢气或氧气形成时，活化过电位更为显著。

超电压受以下因素所影响：

① 电极材料　氢在各电极上的超电压如图 1-12 所示。在镀铂的铂黑电极上，氢的超电压很

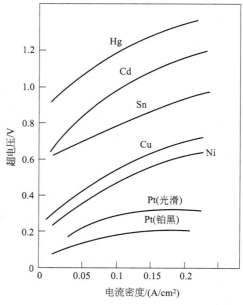

图 1-12　氢在金属阴极上的超电压

小，氢在铂黑电极上析出的电极电位在数值上接近理论计算值，若以其他金属作电极，要析出氢必须使电极电位较理论值更负。

② 析出物质的形态　通常金属的超电压较小。而气体物质的超电压比较大。

③ 电流密度　电流密度大，则超电压随之增大，如表 1-1 所示。

表 1-1　25℃时 H_2 在各金属上的超电压/V

电流密度/(A/cm²)	Ag	Cu	Hg	Cd	Zn	Sn	Pb	Bi	Ni	Pt
0.01	0.76	0.58	1.04	1.13	0.75	1.08	1.09	1.05	0.75	0.07
0.10	0.87	0.80	1.07	1.25	1.06	1.22	1.18	1.14	1.05	0.29
0.50	1.03	1.19	1.11	1.25	1.20	1.24	1.24	1.21	1.21	0.57
1.00	1.09	1.25	1.11	1.25	1.20	1.23	1.26	1.23	1.24	0.68

（6）槽电压

电解槽的槽电压都高于理论分解电压。电压是电流的推动力，槽电压越高，槽电流越大，但一般不成正比关系。当电压不断增高时，电流并不能无限增大，而将达到一个极限数值，这个极限数值称为极限电流。电解槽电压由下述各种电压组成：

① 反抗电解质电阻所需的电压　电解质像普通的导体一样，对通过的电流有一种阻力，反抗这种阻力所需的电压，可根据欧姆定律计算，为 IR_1。

② 完成电解反应所需的电压　这种电压是用来克服电解过程中所产生的原电池的电动势的，设为 $E_{可逆}$。

③ 电解过程的超电压　如上所述设为 $\Delta E_{不可逆}$。

④ 反抗输送电流的金属导体的电阻和反抗接触电阻需要的电压为 IR_2。

综上所述槽电压 $E_槽$ 应为：

$$E_槽 = E_{可逆} + \Delta E_{不可逆} + IR_1 + IR_2$$

2. 电解合成的主要装置

（1）阳极

水溶液中电解提纯时，阳极为提纯金属的粗制品。根据电解条件将阳极做成适当的大小和形状，导线宜用同种金属，难以用同种金属时，应将阳极与导线接触部分覆盖，不使其与电解液接触。电解提纯时的阳极必须在该环境下几乎是不溶的，如人造石墨、铅、镍、钢等。

（2）阴极

只要能高效率地回收析出的金属，无论金属的种类、质量、形状如何，都可以用作阴极。设计阴极时，一般要使其面积比阳极面积多一圈（10%～20%），这是为了防止电流的分布集中在电极边缘，同时使阴极的电流分布均衡。如果沉积金属的状态致密且光滑，可用平板阴极，当其沉积到一定厚度时，将其剥下。一般在实验室中自制纯金属板是很麻烦的。因此，可用粗制同种金属板或不锈钢板、铝板等为阴极，在其表面涂一层薄薄的生橡胶汽油溶液或石蜡、虫胶等，使金属在阴极上电沉积。剥下后，再用有机溶剂仔细地洗去。

（3）隔膜

电解时，有时必须将阳极和阴极用隔膜隔开。例如，用含有较多量硫化物的粗原料电解提纯 Ni 时，为了使阳极顺利溶解，阳极电解液应为酸性，而 Ni 的电极电势为负，为了尽可能使 $c(H^+)$ 减小，阴极电解液应保持在 pH=6 左右。因此电解时阴、阳极溶液必须能分别地注入或排出。

（4）对电解液的要求

电解液和电解条件会影响电解析出金属的形态。好的电解液应含有性质稳定的一定浓度的欲得金属的离子，盐的导电性要好，具有适于在阴极析出金属的 pH，能出现金属收率好的电沉积状态和尽可能少地产生有毒或有害气体。

要进行一个理想的电解合成，还得注意电解条件的研究。例如，电流效率和能量效率，电流-电压曲线，氢和氧的超电压，电极材料的影响，电极电势的影响，浓度的影响，温度的影响以及金属的电沉积等。

3. 电解合成法的特点

（1）在电解中调节电极电位，能够提供高电子转移的功能。这种功能可以使之达到一般化学试剂所不具备的氧化还原能力，同时可改变电极的反应速率。根据计算，改变过电位 1V，活化能将降低 40kJ，可使反应速率增加 107 倍。因此，电解合成工业一般都在常温常压下进行，不需要特别的加热、加压设备。

（2）控制电极电位和选择适当的电极、溶剂等，可使反应按照希望的方向进行，故反应选择性高、副反应少，可制备出许多特定价态的化合物，这是任何其他方法所不能比拟的。

（3）电化学反应所用的氧化剂或还原剂是靠电极上得失电子来完成的，在反应体系中除原材料和生成物外通常不含有其他反应试剂，因而产物不会被污染，也容易分离和收集，可得到收率和纯度都较高的产品，对环境污染小。

（4）电化学过程的电参数（电流、电压）便于数据采集、过程自动化与控制，由于电化学氧化还原过程的特殊性，能制备出许多其他方法无法制备出的物质和聚集态，并且电解槽可以连续运转。

正因为上述这些优点，电解合成在无机/有机合成中的作用和地位日益显著，应用和开发也越来越广泛。

然而，电解合成法也存在许多不足之处，如耗电量大、电解槽结构复杂、电极活性物质寿命短以及生产管理和操作技术水平要求高等缺点。

由于电解合成法中存在"正负极"的差别且两极分别为氧化产物和还原产物，再加上要保证反应物和目的产物的充分扩散分离，因此电解合成法对电极材料、电解槽结构和隔膜材料的要求很高，槽外辅助设备更增加了电解装置的复杂性。

4. 电解合成技术的应用

由于电解合成的众多优点，近年来其应用和开发面越来越广，可看到的报道也日益增多。其主要应用在：通过电解盐的水溶液或熔融盐以制备金属、某些合金和镀层；通过电化学氧化过程制备最高价和特殊高价的化合物；含中间价态或特殊低价元素化合物的合成；C、B、Si、P、S、Se 等二元或多元金属陶瓷型化合物的合成；非金属元素间化合物的合成；混合价态化合物、簇合物、嵌插型化合物、非计量氧化物等难于用其他方法合成的化合物。

（1）含高价态元素化合物的电氧化合成

电可以说是一种适用性非常广的氧化剂或还原剂。一般要进行一个氧化反应，就必须找到一个强的氧化剂。如氟是已知最强的一个氧化剂，要从氟化物制备氟，用什么去氧化它呢？显然现在还没有这样一种氧化剂，因此必须采用电化学的方法。由于水溶液电解中能提供高电势，可以使之达到普通化学试剂无法具有的特强氧化能力，因而可以通过电氧化过程来合成。事实上许多强氧化剂都是利用电氧化合成生产的。

① 具有极强氧化性的物质。如 O_3、OF_2 等。

② 难以合成的最高价态化合物。如在 KOH 溶液中电氧化可得 Ag、Cu 的 +3 最高价态（在 Ag、Cu 的某些配位离子中被氧化）。再如高电势下，$(ClO_4)_2S_2O_8$ 的电氧化合成，H_2SO_4-$HClO_4$ 混合溶液中低温电氧化合成 $(ClO_4)_2SO_4$，以及 $NaCuO_2$、$NiCl_3$、NiF_3 的合成等。

③ 特殊高价元素的化合物。除了早为人所熟知的过二硫酸路线通过电氧化 HSO_4^- 合成过二硫酸、过二硫酸盐和 H_2O_2 外，其他不少元素的过氧化物或过氧酸均可通过电氧化来合成，如 H_3PO_4、HPO_4^{2-}、PO_4^{3-} 的电氧化，合成 PO_5^{3-}、$P_2O_3^{4-}$ 的 K^+、NN_4^+ 盐，过硼酸及其盐类的合成，$S_2O_6F_2$ 的合成等。以及金属特殊高价化合物的合成，如 NiF_4、NbF_6、TaF_6、AgF_2、$CoCl_4$ 等。

由于这类电氧化合成反应，其产物均为具有很强氧化性的物质，有高的反应性且不稳定，因而往往对电解设备、材质和反应条件有特殊的要求。

（2）含中间价态和特殊低价元素化合物的电还原合成

此类化合物用一般的化学方法来合成是相当困难的。因为无论是用化学试剂还是用高温下的控制还原来进行，都不如电还原反应的定向性好，而且用前者时还会碰到副反应的控制和产物的分离问题，因而在开发出电解还原（有时也可用电氧化）的合成路线以后，有一系列难以合成的含中间价态或特殊低价元素的化合物被有效地合成出来。

① 含中间价态非金属元素的酸或其盐类。如 HClO、$HClO_2$、BrO^-、BrO_2^-、IO^-、$H_2S_2O_4$、H_2PO_3、$H_4P_2O_6$、H_3PO_2、HCNO、HNO_2、$H_2N_2O_2$ 等用一般化学方法来合成纯净的和较浓的溶液都是相当困难的。

② 特殊低价元素的化合物。这类化合物由于其氧化态的特殊性，很难通过其他化学方法合成得到。如 Mo 的化合物或简单配合物很难用其他方法制得纯净的中间价态化合物，然而电氧化还原方法在此具有明显优点。用它可以容易地从水溶液中制得 Mo^{2+}（如 $MoOCl_2^{2-}$、K_3MoCl_5 等）、Mo^{3+}（如 $K_2MoCl_5 \cdot H_2O$、K_3MoCl_6）、Mo^{4+} [如 $Mo(OH)_4$ 溶液中电解]、Mo^{5+}（如钼酸溶液还原以制得 $MoOCl_5^{2-}$）。在其他过渡元素中也出现类似的情况。除此之外，一些常见和很难合成的特殊低价化合物，如 Ti^+ [如 TiCl、$Ti(NH_3)_4Cl$]、Ga^+（如 GaCl 的簇合物）、Ni^+ [如 $K_2Ni(CN)_3$]、Co^+ [如 $K_2Co(CN)_3$]、Mn^+ [如 $K_3Mn(CN)_4$]、Tl^{2+}、Ag^{2+}、Os^{3+}、W^{3+}（如 $K_3W_2Cl_9$）等，均可通过特定条件下的电解方法合成得到。

③ 非水溶剂中低价元素化合物的合成。由于在水溶液中无法合成或电解产物与水会发生化学反应，因此某些低价化合物只能在非水溶剂中（此处不包括熔盐体系的电解合成）合成出来。如在 HF 溶剂或与 KHF_2、SO_2 的混合溶剂中可合成出 NF_2、NF_3、N_2F_2、SO_2F_2 等，用液氨溶剂可合成出一系列难制得的 N_2H_2、N_2H_4、N_3H_3、N_4H_4、$NaNH_2$、$NaNO_2$、Na_2NO_2、$Na_2N_2O_2$ 等，在乙醇溶剂中可获得纯净的 VCl_2、VBr_2、VI_2、$VOCl_2$ 等。这为特殊低价或中间价态化合物的合成提供了一条很好的途径。

（3）非水溶剂中功能化合物的电解合成

非水溶剂包括多种有机溶剂和无机溶剂，近年来广泛应用于无机物的合成。由于电解质在非水溶剂中的性能大大不同于在水溶液中，因而促使其电位、电极反应等乃至非水溶剂对电解产物的选择性各具特点，从而可借助非水溶剂中的电解反应合成出很多颇具特点的无机化合物。近年来，非水溶剂中电解合成了特种简单盐类、非金属化合物、金属配位化合物与金属有机化合物等大批无机化合物。

1.6.3　化学气相沉积

化学气相沉积（CVD，chemical vapor deposition）是利用气态或蒸气态的物质在气相或气固相界面上反应生成固态沉积物的技术。该过程利用易挥发性金属的蒸发，并进行化学反应以形成理想的化合物，在气相中迅速冷却生成纳米粒子。化学气相沉积是一项经典而古老的技术，也是近几十年发展起来的制备无机固体化合物和材料的新技术，该法最早可追溯到从古时“炼丹术”时期采用的“升炼”方法，化学气相沉积这一名称是 20 世纪 60 年代初由美国 John M. Blocher Jr 等人首先提出，现已被广泛用于提纯物质，研制新晶体，沉积各种单晶、多晶或玻璃态无机薄膜材料。这些材料可以是氧化物、硫化物、氮化物、碳化物，也可以是某些二元（如 GaAs）或多元（$GsAs_{1-x}P_x$）的化合物，而且它们的功能特性可以通过气相掺杂的沉积过程精确控制。其适应性强、用途广泛，几乎可以制备所有固体材料的涂层、粉末、纤维和成形元器件。

1. 化学气相沉积机理

（1）化学气相沉积的过程

化学气相沉积反应是在基体表面或气相中产生的组合反应，是一种不均匀体系反应。它涉及化学反应、热反应、气体输送及涂层生长等方面的问题。根据反应气体分析、排出气体分析和光谱分析，其反应过程一般认为有以下几步。

① 反应气体（原料气体）到达基体表面。

② 反应气体分子被基体表面吸附。

③ 在基体表面上发生化学反应，形成晶核。

④ 固体生成物在基体表面解吸和扩散，气态生成物从基体表面脱离移开。

⑤ 连续供给反应气体，生成物在基材表面扩散。

在这些过程中，反应最慢的一步决定了整个反应的沉积速率。

（2）化学气相沉积反应条件

CVD 技术以化学反应为基础，必须满足进行化学反应的热力学和动力学条件，而且要符合 CVD 技术本身的特定要求。

① 必须达到足够的沉积温度，各种涂层材料的沉积温度可以通过热力学计算得到。

② 在沉积温度下，参加反应的各种物质必须有足够的蒸气压，如果反应物在室温下全部为气态，则沉积装置比较简单；如果反应物在室温下挥发较小，则需要加热使其挥发，同时还需运载气体将其带入反应室。

③ 产物中除了所需的硬质涂层材料为固态外，其余必须为气态。在沉积温度下，沉积物和基本材料本身的蒸气压要足够低，这样才能保证在整个反应过程中，反应生成的固态沉

积物能很好地与基体表面相结合。

（3）化学反应的类型

按照化学反应的类型，化学气相沉积法可分为热分解反应、化学合成反应和化学输运反应三种类型。

① 热分解反应　最简单的气相沉积反应就是化合物的热分解。热分解法一般在简单的单温区炉中进行，于真空或惰性气体气氛中加热基材（衬底物）到所需温度后，通入反应物气体使之发生热分解，最后在基材上沉积出固体材料层。热分解法已用于制备金属、半导体、绝缘体等各种材料。这类反应体系的主要问题是反应源物质和热解温度的选择。在选择反应源物质时，既要考虑其蒸气压与温度的关系，又要注意在不同热分解温度下的分解产物，保证固相仅仅为所需的沉积物质，而没有其他杂质。比如，用有机金属化合物沉积半导体材料时，就应不夹杂碳的沉积。因此需要考虑化合物中各元素间有关键强度（键能）的数据。

② 化学合成反应　绝大多数沉积过程都涉及两种或多种气态反应物在同一热衬底上相互反应，这类反应即为化学合成反应。其中最普遍的一种类型是用氢气还原卤化物来沉积各种金属和半导体。例如，用四氯化硅的氢还原法生长硅外延片，反应为：

$$SiCl_4 + 2H_2 \xrightarrow{1150\sim1200℃} Si + 4HCl$$

和热分解法比较起来，化学合成反应的应用更为广泛。因为可用于热解沉积的化合物并不多，而任意一种无机材料原则上都可通过合适的反应合成出来。除了制备各种单晶薄膜以外，化学合成反应还可用来制备多晶态和玻璃态的沉积层。如 SiO_2，Al_2O_3，Si_3N_4，B-Si 玻璃以及各种金属氧化物、氮化物等。

③ 化学输运反应　把所需要的沉积物质作为反应源物质，用适当的气体介质与之反应，形成一种气态化合物，这种气态化合物借助载气输运到与源区温度不同的沉积区，再发生逆反应，使反应源物质重新沉积出来，这样的反应过程称为化学输运反应。例如：

$$ZnSe(s) + I_2(g) \underset{T_1=830℃}{\overset{T_2=850℃}{\rightleftharpoons}} ZnI_2(g) + \frac{1}{2}Se_2(g)$$

式中，源区温度为 T_2；沉积区温度为 T_1；反应源物质是 ZnSe；$I_2(g)$ 是气体介质即输运剂，它在反应过程中没有消耗，只对 ZnSe 起一种反复运输的作用；ZnI_2 则称为输运形式。选择一个合适的化学输运反应，并且确定反应的温度、浓度等条件是至关重要的。

2. 化学气相沉积影响因素

（1）化学反应

对于同一种沉积材料，采用不同的沉积反应，其沉积质量是不一样的。这主要来自两方面的影响：一是沉积反应不同引起沉积速率的变化，沉积速率的变化又影响相关的扩散过程和成膜过程，从而改变薄膜的结构；二是沉积反应往往伴随着一系列的掺杂副反应，反应不同导致薄膜组分不同，从而影响沉积质量。

（2）沉积温度

沉积温度是影响涂层质量的重要因素，而每种涂层材料都有其最佳的沉积温度范围。一般来说，温度越高，CVD 化学反应速率也越快，气体分子或原子在基体表面吸附和扩散作用加强，故沉积速率也越快，此时涂层致密性好，结晶完美。但过高的沉积温度，也会造成晶粒粗大的现象。当然沉积温度过低，会使反应不完全，产生不稳定结构和中间产物，涂层和基体的结合强度大幅度下降。

（3）沉积室压力

沉积室压力与化学反应过程密切相关。压力会影响沉积室内热量、质量及动量传输，因此影响沉积速率、涂层质量和涂层厚度的均匀性。在常压水平反应室内，气体流动状态可以认为是层流；而在负压立式反应室内，由于气体扩散增强，反应生成的废气能尽快排出，可获得组织致密、质量好的涂层，更适合大批量生产。

（4）反应气体分压

反应气体分压是决定涂层质量的重要因素之一，它直接影响涂层成核、生成、沉积速率、组成结构和成分。对于沉积碳化物、氮化物涂层，通入金属卤化物（如 $TiCl_4$）的量，应适当高于化学当量计算值，这对获得高质量涂层是很重要的。

（5）衬底

化学气相沉积通常是在衬底表面进行的，因此衬底对沉积质量的影响也是一个关键因素。这种影响主要表现在：①衬底表面的附着物和机械损伤会使外延层取向无序而造成严重的宏观缺陷；②衬底界面的取向不仅影响沉积速率，也严重影响外延沉积的质量；③衬底与外延层的结晶学取向和沉积层的位错密度密切相关。

（6）气体流动状况

在化学气相沉积中，气体流动是质量输运最主要的表现形式，因此，气体流动状况决定输运速度，进而影响整个沉积过程。边界层的宽度与流速的平方根成反比，气体流速越大，气体越容易越过边界层到达衬底界面，界面反应速率越快。流速达到一定程度时，有可能使沉积过程由质量迁移控制转向表面控制，从而改变沉积层的结构，影响沉积质量。

3. 化学气相沉积的装置

CVD 装置通常可以由气源控制部件、沉积反应室、沉积温控部件、真空排气和压力控制部件等部分组成。在等离子增强型或其他能源激活型 CVD 装置，还需要增加激励能源控制部件。CVD 的沉积反应室内部结构及工作原理变化最大，常常根据不同的反应类型和不同的沉积物要求来专门设计。

4. 化学气相沉积的独特优点及局限性

化学气相沉积具有一些独特的优点，使得它在不少工业领域中成为优选的制备技术。

（1）化学气相沉积法的优点

① 工艺相对简单、灵活性高，可沉积各种各样的薄膜，包括金属、非金属、多元化合物、有机聚合物、复合材料等，与半导体工艺兼容。

② 可以控制材料的形态（包括单晶、多晶、无定型材料、管状、枝状、纤维和薄膜等），并且可以控制材料的晶体结构沿一定的结晶方向排列。

③ 产物可在相对低的温度条件下进行固相合成，可在低于材料熔点的温度下合成材料。

④ 容易控制产物的均匀程度和化学计量，可以调整两种以上元素构成的材料组成；且产物纯度高、粒度分布窄、分散性好、化学反应活性高。

⑤ 能实现掺杂剂浓度的控制及亚稳态的合成。

⑥ 结构控制一般能够从微米级到亚微米级，在某些条件下能够达到原子级水平等。

（2）局限性

当然化学气相沉积也有其局限性。首先，尽管 CVD 生长温度低于材料的熔点，但反应温度还是太高，应用中受到一定限制。等离子体增强的 CVD 和金属有机化学气相沉积（MOCVD）技术的出现，部分解决了这个问题。其次，不少参与沉积的反应源、反应气体和反应副产物易燃、易爆或有毒、有腐蚀性，需要采取有效的环保与安全措施。另外，一些生长材料所需的元素，缺乏具有较高饱和蒸气压的合适前驱体，或是合成与提纯工艺过于复杂，也影响了该技术的充分发挥。

第2章 无机合成中的分析表征

　　无机材料和化合物的合成对原料和产物的组成和结构有严格的要求，因而结构的鉴定和表征在无机合成中具有重要的指导作用。它既包括了对合成产物的结构确证，又包括特殊材料结构中非主要组分的结构状态和物化性能的测定。为了进一步指导合成反应的定向性和选择性，有时还需对合成反应过程的中间产物的结构进行检测。对无机物的一般鉴定和表征通常包括三方面内容：组成分析，结构分析和材料的性能表征。

　　最初的结构分析是简单而有人为性的。例如，对无机物或配合物常仅用化学分析和光谱分析推测其结构，或仅用X射线粉末衍射数据和熔点说明物质纯相与否等。随着物理学科学技术的发展，各种能测定物质特定性能的仪器应运而生，随着化学、材料、环境和生命科学等的发展，必须从分子、原子和电子等角度认识物质的组成、结构及构效关系。目前，常用的结构鉴定和表征方法除各种常规的化学分析外，还需要使用一些结构分析仪器和实验技术，如X射线粉末衍射，差热、热重分析，各类光谱，如可见、紫外、红外、拉曼、顺磁、核磁等。

　　针对不同材料，为检测其相应的性能，常常还需使用一些特种的现代检测手段。如对新材料尤其是复合材料进行无损检测时，常使用红外热波无损检测技术；当制备一定结构性能的固体表面或界面材料，如电极材料、特种催化材料、半导体材料等，为了检测其表面结构，包括其中个体的化学组成、电子状态以及在表面进行反应时的结构，需要使用能量散射谱（energy dispersed spectrum，EDS）、低能电子衍射（low energy electron diffraction，LEED）、俄歇电子能谱（augur electron spectrum，AES）、X射线光电子能谱（x-ray photo-electron spectrum，XPS）、离子散射光谱（ion scattering spectrum，ISS）等，且测定需要在超高真空下进行。此外，各种电子显微镜如透射电子显微镜（普通或高分辨，TEM、HRTEM）、扫描电子显微镜（SEM）、扫描隧道电子显微镜（STM）和原子力显微镜（AFM）等，也已广泛应用于物质结构性能的精细分析。

　　本章仅对研究中较为普遍使用的一些方法作一个简单介绍，重点在于了解这些方法在无机合成化学研究中能解决什么样的问题。

2.1 物质组成分析

2.1.1 无机元素分析

　　无机元素含量的分析通常指金属含量的分析，可采用常规的化学分析法。在配合物或无机杂化材料中，金属的含量大，通过测定数据可很快断定化合物的大概组成。除化学分析法外，仪器分析的发展使得元素分析化学发生巨大变化，产生了许多新技术，并通过商品化的仪器广泛应用于常规分析中。最通用分析仪器的特征和分析性能如表 2-1 所示。

表 2-1　元素分析中最通用分析仪器的特征和分析性能

体系	液体样品	固体样品	样品体积/mL	最大基体浓度/(g/L)	检出限量/(ng/g)	检出限量/(μg/g)	单道	多道	基体效应	光谱干扰	相对标准偏差/%
火花原子发射光谱	不适用	理想	不适用	不适用	不适用	1~10	可以	可以	大	显著	1
电弧原子发射光谱	可能	理想	不适用	取决样品制备	不适用	0.1~1	可以	可以	大	显著	5~10
火焰原子发射光谱	理想	可能	5~10	30	1~100		可以	可以	大	显著	0.5~1
ICP 原子发射光谱	理想	可能	1~10	10~100	0.1~10		可以	可以	小	大	0.5~1
辉光放电原子发射光谱	可能	理想	不适用	不适用	不适用		可以	可以	小	显著	不适用
火焰原子吸收光谱	理想	不适用	5~10	30	$1\sim10^3$		可能	不可以	大	少	0.5~1
石墨炉原子吸收光谱	理想	可能	0.01~0.1	200	0.01~0.1		可能		中	少	3~10
热离子质谱	理想	不适用	0.002	1	不适用		可以	可以	取决样品制备	少	0.05~0.5
ICP 质谱	理想	可能	1~10	0.1~0.5	$10^{-3}\sim10^{-2}$		可以	可以	中	显著	1~3
火花源质谱	不适用	理想	不适用	不适用	不适用	$10^{-3}\sim10^{-2}$	不可以		大	中	不适用
辉光放电质谱	不适用	理想	不适用	不适用	不适用	$10^{-3}\sim10^{-2}$			小	显著	不适用
离子回旋共振谱	理想	可能	$10^{-3}\sim1$				不可以	不可以		可忽略	
石墨炉激光诱导荧光光谱	理想	可能	0.01~0.1	10	$10^{-3}\sim10^{-2}$		不可以	不可以		可忽略	
波长色散X射线荧光光谱	可能	理想	取决样品制备	取决样品制备	取决样品制备	$0.1\sim10^4$	可以	可以	大		1

1. 原子发射光谱法

（1）概述

原子发射光谱法（atomic emission spectroscopy，AES），是依据每种化学元素的原子或离子在热（火焰）或电（电火花）激发下，发射特征的电磁辐射，进行元素定性、半定量和定量分析的方法。它是光学分析中产生与发展最早的一种分析方法。

原子发射光谱法包括了 3 个主要的过程，即：由光源提供能量使样品蒸发，形成气态原子，并进一步使气态原子激发而产生光辐射；将光源发出的复合光经单色器分解成按波长顺序排列的谱线，形成光谱；用检测器检测光谱中谱线的波长和强度。

待测元素原子的能级结构不同，发射谱线的特征不同，据此可对样品进行定性分析；待测元素原子的浓度不同，发射强度不同，据此可实现元素的定量测定。

（2）方法原理

原子发射光谱法（AES）中，利用原子的外层电子由高能级向低能级跃迁，能量以电磁辐射的形式发射出去，这样就得到了发射光谱。原子发射光谱是线光谱。基态原子通过电、热或光致激发光源作用获得能量，外层电子从基态跃迁到较高能态变为激发态，激发态不稳定，约经 10^{-8} s，外层电子就从高能级向较低能级或基态跃迁，多余的能量以电磁辐射的形式发射可得到一条光谱线。

如果以辐射的形式释放能量，该能量就是释放光子的能量。因为原子核外电子能量是量子化的，因此伴随电子跃迁而释放的光子能量就等于电子发生跃迁的两能级的能量差，即：

$$\Delta E = E_H - E_L = h \cdot \nu = h \cdot c/\lambda \qquad (2-1)$$

式中，h 为普朗克常数；c 为光速；ν 和 λ 分别为发射谱线的特征频率和特征波长。根据谱线的特征频率和特征波长可以进行定性分析。常用的光谱定性分析方法有铁光谱比较法和标准试样光谱比较法。

原子发射光谱的谱线强度 I 与试样中被测组分的浓度 c 成正比。据此可以进行光谱定量分析。光谱定量分析所依据的基本关系式是

$$I = ac^b \qquad (2-2)$$

式中，b 是自吸收系数；a 为比例系数。为了补偿因实验条件波动而引起的谱线强度变化，通常用分析线和内标线强度比对元素含量的关系来进行光谱定量分析，称为内标法。常用的定量分析方法是标准曲线法和标准加入法。

综上所述，发射光谱分析的实质为：不同的元素，核外电子结构不同，电子能级各异，因此，不同元素的原子发射光谱中的特征谱线各不相同。对于任一特定元素的原子，在光谱选律的允许跃迁条件下，可产生一系列不同波长的特征光谱线，这些谱线按一定的顺序排列，并保持一定的强度比例，谱线的强弱与分析元素在光源中的浓度有关。一般来说，分析元素在光源中浓度越大，谱线就越强，反之亦然。元素的谱线强度与元素的浓度在一定条件下呈线性关系。即发射光谱分析的实质是通过识别各种元素的特征光谱线的位置（即波长）进行定性分析，通过测量特征光谱线的强度进行定量分析。

（3）原子发射光谱法的特点

① 灵敏度高。许多元素绝对灵敏度为 $10^{-13} \sim 10^{-11}$ g。利用新型的光源和检测手段可极大地提高分析的灵敏度和准确性。

② 选择性好。许多化学性质相近而用化学方法难以分别测定的元素如铌和钽、锆和铪、稀土元素，其光谱性质有较大差异，用原子发射光谱法则容易进行各元素的单独测定。

③ 分析速度快。可进行多元素同时测定。

④ 试样消耗少（毫克级）。

⑤ 微量分析准确度高。光谱分析的准确度随被测元素含量的不同而异，当被测元素的含量大于 1% 时，分析的相对误差仅为 5% ~ 20%，但在含量小于 0.1% 时，其准确度优于化学分析法。含量越低，其优越性越突出，因此非常适用于微量及痕量元素的分析，广泛用于金属、矿石、合金和各种材料的分析检验。

⑥ 试样一般不需经过处理，且可以同时分析多种元素，对大批量试样的分析尤为方便。

发射光谱分析法也有一定的局限性。首先，用发射光谱法进行高含量元素定量分析时，误差很大（约 30% ~ 50%），用它进行超微量元素定量时，灵敏度和精密度又不能满足分析

要求。其次，对一些非金属元素如 Se、S、Te、卤素等的测定，灵敏度很低，一般很难进行定性和定量分析。第三，光谱定量分析需要每次配一套标准样品作对照，由于样品的组成、结构的变化，对元素进入光源的影响很大，因此定量分析时，配制适用的标准样品往往很难。第四，发射光谱分析只能确定某种试样是由什么元素组成的、各元素的含量是多少，而不能提供试样的结构信息，要想确定分子结构的形式，还必须借助其他分析手段。

2. 原子吸收光谱法

（1）概述

原子吸收光谱法（atomic absorption spectroscopy， AAS）又称原子吸收分光光度法，也叫原子吸收法，是基于气态的基态原子外层电子对紫外光和可见光范围的相对应原子共振辐射线的吸收强度来定量被测元素含量的分析方法，是一种测量特定气态原子对光辐射的吸收的方法。此法是 20 世纪 50 年代中期出现并在以后逐渐发展起来的一种新型的仪器分析方法，它在地质、冶金、机械、化工、农业、食品、轻工、生物医药、环境保护、材料科学等各个领域有广泛的应用。该法主要适用于样品中微量及痕量组分分析。

（2）方法原理

每一种元素的原子不仅可以发射一系列特征谱线，也可以吸收与发射线波长相同的特征谱线。当光源发射的某一特征波长的光通过原子蒸汽时，即入射辐射的频率等于原子中的电子由基态跃迁到较高能态（一般情况下都是第一激发态）所需要的能量频率时，原子中的外层电子将选择性地吸收其同种元素所发射的特征谱线，使入射光减弱。特征谱线因吸收而减弱的程度称吸光度 A，与被测元素的含量成正比：

$$A = -\lg \frac{I_V}{I_{0V}} = Kc \tag{2-3}$$

式中，K 为常数；c 为试样浓度；I_{0V} 为原始光源强度；I_V 为吸收后特征谱线的强度。按上式可从所测未知试样的吸光度，对照着标准曲线进行定量分析。

由于原子能级是量子化的，因此，在所有的情况下，原子对辐射的吸收都是有选择性的。由于各元素的原子结构和外层电子的排布不同，元素从基态跃迁至第一激发态时吸收的能量不同，因而各元素的共振吸收线具有不同的特征。原子吸收光谱位于光谱的紫外区和可见区。

测定时，从原子吸收光谱仪的空心阴极灯或光源中发射出一束特定波长的入射光，在原子化器中待测元素的基态原子蒸气对其产生吸收，未被吸收的部分透射过去。通过测定吸收特定波长的光量大小，可求出待测元素的含量。

（3）原子吸收光谱法的特点

原子吸收光谱是基态原子吸收光谱，是一个共振吸收过程。原子吸收光谱法作为测定微量、痕量组分的有效方法，其应用范围遍及多个学科领域。原子吸收光谱法的广泛、飞速发展，既与经济与科学技术的发展等客观条件有关，也是原子吸收光谱分析本身的特点所决定的。

原子吸收光谱法的优点有以下几点。

① 检出限低。火焰原子吸收光谱法（FAAS）的检出限可达到 ng/mL 级。石墨炉原子吸收光谱法（GFAAS）的检出限可达到 $10^{-14} \sim 10^{-13}$ g。

② 选择性好。几乎每种元素都有自己特征的、无干扰的光谱线，测定时用元素的特征

谱线作为入射光源，其他共存元素的干扰很少，即使有干扰也容易消除。

③ 准确度和精密度高。原子吸收法微量分析的相对误差一般在 0.1%～0.5%，使用了积分吸收法之后，即使痕量分析的相对误差也可以达到 0.1%以下。平行测定结果之间的相对标准偏差一般可达 1%，甚至可以达到 0.3%或更好。

④ 抗干扰能力强。一般不存在共存元素的光谱干扰。干扰主要来自化学干扰和基体干扰。在原子吸收条件下，原子蒸气中的激发态原子数目远小于 0.1%，光谱的激发干扰可以忽略。

⑤ 分析速度快。使用自动进样器，每小时可以测定几十个样品。

⑥ 应用范围广。可分析元素周期表中绝大多数金属元素与非金属元素，利用联用技术可以进行元素的形态分析和同位素分析。利用间接原子吸收光谱法可以分析有机化合物。

⑦ 用样量小。FAAS 进样量一般为 3～6mL/min，微量进样量为 10～50μL。GFAAS 液体的进样量为 10～30μL，固体进样量为 mg 级。

⑧ 仪器设备相对比较简单，操作简便。

原子吸收光谱法的不足之处有：

① 除了一些现代、先进的仪器可以进行多元素的测定外，目前大多数仪器都不能同时进行多元素的测定。因为每测定一个元素都需要与之对应的一个空心阴极灯（也称元素灯），一次只能测一个元素。

② 由于原子化温度比较低，对于一些易形成稳定化合物的元素，如 W、Nb、Ta、Zr、Hf、稀土等以及非金属元素，原子化效率低，检出能力差，受化学干扰较严重，所以结果不能令人满意。

③ 非火焰的石墨炉原子化器虽然原子化效率高，检测限低，但是重现性和准确性较差。

3. X 射线荧光光谱法

以 X 射线为辐射源的分析方法称为 X 射线光谱法。主要包括 X 射线荧光光谱法（X-ray fluorescence analysis，XRF）、X 射线吸收法（X-ray absorption analysis，XRA）和 X 射线衍射法（X-ray diffraction analysis，XRD）。前两种方法在元素的定性、定量及固体表面薄层成分分析中被广泛应用，它们可以用于测定周期表中原子序数大于 13 的元素（Na）。而 X 射线衍射法则广泛用于晶体结构的测定，将在物质结构分析部分介绍。

X 射线是由高能电子的减速运动或原子内层轨道电子跃迁产生的短波电磁辐射。当用 X 射线照射物质时，除了发生衍射、吸收和散射现象外，还产生次级 X 射线，即 X 射线荧光。而照射物质的 X 射线，称为初级 X 射线。X 射线荧光的波长取决于吸收初级 X 射线的元素的原子结构。因此，根据 X 射线荧光的波长，就可以确定物质所含元素；根据其强度与元素含量的关系，可以进行元素定量分析。

（1）X 射线荧光光谱分析的原理

X 射线荧光产生机理是采用 X 射线为激发手段。当照射原子核的 X 射线能量与原子核的内层电子能量在同一数量级时，核的内层电子共振吸收射线的辐射能量后发生跃迁，而在内层电子轨道上留下一个空穴，处于高能态的外层电子跃迁回低能态的空穴，将过剩的能量以 X 射线的形式放出，产生的 X 射线即为代表各元素特征的 X 射线荧光谱线。只要测出一系列 X 射线荧光谱线的波长，即能确定元素的种类；测得谱线强度并与标准样品比较，即可确定该元素的含量。图 2-1 是 X 射线激发电子弛豫过程的示意图，当入射 X 射线使 K 层电子激发生成光电子后，L 层电子跃入 K 层空穴，以辐射形式释放能量 $\Delta E = E_\mathrm{K} - E_\mathrm{L}$，产生 K_α 射线，即 X 射线荧光。只有当初级 X 射线的能量稍大于分析物质原子内层电子的能量时，才能激发出相应的电子，因此 X 射线荧光波长总比相应的初级 X 射线的波长要长一些。

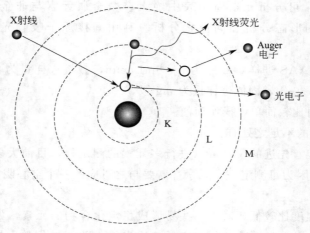

图 2-1 X 射线激发电子弛豫过程示意图

（2）X 射线荧光光谱分析的特点

该法具有准确度高、分析速度快、试样形态多样性及测定时的非破坏性等特点。不仅可用于常量元素的定性和定量分析，且可进行微量元素的测定，其检出限多数可达 10^{-6} g/g，与分离、富集等手段相结合，可达 0^{-8} g/g。测量的元素范围包括周期表中从 F～U 的所有元素。一些较先进的 X 射线荧光分析仪器还可测定铍、硼、碳等超轻元素。而多道 XRF 分析仪，在几分钟之内可同时测定 20 多种元素的含量。

2.1.2　金属元素的价态分析

1. XPS 光电子能谱分析

X 射线光电子能谱（X-ray photoelectron spectroscopy，简称 XPS），也被称为化学分析电子能谱（electron spectroscopy for chemical analysis，简称 ESCA），是以 X 射线为激发光源，通过检测固体物质表面逸出的光电子能量、强度、角分布等来获取物质表面元素组成及化学环境等信息的一种技术。XPS 可测量材料中元素组成、经验公式、元素化学价态和电子态。其特点为光电子来自表面 10nm 以内，仅带出表面的化学信息，具有分析区域小、分析深度浅和不破坏样品的特点，广泛应用于金属、无机材料、催化剂、聚合物、涂层材料、矿石等各种材料的研究，以及腐蚀、摩擦、润滑、粘接、催化、包覆、氧化等过程的研究。

2. XPS 光电子能谱分析原理

X 射线光电子能谱基于光电离作用，当一束光子辐照到样品表面时，光子可以被样品中某一元素的轨道上的电子所吸收，能量升高，使得该电子脱离原子核的束缚，以一定的动能从原子内部发射出来，变成自由的光电子，而原子本身则变成一个激发态的离子。在光电离过程中，固体物质的结合能可以用下面的方程表示：

$$h\nu = E_b + E_k + E_r \tag{2-4}$$

式中，$h\nu$ 为 X 射线源光子的能量，eV；E_b 为原子的特征轨道结合能，eV；E_k 为光电过程中发射光电子的动能，eV；E_r 为原子的反冲能，eV。E_r 的数值一般都很小，可以忽略不计。式(2-4) 可简化为

$$h\nu = E_b + E_k \tag{2-5}$$

在具体实验过程中，$h\nu$ 是已知的。例如，若用 Mg 靶或 Al 靶 X 射线枪发射 X 射线，其能量分别为 1235.6eV 和 1484.8eV，电子的动能 E_k 可以实际测得，于是从式(2-5) 就可以计算出电子在原子中各能级的结合能 E_b。而人们也正是利用电子能谱，通过对结合能 E_b 的计算及其变化规律来进行固体物质表面元素定性分析。

强度与样品中该元素的浓度有线性关系，因此，XPS 可以进行元素的半定量分析。原子的特征电子结合能可在一些手册中查到，而且各元素之间相差很大，容易识别，相比可获得待测物组成。因元素所处化学环境不同（指元素的价态或在形成化合物时，与该元素相结合的其他元素电负性等情况），使得电子结合能发生变化，则 X 射线光电子能谱的谱峰位置发生移动，称为谱峰的化学位移。利用这种化学位移可以分析元素在该物质中的化学价态和存在形式，并计算分子中电荷的分布。元素的化学价态分析是 XPS 分析的最重要的应用之一。

以光电子的动能为横坐标，相对强度（脉冲/s）为纵坐标可作出光电子能谱图（图 2-2）。例如，在 $Na_2S_2O_3$ 的 XPS 谱图中观察到了 2p 结合能的化学位移，因为出现了两个完全分开而强度相等的 2p 峰，表明该两个硫原子价态不同，但在 Na_2SO_4 的 XPS 谱图中只有一个 2p 峰（图 2-3）。

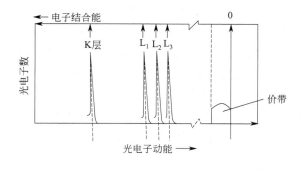

图 2-2　光电子能谱示意图

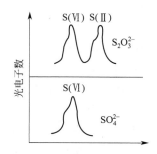

图 2-3　$Na_2S_2O_3$ 和 Na_2SO_4 的 2p XPS 谱图

3. XPS 光电子能谱分析的主要应用

（1）元素的定性分析。可以根据能谱图中出现的特征谱线的位置鉴定除 H、He 以外的

所有元素。

（2）元素的定量分析。在一定条件下，谱图中光电子谱线强度（光电子峰的面积）与原子的含量或相对浓度成正比。一般 XPS 元素分析精度可达 1%～2%。

（3）固体表面状态分析。包括表面的化学组成或元素组成、原子价态、表面能态分布分析，测定表面电子的电子云分布和能级结构等。

（4）化合物的结构分析。可以对内层电子结合能的化学位移进行精确测量，提供化学键和电荷分布方面的信息。图 2-4 给出硅和二氧化硅中硅的 2p XPS 能谱。与 Si 相比，在 SiO_2 中，硅 2p 电子的结合能要高 4.25eV，这表明较低的价电子密度可降低核正电荷的屏蔽。这一化学位移可帮助我们测定出样品中原子的氧化态和化学计量比。

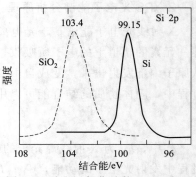

图 2-4　硅和二氧化硅的 Si 2p XPS 谱表现出 4.25eV 的化学位移

2.2　物质结构分析

弄清新物质的结构是很重要的。随着研究对象的扩大、复杂，研究手段的不断更新，人们开始走进了结构的大门。起先，人们总是通过各种谱学仪器收集各种有关官能团的信息，对物质结构进行分析、推测和说明；继而对大部分物质（不易或不能得到单晶）进行 X 射线粉末衍射，进行指标化得到有关结构的信息；然而，人们还想得到有关物质的更为精细的结构信息，这时电荷耦合器件图像传感器（charged-coupled device，CCD）应运而生。

2.2.1　谱学分析

1. 红外光谱法

（1）红外光谱与红外光谱图

红外吸收光谱法（infrared absorption spectrometry）是以研究物质分子对红外辐射的吸收特性而建立起来的一种定性、定量的分析方法。红外光谱是分子振动光谱，通过谱图解析可以获取分子结构的信息。当样品受到频率连续变化的红外光照射时，分子吸收了某些频率的辐射，并由其振动或转动运动引起偶极矩的净变化，产生分子振动和转动能级从基态到激发态的跃迁，使相应于这些吸收区域的透射光强度减弱。产生红外吸收的条件是分子振动时，必须伴随有瞬时偶极矩的变化。自然，样品分子没有偶极矩（如 N_2、O_2、Cl_2 等非对称分子），辐射不能引起共振，称为无红外活性；只有当照射分子的红外辐射的频率与样品分子某种振动方式的频率相同时，样品分子才能吸收能量，从基态振动能级跃迁到较高能量的振动能级，从而在图谱上出现相应的吸收带。记录透光率与波数或波长的关系曲线，就得到红外光谱图（图 2-5）。

（2）红外光谱提供的信息

① 可提供分子中有关官能团的内在信息：包括它们的种类、相互作用和定位等（图 2-6）。

② 指纹区对异构体有选择性。

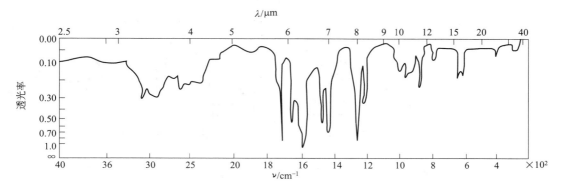

图 2-5　红外光谱图表示法

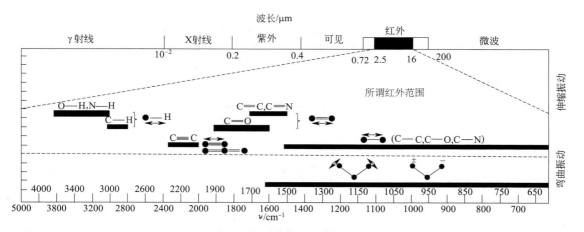

图 2-6　各种键的伸缩振动和弯曲振动

③ 可进行定量无损分析，甚至对一些不稳定的化合物也能分析，可以测定含量为 $0.1\% \sim 100\%$ 的常量组分，对痕量组分，还可经富集后进行痕量分析。

④ 广泛应用于气、液、固体样品的分析。

⑤ 测定光谱范围宽，只要改变光源、光束分裂器和检测器的配置，就可以得到整个红外区的光谱（表 2-2）。

表 2-2　红外光谱区域

区域	$\lambda/\mu m$	ν/cm^{-1}
可见光	$0.4 \sim 0.8$	$25000 \sim 12500$
近红外区	$0.8 \sim 2.5$	$12500 \sim 4000$
中红外区	$2.5 \sim 25$	$4000 \sim 400$
远红外区	$25 \sim 1000$	$400 \sim 10$

人们只需把测得的未知物的红外光谱与标准库中的光谱（如 Sadtler Infrared Spectra 等卡片）进行比对，就可以迅速判定未知化合物的成分及其结构信息。虽然红外光谱法的最大用途在于研究有机化合物，但是对于多种其他化合物，包括配位化合物、金属有机化合物也是很有用的，例如，CO 红外伸缩振动频率的变化能够说明羰基化合物中 CO 的配位模式（图 2-7、图 2-8）和提供成键信息（表 2-3）。

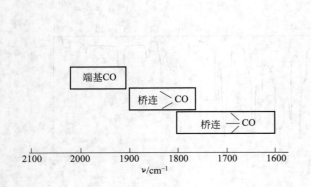

图 2-7 电中性金属羰基化合物中 CO
伸缩振动波数的近似范围

图 2-8 $(C_5H_5)_2Fe_2(CO)_4$ 的红外光谱

表 2-3 配位作用和电荷对 CO 红外伸缩振动频率的影响

CO 及羰基化合物	ν/cm^{-1}	CO 及羰基化合物	ν/cm^{-1}
CO(g)	2143	$[V(CO)_6]^-$	1860
$[Mn(CO)_6]^+$	2090	$[Ti(CO)_6]^{2-}$	1750
$Cr(CO)_6$	2000		

（3）红外光谱在无机材料中的应用

① 水的红外光谱

这里的水是指化合物中以不同状态存在的水，在红外光谱图中，表现出的吸收谱带也有差异（表 2-4）。

表 2-4 不同状态水的红外吸收频率 单位：cm^{-1}

水的存在状态	O—H 伸缩振动	弯曲振动
游离水（H_2O）	3756	1595
吸附水（H_2O）	3435	1630
结晶水（nH_2O）	3200~3250	1670~1685
结构水（羟基水 OH—）	3640	1350~1260

a. 氢氧化物中，无水碱性氢氧化物中 OH—的伸缩振动频率都在 3550~3720cm^{-1} 范围内，例如 KOH 为 3678cm^{-1}、NaOH 为 3637cm^{-1}、Mg(OH)$_2$ 为 3698cm^{-1}、Ca(OH)$_2$ 为 3644cm^{-1}。两性氢氧化物中 OH—的伸缩振动偏小，其上限在 3660cm^{-1}。如 Zn(OH)$_2$、Al(OH)$_3$ 分别为 3260cm^{-1} 和 3420cm^{-1}。这里阳离子的存在对 OH—的伸缩振动有一定的影响。

b. 水分子的 O—H 振动 已知一个孤立的水分子是用两个几何参数来表示的，即 $R_{O-H}=0.0957nm$，$\angle HOH=104°5'$，它有三个基本振动。但是含结晶水的离子晶体中，由于水分子受其他阴离子基团和阳离子的作用，改变了 R_{O-H} 甚至 $\angle HOH$，从而会影响振动频率。例如，以简单的含水络合物 M·H_2O 为例，当 M 是一价阳离子时，R_{M-O} 约为 0.21nm，这时 OH—的伸缩振动频率位移的平均值 $\Delta\nu$ 为 90cm^{-1}，而当 M 是三价阳离子时，R_{M-O} 减小至 0.18nm，频率位移高达 500cm^{-1}。

② 碳酸盐（$CaCO_3$）的基团振动

CO_3^{2-}、SO_4^{2-}、PO_4^{3-} 或 OH—都具有强的共价键，力常数较高，未受微扰的碳酸根是平面三角形对称型（D_{3h}），它的简正振动模式有：对称伸缩振动 1064cm^{-1}、非对称伸缩振动 1415cm^{-1}、面内弯曲振动 680cm^{-1}、面外弯曲振动 879cm^{-1}。

③ 无水氧化物

a. MO 化合物　这类氧化物大部分具有 NaCl 结构，所以它只有一个三重简并的红外活性振动模式，如 MgO、NiO、CoO 分别在 400cm^{-1}、465cm^{-1}、400cm^{-1} 有吸收谱带。

b. M_2O_3 化合物　刚玉结构类氧化物有 Al_2O_3、Cr_2O_3、Fe_2O_3 等，它们的振动频率低且谱带宽，在 700～200cm^{-1}。其中 Fe_2O_3 的振动频率低于相应的 Cr_2O_3。这三种氧化物的红外光谱示于图 2-9(a)，但是对于刚玉结构材料的振动却尚无较满意的解释。

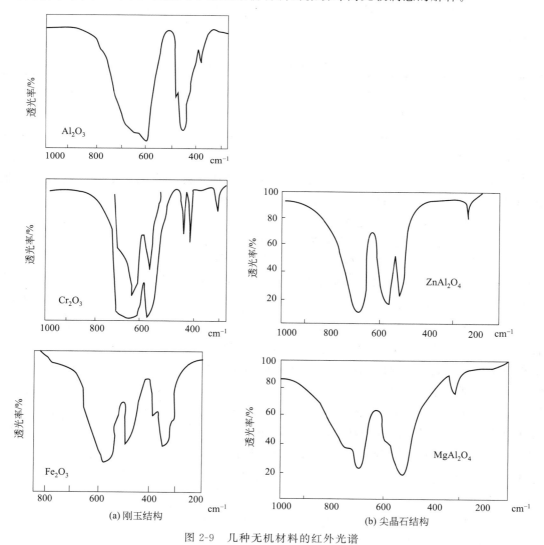

图 2-9　几种无机材料的红外光谱

c. AB_2O_4 尖晶石结构化合物　尖晶石结构的化合物在 700～400cm^{-1} 有两个大而宽的吸收谱带，最特征的 $MgAl_2O_4$ 尖晶石红外光谱示于图 2-9(b)。

④ 硫酸盐化合物

这是以 SO_4^{2-} 孤立四面体的阴离子基团与不同的阳离子结合而成的化合物。当 SO_4^{2-} 保持全对称时，孤立离子团将有四种振动模式，即 ν_1 为对称伸缩振动；ν_3 为非对称伸缩振动；ν_2、ν_4 为弯曲振动，它们的振动频率分别是 $983cm^{-1}$、$1150cm^{-1}$、$450cm^{-1}$、$611cm^{-1}$。

SO_4^{2-} 与金属元素结合后，各特征吸收谱带的位置会发生变化。例如碱金属硫酸盐的 SO_4^{2-} 的对称伸缩振动频率随阳离子的原子量增大而减小，如对于 $Li_2SO_4 \cdot H_2O$，波数为 $1020cm^{-1}$，Na_2SO_4 为 $1000cm^{-1}$，K_2SO_4 为 $983cm^{-1}$。对于二价阳离子的硫酸盐也有类似规律。

石膏是硅酸盐工业中常用的原料之一，它可分为二水石膏 $CaSO_4 \cdot 2H_2O$、半水石膏 $CaSO_4 \cdot \frac{1}{2}H_2O$ 和硬石膏 $CaSO_4$（无水）。三者的红外光谱有一定的差别，表 2-5 是石膏的振动频率数值。

表 2-5　石膏的红外振动频率　　　　　　单位：cm^{-1}

名称	ν_1	ν_2	ν_3	ν_4	水振动
硬石膏	1013	515	1140,1126	671,612	—
半水石膏	1012	465	1158,1120	602~669	3615,1620
二水石膏	1000	492	1131,1142		3555,1690

⑤ 硅酸盐矿物

以 $[SiO_4]$ 四面体阴离子基团为结构单元的硅酸盐矿物的结构比较复杂，$[SiO_4]$ 四面体之间可以有不同形式和不同程度的结合（聚合），其他的阳离子（如 Al）既可以取代 Si 进入四面体，也可成为连接四面体的离子，它们对 $[SiO_4]^{4-}$ 的振动也有影响，因此对硅酸盐矿物的振动光谱着重研究 Si—O、Si—O—Si、O—Si—O，以及 M—O—Si 等各种振动的模式，现在按硅酸盐结构分类分别加以讨论。

a. 正硅酸盐（岛状）　这一类硅酸盐除孤立 $[SiO_4]$ 四面体阴离子基团外，还包括焦硅酸盐 $[Si_2O_7]^{6-}$ 阴离子和其他有限硅原子数的组群结构硅酸盐矿物。但阴离子振动却与其他类型的硅酸盐接近。

孤立的 $[SiO_4]^{4-}$ 阴离子只有四个振动模式，它们是 ν_1 对称伸缩振动、ν_2 双重简并振动、ν_3 三重简并不对称振动和 ν_4 三重简并面内弯曲振动。这四个振动中只有 ν_3 和 ν_4 是红外活性的，它们分别在 $800 \sim 1000cm^{-1}$ 和 $450 \sim 500cm^{-1}$ 之间。

正硅酸盐矿物中，常见的还有 $[M_3^{3+}M_2^{3+}(SiO_4)_3]_2$ 石榴子石族、铝硅酸盐（红柱石、硅线石、莫来石），以及水泥熟料中的硅酸盐矿物 C_2S 和 C_3S 等。它们虽同属于孤立 SiO_4^{4-} 阴离子结构，可是 Ca 离子数不同，引起结构的不同，在红外光谱表现出一定差异。C_2S 在 $990cm^{-1}$ 是尖锐的强吸收，而 C_3S 在 $940cm^{-1}$ 附近有两个特征吸收，它们的吸收

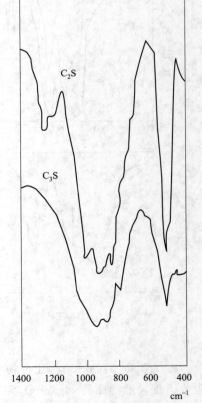

图 2-10　水泥熟料的吸收峰

强度可作为定量测定 C_2S 和 C_3S 的特征吸收谱带（图 2-10）。

b. 链状硅酸盐　链状硅酸盐中硅氧阴离子基团有：单链 $[Si_2O_6]^{4-}$ 和双链 $[Si_4O_{11}]^{6-}$，层状硅酸盐硅氧阴离子基团有：$[Si_4O_{10}]^{4-}$。

除正硅酸盐，其他结构的硅酸盐矿物中，$[SiO_4]$ 四面体都可以顶角相连生成 Si—O—Si 连接方式，它可以呈线性，也可能有一定键角。拉扎雷夫在研究 $[SiO_4]^{4-}$ 阴离子振动时，把键和末端的 Si—O 键的振动分开讨论，线性 Si—O—Si 对称伸缩振动在 $630 \sim 730cm^{-1}$ 之间，而 $1100 \sim 1170cm^{-1}$ 是这种键的非对称振动，比正硅酸盐的振动要高得多，这主要是由于 Si—O—Si 的 Si—O 键的力常数和 Si—O 末端键的力常数不同，一些线性或近乎线性的 Si—O—Si 键长相对要小些。

c. 环状硅酸盐　阴离子，如 $[Si_3O_9]^{6-}$、$[Si_4O_{12}]^{8-}$ 等可以把它看成末端相连接的链，从而再次消除 ν_2 和 ν_4 的简并。

对于这类硅酸盐中阳离子的研究不多，它们的振动（M—O）一般都出现在 $400cm^{-1}$ 左右或以下。

d. 层状硅酸盐　层状硅酸盐都含有平面六方 Si—O 环，如果把假六方硅氧层看成独立实体，由于对称性较高，理论上可推导出 12 个振动模式（其中 4 个小于 $400cm^{-1}$），高于 $400cm^{-1}$ 的是：$902cm^{-1}$、$915cm^{-1}$、$1015cm^{-1}$、$639cm^{-1}$、$611cm^{-1}$、$779cm^{-1}$、$543cm^{-1}$、$499cm^{-1}$，当然，在实际工作中，由于阳离子和羟基的存在，会使这些振动波数位移。层状硅酸盐中的 Si—O 振动（非对称伸缩）均分裂，以高岭土为例，$800 \sim 1200cm^{-1}$ 之间可以存在 5 个谱带，$915cm^{-1}$、$935cm^{-1}$、$1010cm^{-1}$、$1033cm^{-1}$ 和 $1169cm^{-1}$，其他层状结构矿物也类似，它们共同的特点是 Si—O 非对称伸缩振动继续向高频率方向位移，并大于 $1100cm^{-1}$。当 $[SiO_4]$ 四面体中 Si 被铝取代后，生成 Si—O—Al 和 Al—O 键，分别在 $750cm^{-1}$ 和 $830cm^{-1}$ 形成新的吸收谱带，同时使原有 Si—O 键的谱带加宽。

e. 架状结构硅酸盐　架状硅酸盐的硅氧骨架结构单元为 $[SiO_2]$，硅氧阴离子基团有：$[SiO_4]^{4-}$、$[AlSi_3O_8]^{-}$、$[Al_2Si_2O_8]^{2-}$，架状硅酸盐中主要存在的 Si—O—Si（或 Si—O—Al）和 O—Si—O 的键，在 $950 \sim 1200cm^{-1}$ 范围内有 Si—O—Si 的非对称性振动。它一般可高达 $1170cm^{-1}$ 以上，不仅明显地比正硅酸盐高出许多，而且比链式或层状结构硅酸盐也高，另一谱带在 $550 \sim 850cm^{-1}$ 为中等强度的，凡是有 $[SiO_4]$ 阴离子四面体网状聚合态存在的都会在此区间有吸收谱带，至于 $400 \sim 550cm^{-1}$ 间的振动频率仍可归属于 O—Si—O 的弯曲振动。

当 Al 进入四面体以后，就将使振动产生畸变，但是它包括在 $950 \sim 1200cm^{-1}$ 和 $600 \sim 800cm^{-1}$ 范围内。不过已有证明，当 Al 含量增加，$950 \sim 1200cm^{-1}$ 的非对称伸缩振动将向低频率方向移动，所以长石类的最高振动频率均小于石英的最大振动频率。

此外，还可能存在 SiO_6 八面体，它们与四面体相比，由于键长增大，所以振动频率降低，但是 SiO_6 较少见，而且一般以聚合态存在。

最后将硅酸盐中 $[SiO_4]^{4-}$ 阴离子 Si—O 伸缩振动归纳如下：

孤立 $[SiO_4]$ 四面体：$800 \sim 1000cm^{-1}$；

链状：$800 \sim 1100cm^{-1}$；

层状聚合：$900 \sim 1150cm^{-1}$；

架状：$950 \sim 1200cm^{-1}$；

聚合 SiO_6 八面体：$800\sim950cm^{-1}$。

⑥ 硼酸盐和磷酸盐

a. 硼酸盐矿物　可以形成 BO_3 三角形或 BO_4 四面体，这两种多面体既可分别聚合也可混合相连成聚合体，它们常常是含水的矿物，依据前面介绍过的一些原则，红外光谱中也可以把这些不同的阴离子基团加以区别。

BO_3 离子具 D_{3h} 对称，有四种振动：对称和非对称伸缩；面内和面外弯曲振动（一些含 BO_3 离子团的矿物具有方解石的结构）。它们分别在 $800\sim1000cm^{-1}$，$600\sim800cm^{-1}$ 和 $550\sim650cm^{-1}$ 间。若 BO_3 离子发生聚合，也由于形成桥氧和非桥氧，而使简并的振动分裂，并且分别移向 $1496cm^{-1}$、$1285cm^{-1}$、$1270cm^{-1}$ 以及 $834cm^{-1}$。

对 BO_4 的振动模式，费尔和旋罗德把伸缩振动归属于 $1082cm^{-1}$、$1037cm^{-1}$、$927cm^{-1}$。弯曲振动为 $717cm^{-1}$、$470cm^{-1}$，甚至可能在 $230cm^{-1}$。

b. 磷酸盐　具有 $[PO_4]$ 四面体阴离子基团。它的基本振动也有四个，即对称伸缩、非对称伸缩、两个弯曲振动。它和 $[SiO_4]^-$ 一样也只有非对称振动 $1080cm^{-1}$ 和一个弯曲振动 $500cm^{-1}$ 是红外活性的。在实际的化合物中由于其他阳离子的加入不仅谱带发生位移，而且会发生分裂，消除原来的简并振动。

常见无机材料阴离子基因的红外吸收情况见表 2-6。

表 2-6　常见无机材料阴离子基团的红外吸收情况　　　　　单位：cm^{-1}

基团	吸收峰位置	基团	吸收峰位置
$B_2O_7^{3-}$	$1480\sim1340$（强、宽），$1150\sim1100$ $1050\sim1000$，$950\sim900$，~825	PO_4^{3-}	$1120\sim940$（强、宽）
CN^-	$2230\sim2130$（强）	$P_2O_7^{4-}$	$1220\sim1100$（强、宽），$1060\sim960$（常以宽的双峰或多峰出现），$950\sim850$，$770\sim705$
SCN^-	$2160\sim2040$（强）	AsO_3^{3-}	$840\sim700$（强、宽）
HCO_3^-	$3300\sim2000$（宽、多个峰），$1930\sim1840$（弱、宽），$1700\sim1600$（强），$1000\sim940$，$840\sim830$，$710\sim690$	AsO_4^{3-}	$850\sim770$（强、宽）
		VO_3^{3-}	$900\sim700$（强、宽）
CO_3^{2-}	$1530\sim1320$（强），$1100\sim1040$（弱）、$890\sim800$，$745\sim670$（弱）	HSO_4^-	~299（宽），$2600\sim2200$（宽），$1350\sim1100$（强、宽），$1080\sim1000$，$990\sim850$
SO_3^{2-}	$1010\sim970$（强、宽）	$S_2O_3^{2-}$	$1310\sim1260$（强、宽），$1070\sim1050$（尖），$740\sim690$
SO_4^{2-}	$1175\sim850$（强、宽）	SnO_3^{2-}	$700\sim600$（强、宽）
TiO_3^{2-}	$700\sim500$（强、宽）	SeO_3^{2-}	$770\sim700$（强、宽）
ZrO_3^{2-}	$770\sim700$（弱），$600\sim500$（强、弱）	SeO_4^{2-}	$910\sim840$（强、宽）
SnO_3^{2-}	$700\sim600$（强、宽）	$Cr_2O_7^{2-}$	$990\sim880$（强，常在 $920\sim880$ 出现 $1\sim2$ 个尖峰），$840\sim720$（强）
NO_2^-	$1350\sim1170$（强、宽），$850\sim820$（弱）	CrO_4^{2-}	$930\sim850$（强、宽）
NO_3^-	$1830\sim1730$（弱、尖、有的呈双峰），$1450\sim1300$（强、宽），$1060\sim1020$（弱、尖），$850\sim800$（尖），$770\sim715$（弱、中）	MoO_4^{3-}	$840\sim750$（强、宽）
		WO_4^{2-}	$900\sim750$（强、宽）
$H_2PO_2^-$	$2400\sim2300$（强），$1220\sim1140$（强、宽），1102，1075，$1065\sim1035$，$825\sim800$	ClO_4^-	$1050\sim960$（强、双峰或多峰）
		ClO_3^-	$1150\sim1050$（强、宽）
HPO_3^{2-}	$2400\sim2340$（强），$1120\sim1070$（强、宽），$1020\sim1005$（弱、尖），$1000\sim970$	CrO_4^-	$900\sim750$（强、宽）
		BrO_3^-	$850\sim740$（强、宽）
PO_3^{3-}	$1350\sim1200$（强、宽），$1150\sim1040$（强、宽），$800\sim650$（常出现多个峰）	IO_3^-	$830\sim690$（强、宽）
$H_2PO_4^-$	$2900\sim2750$（弱、宽），$2500\sim2150$（弱、宽），$1900\sim1600$（弱、宽），$1410\sim1200$，$1150\sim1040$（强、宽），$1000\sim950$，$920\sim830$	MnO_4^-	$950\sim870$（强、宽）
		结晶水	$3600\sim3000$（强、宽），$1670\sim1600$

2. 拉曼光谱法

（1）拉曼光谱概念

拉曼光谱（Raman spectra）即拉曼散射的光谱，也是分子振动光谱，因 1928 年印度物理学家 C. V. 拉曼实验发现而命名。光照射到样品时会发生散射：一种是入射光经散射后，其波长和能量均不发生变化，只是方向发生变化，称为瑞利散射；另一种是光线通过样品时和样品分子发生相互作用，将部分能量传递给样品分子或从样品分子中获得能量，这样不仅光线方向发生变化，频率和能量也发生变化，称为拉曼散射（图 2-11）。

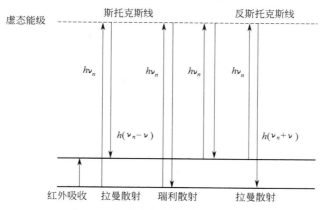

图 2-11　红外和拉曼光谱能量示意图

拉曼散射光与入射光频率的差值（±ν）为拉曼位移（图 2-12），它与分子振动和转动能级相关，分子中不同化学键有不同的振动能级，所以相应的拉曼位移也是特征的。因而拉曼光谱可以用于分子结构定性、定量分析。特别对于对称分子，由于分子间的伸缩振动相互抵消，因而没有红外活性；又如—C—S—、—S—S—、—N＝N—和—C＝C—只是红外弱吸收，而在拉曼光谱中则有强吸收。对这类分子可借助拉曼光谱进行结构信息表征，它与红外光谱互补，可提供较完整的分子振动能级跃迁信息。

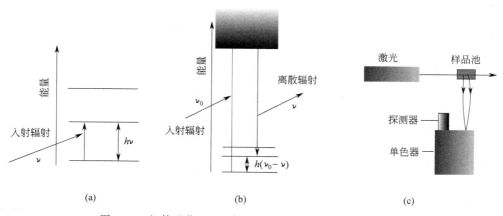

图 2-12　红外吸收（a）、拉曼散射（b）和拉曼光谱仪（c）

红外光谱和拉曼光谱都是研究分子振动特征的，但红外光谱是吸收光谱，而拉曼光谱是散射光谱，二者产生的机理是完全不同的。红外光谱的信息是从分子对入射电磁波的吸收得到的，而拉曼光谱的信息是从入射光与散射光频率的差别中获得的。红外吸收光谱的强度与偶极矩的变化成正比，而拉曼光谱的强度则取决于极化率的变化。

拉曼光谱优点如下：

① 对分子结构的识别而言，结合使用红外和拉曼数据比只使用其中一种得到的结论更明确。例如，液体 $Fe(CO)_5$ 在 CO 伸缩振动区的红外和拉曼光谱数据可找到符合三角双锥结构的证据（图 2-13）。

② 拉曼位移的光是偏振光，这一信息对识别分子的振动对称性很有用：如果振动模式的对称性与电偶极矢量分量的对称性相同，该方式具有红外活性；如果振动模式的对称性与分子极化率一个分量的对称性相同，该方式具有拉曼活性。例如，对 $PdCl_2(NH_3)_2$ 结构的判断，可依赖于其红外和拉曼光谱的不同：在 Pd-Cl 伸展区，顺式异构体在两种谱上都有两个带，而反式异构体在两种谱的不同振动频率上各有一个带（图 2-14）。

③ 对水溶液和单晶的研究而言，拉曼光谱往往比红外光谱更成功。

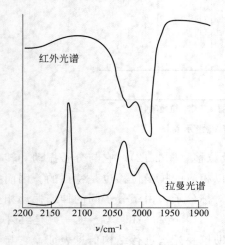

图 2-13　液体 $Fe(CO)_5$ 在 CO 伸缩
振动区的红外光谱和拉曼光谱

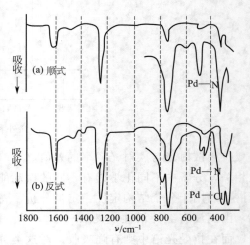

图 2-14　$PdCl_2(NH_3)_2$ 的
红外光谱和拉曼光谱

（2）实验中光谱的分析

图 2-15 为实验做出的 CCl_4 标准的谱图。

CCl_4 分子为四面体结构，一个碳原子在中心，四个氯原子在四面体的四个顶点。N 个原子构成的分子有 $3N-6$ 个内部振动自由度。因此可以有 9（即 $3×5-6$）个自由度，或称为 9 个独立的简正振动。CCl_4 有 13 个对称轴，根据分子的对称性，上述 9 种简正振动，有 4 个对称操作。可归纳成下列四类。

第一类：只有一种振动方式，4 个 Cl 原子沿与 C 原子的连线方向作伸缩振动，表示非简并振动。

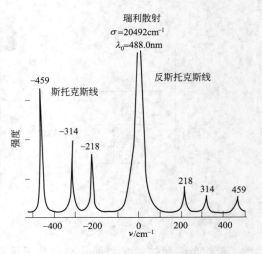

图 2-15　CCl_4 标准的谱图

第二类：有两种振动方式，相邻两对 Cl 原子在与 C 原子连线方向上，或在该连线垂直方向上同时作反向运动，表示二重简并振动。

第三类：有三种振动方式，4 个 Cl 原子与 C 原子作反向运动，表示三重简并振动。

第四类：有三种振动方式，相邻的一对 Cl 原子作伸张运动，另一对作压缩运动，表示另一种三重简并振动。

（3）拉曼光谱的应用举例

通过对拉曼光谱的分析可以知道物质的振动转动能级情况，从而可以鉴别物质，分析物质的性质。例如：鸡血石鉴定。

鸡血石为含硫化汞等多种成分的硅酸盐矿物。鸡血石的组成可以区分为"地"和"血"两部分。"血"部分的矿物成分主要是辰砂。"地"部分的成分以地开石为主，也可能含有相当量的高岭石、明矾石、埃洛石、石英、黄铁矿等。仿造鸡血石时往往用有机物模仿天然鸡血石中"地"和"血"的质感和色泽。因此，天然鸡血石和仿造鸡血石的拉曼光谱有本质的区别，前者主要是地开石和辰砂的拉曼光谱（图 2-16），后者主要是有机物的拉曼光谱（图 2-17），利用拉曼光谱可以区别二者。

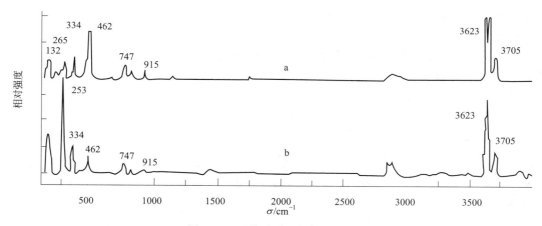

图 2-16　天然鸡血石的拉曼光谱

a—"地"部分的拉曼光谱；b—"血"部分的拉曼光谱

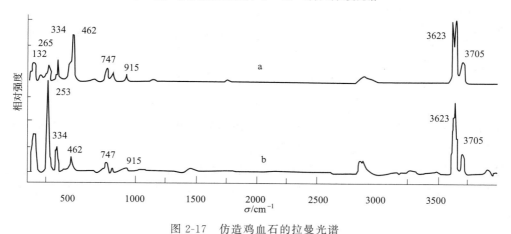

图 2-17　仿造鸡血石的拉曼光谱

a—"地"部分的拉曼光谱；b—"血"部分的拉曼光谱

对拉曼光谱进行对比，可以知道，天然鸡血石的主要成分为地开石，天然鸡血石样品既有辰砂又有地开石，是辰砂与地开石的集合体。而仿造鸡血石样品"血"部分的主要成分与一种名为 Permanent Bordo 的红色有机染料的拉曼光谱基本吻合，"地"部分的主要成分则是聚苯乙烯-丙烯腈聚合物。

3. 紫外-可见吸收光谱

（1）紫外-可见吸收光谱概念

紫外-可见吸收光谱（ultraviolet-visible spectrophotometry）是根据物质分子对波长为

200～760nm 电磁波的吸收特性所建立起来的一种定性、定量和结构分析方法，操作简单、准确度高、重现性好。紫外光谱是电子吸收光谱。当样品分子或原子吸收光子后，外层电子由基态跃迁到激发态，不同结构的样品分子，其电子的跃迁方式是不同的，而且吸收光的波长范围不同，吸光强度也不同，从而可根据波长范围、吸光度鉴别不同物质结构方面的差异。紫外-可见吸收光谱通常由一个或几个宽吸收谱带组成。最大吸收波长（λ_{max}）表示物质对辐射的特征吸收或选择性吸收，它与分子中外层电子或价电子的结构（或成键、非键和反键电子）有关。图 2-18 给出 $[Ti(H_2O)_6]^{3+}$ 的 吸 收 光 谱，最 大 吸 收 位 置 为

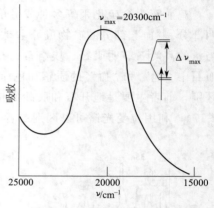

图 2-18 $[Ti(H_2O)_6]^{3+}$ 的吸收光谱

$20300cm^{-1}$，该峰归属于 $e_g \rightarrow t_{2g}$ 跃迁，可看作 Ti^{3+} 的轨道能级分裂值 Δ_o 或 10Dq。

（2）紫外-可见吸收光谱的用途

利用紫外-可见吸收光谱可以研究过渡金属配合物的电子跃迁（d-d 跃迁、f-f 跃迁）、荷移吸收和配体内电子跃迁（配体-金属荷移跃迁 LMCT、金属-配体荷移跃迁 MLCT），因而可用于金属配合物的结构鉴定。

解析紫外-可见吸收光谱可用于：①定量分析，广泛用于各种物料中微量、超微量和常量的无机和有机物质的测定；②定性和结构分析，用于推断空间位阻效应、氢键的强度、互变异构、几何异构现象等；③反应动力学研究，即研究反应物浓度随时间而变化的函数关系，测定反应速率和反应级数，探讨反应机理；④研究溶液平衡，如测定配合物的组成、稳定常数、酸碱解离常数等。

（3）实验举例 1：解析水溶液中 $[CrCl(NH_3)_5]^{2+}$ 的紫外-可见吸收光谱

例如，水溶液中 $[CrCl(NH_3)_5]^{2+}$ 的紫外-可见吸收光谱反映出 Cl^- 上未配位的一对孤对电子向以金属为主的轨道上跃迁（图 2-19 中紫外区 $42000cm^{-1}$ 附近出现的强吸收带）。

（4）实验举例 2：等物质的量系列法测定配合物的组成

这是用紫外-可见分光光度法测定溶液中配合物组成的常用方法之一。若溶液中金属离子与配体 L 形成配合物 ML，可配制其一系列溶液，其中金属离子的浓度 c^M 和配位剂的浓度 c^L 之和即总浓度 c 为一常数：

$$\frac{c^L}{c} + \frac{c^M}{c} = 1 \qquad (2\text{-}6)$$

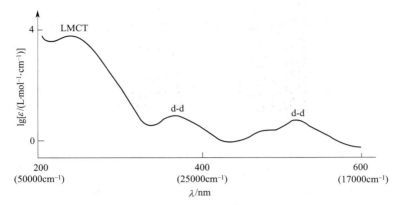

图 2-19　水溶液中 $[\mathrm{CrCl(NH_3)_5}]^{2+}$ 的紫外-可见吸收光谱

在实验过程中，选择配合物的 $\lambda_{\max}$，而该波长下 M 和 L 均无吸收。改变两者的相对比例，测量这一系列溶液的吸光度，以 $A\text{-}(c^L/c)$ 作图［图 2-20(a)］，其交点处的物质的量之比就是配合物的组成。若配合物的组成为 ML_n，则配位数 n 可由式(2-7)求得：

$$n=\frac{c^L}{c^M}=\frac{c^L/c}{1-c^L/c} \tag{2-7}$$

以 $A\text{-}(c^L/c^M)$ 作图［图 2-20(b) 和图 2-20(c)］，由曲线的转折点可求出配合物的组成。

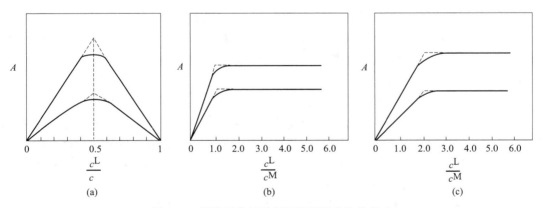

图 2-20　等物质的量系列法测定配合物的组成

4. 核磁共振波谱

核磁共振波谱法（nuclear magnetic resonance spectroscopy，NMR）与 UV-vis 和红外光谱法类似，NMR 也属于吸收光谱，采用的是无线电波射频信号，研究对象是处于强磁场中的原子核对射频辐射的吸收。自 1946 年发现核磁共振信号以来，核磁共振被广泛应用在化学、物理、生物、医药和材料等各学科领域，NMR 是最有效的结构鉴定方法、主要用于测定化学物质的分子结构、构象和构型。近些年 NMR 的飞跃性发展表现在下列几个方面：①谱仪磁场从低强度发展到高强度（30～1000MHz）；②实现了二维 NMR 以及三维 NMR 研究蛋白质的三级结构；③利用高分辨 NMR 技术和 NMR 成像技术实现了固体材料的分析。核磁共振谱是指在磁场中具有自旋磁矩的原子核受电磁波照射，射频辐射频率等于原子核在恒定磁场中的进动频率时产生的共振吸收谱。目前核磁共振谱按被测定对象可分为氢谱和碳谱两类，氢谱常用 ^{1}H-NMR 表示，碳谱常用 ^{13}C-NMR 表示，其他还有 ^{19}F、^{31}P 及 ^{15}N 等核磁共振谱，其中应用最广泛的是氢谱和碳谱。另外按测定样品的状态可分为液体 NMR 和固体 NMR。测定溶解于溶剂中样品的称为液体 NMR，测定固体样品的称为固体 NMR。

（1）核磁共振波谱法的原理

磁矩不为零的原子核存在核自旋，在强的外磁场中，核自旋的能级将发生分裂，当外界发射一个电磁辐射时，位于低能级的原子核将吸收相当于能级差的电磁辐射能而跃迁到高能级，产生核磁共振现象。而断开射频辐射后，高能级的核通过非辐射的途径回到低能级（弛豫），同时产生感应电动势，即自由感应衰减（FID），其特征为随时间而递减的点高度信号，再经过傅里叶变换后，得到强度随频率的变化曲线，即为核磁共振谱图。

化学位移是 NMR 法直接获取的首要信息。同一种核共振频率的差异归因为其周围电子环境的不同，即受屏蔽不同，这种差异被称为化学位移。分子中各种基团具有各自特定的化学位移范围，因此可利用化学位移的大小粗略判定谱峰所属的基团。

由于受邻近核的核自旋磁场的影响，特定核的共振峰发生裂分，裂分的大小（耦合常数）与峰形是 NMR 法可直接获取的另一个重要信息。它提供了分子内各基团的空间位置与相互连接的信息。不同化学键连接的核之间的耦合常数 J 的大小也有特定的范围。

^{1}H 是 $J=1/2$ 的核，丰度高，弛豫较快，在常规测量时，各峰面积正比于 ^{1}H 原子的个数。因此谱图中峰面积（积分值）便成为确定分子内各基团上被测核数相对比例和定量分析的依据。

根据 NMR 谱图中化学位移值、耦合常数值、谱峰的裂分数、谱峰面积等实验数据，运用一级近似（$n+1$）规律，进行简单图谱解析，可找出各谱峰所对应的官能团及它们相互的连接，结合给定的已知条件可推出样品的分子结构式。

（2）核磁共振波谱可提供的信息

① 化学位移——信号的位置　NMR 谱中信号的位置会告诉我们样品中原子的"种类"。由于样品中原子所处的环境（原子核附近化学键和电子云的分布状况）不同，受外加磁场的影响会不同，能级吸收的能量也不同，在谱图中会出现向高场强或低场强的位移，即化学位移。化学位移的参比点来自作为内标的参比化合物。例如，常选四甲基硅烷 [Si(CH$_3$)$_4$，TMS] 为参比物，它只有一种质子环境，因此只有一个信号。在 TMS 中质子的信号远比大多数其他化合物的 NMR 信号移向更高的高场强。因此，与 TMS 的信号相比，大多数化合物的 NMR 信号处于低场强。在一个共同的化学位移测量标度 δ 之下，人为规定 TMS 的信号为零，则两者吸收峰位置之差就是化学位移（由化学环境影响导致的核磁共振信号频率位置的变化），即频率之差 $\Delta\nu$。δ 是一个量纲为一的量：

$$\delta = \frac{\Delta\nu}{观测频率} \times 10^6 \tag{2-8}$$

在 ^{1}H NMR 谱和 ^{13}C NMR 谱中，参比化合物为 TMS，测量 ^{2}H、^{15}N、^{19}F、^{31}P 等核素的谱图时，必须选择其他合适的参比化合物。在 ^{1}H NMR 谱中，化学位移总的范围大约是 10，^{13}C NMR 谱中则超过 220。

② 耦合常数——信号的数目　在 NMR 谱中，会得到一些单线、双重线、三重线或四重线（后两种线内各峰是等距的），这是临近原子核自旋角动量的相互影响。这种原子核自旋角动量的相互作用会改变原子核自旋在外磁场中进动的能级分布状况，造成能级的裂分，进而造

成 NMR 谱图中的信号峰形状发生变化，这种作用称为自旋-自旋偶合。通过解析这些峰形的变化，可以推测出分子结构中各原子之间的连接关系，提供阐明分子的组成、构型和构象等信息。例如，图 2-21 是加有痕量酸的乙醇的 ^1H NMR 谱，说明其分子中有三种质子。

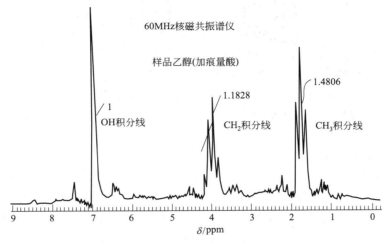

图 2-21　乙醇的 ^1H NMR 谱

③ 积分——信号的强度　积分表示信号覆盖的面积，取决于对信号有贡献的等价核的数目。在图 2-21 中，可明显看到：峰的大小与每个峰所对应的质子数近似成正比。这可以理解为质子数目越多，所吸收的能量就越大，因而会产生一个较大的吸收峰。核磁共振波谱仪上都包括一个积分器，它能在谱图上叠加地画出阶梯曲线，曲线中各阶梯的高度和峰下面的面积成正比。

NMR 谱图中提供的这些信息可以帮助我们分析分子结构。图 2-22 为 $[B_{11}H_{14}]^-$ 质子去偶合的 ^{11}B NMR 谱，研究者以此揭示了峰比 $1:5:5$ 表示 $[B_{11}H_{14}]^-$ 为巢式结构，即硼骨架由缺顶点的 20 面体组成。

（3）核磁共振波谱仪

图 2-23 为核磁共振波谱仪的示意图。它主要由磁体、射频振荡器、射频接收器、样品管和记录器组成。

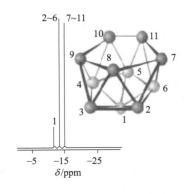

图 2-22　$[B_{11}H_{14}]^-$ 质子去耦合的 ^{11}B NMR 谱

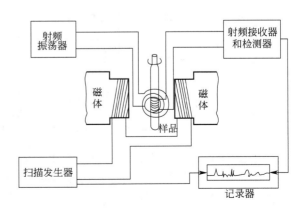

图 2-23　核磁共振波谱仪示意图

以前的核磁共振实验中，用来激发原子核能级跃迁的电磁波都是单一频率的。要想捕捉到不同共振频率的原子，科学家们必须不厌其烦地改变磁场的强度，以使原子核的能级和电磁波的频率吻合，这样的实验是极其烦琐和费时的。后来，瑞士物理化学家恩斯特率先发明了用脉冲信号取代单一频率电磁波的方法。脉冲信号包含的丰富的频率成分能一次性把不同共振频率的原子核激发，这样只要对采集到的信号做一个简单的傅里叶变换，就可以得到样品完整的核磁共振谱。恩斯特的工作大大地改变了核磁共振波谱学的面貌，他创立的脉冲核磁共振和傅里叶分析理论对日后的成像研究也有巨大的影响，因为现代的成像技术多是在傅里叶空间采集数据，然后通过二维傅里叶变换进行图像重建的。

若将核磁共振的频率变数增加到两个或多个，可以实现二维或多维核磁共振，从而获得比一维核磁共振更多的信息。

（4）核磁共振波谱的应用

① 分子结构分析　早期核磁共振主要用于对核结构和性质的研究，如测量核磁矩、电四极距及核自旋等，后来广泛应用于分子组成和结构分析、生物组织与活体组织分析、病理分析、医疗诊断、产品无损监测等方面，而且使用范围越来越广。例如，室温离子液体作为一种绿色溶剂和功能材料，越来越引起人们的重视。已有许多研究者将核磁共振方法用于测定离子液体的结构、纯度及性质，研究离子液体阴阳离子间的相互作用，离子液体与其他化合物的相互作用，离子液体在混合体系中的动力学特征，离子液体在溶液中的聚集行为，以及测定离子液体的热力学参数。

② 核磁共振三维结构测定方法的建立　由于 NMR 能研究接近生理状态的溶液结构及其动力学行为，NMR 结构测定已成为不可或缺的生物大分子结构测定技术，并且研究范围在不断扩大。NMR 测定蛋白结构的方法包括：结构测定的主要 NMR 参数 NOE（nuclear overhauser effect）距离测定；NMR 谱峰序列专一性归属；NMR 结构计算及结构评价；数据收集的多维 NMR 技术（图 2-24）。

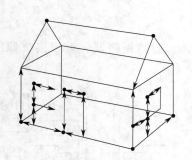 

(a) 以各边和面之间的距离即　　　(b) 从NOESY谱中可测定分子中相距0.5nm以内的原子间
可画出一间房子的三维图形　　　NOE距离，以其作为约束即可计算出该分子的三维结构

图 2-24　核磁共振测定蛋白质等生物大分子的三维结构

③ 医学运用　核磁共振谱在结构生物学研究中的应用大有进展。核磁共振可用于研究在许多细胞过程中存在的弱的或者瞬态的蛋白质-蛋白质相互作用，表征蛋白质的动力学，从而可以对分子机制有新的认识；可以在原子分辨率下表征无序的蛋白质系统，可以研究折叠路径。

　　医学家们发现水分子中的氢原子可以产生核磁共振现象，利用这一现象可以获取人体内水分子分布的信息，从而精确绘制人体内部结构。与用于鉴定分子结构的核磁共振谱技术不同，核磁共振成像（NMRI）技术改变的是外加磁场的强度，而非射频场的频率。核磁共振成像技术是一种非介入探测技术；相对于 X 射线透视技术和放射造影技术，MRI 对人体没有辐射影响；相对于超声探测技术，核磁共振成像更加清晰，能够显示更多细节。此外相对于其他成像技术，核磁共振成像不仅能够显示有形的实体病变，而且能够对脑、心、肝等功能性反应进行精确的判定。在帕金森症、阿尔茨海默症、癌症等疾病的诊断方面，它都发挥了非常重要的作用。利用核磁共振图像，可以早期并全面地显示心肌运动障碍的范围和位置；能明确地划分出血栓形成的范围，显示人体组织中含水、含脂肪的部分；还能进行早期肿瘤识别，把正常的组织结构、良性肿瘤结构与恶性肿瘤结构区分开。

　　④ 地质勘探　核磁共振探测是 NMR 技术在地质勘探领域的延伸，通过对地层中水分布信息的探测，可以确定某一地层下是否有地下水存在，得到地下水位的高度、含水层的含水量和孔隙率等地层结构信息。目前，核磁共振测井在石油勘探开发中的应用非常受重视，国外主要测井公司如斯伦贝谢、阿特拉斯、哈里伯顿等不断推出新型的核磁共振测井仪，均取得良好的经济效益和技术效果。国内部分油田已引进 10 多台核磁共振成像测井仪，经应用效果表明，成像测井对解决油田勘探开发中的疑难地质问题有其独特作用，特别在低电阻薄油藏、火成岩、灰岩、砾岩等特殊和复杂的岩性油藏的应用效果更好，具有广阔的市场。

5. 无机质谱法

　　质谱法（mass spectrometry，MS）又称原子质谱法（AMS），是利用电磁学原理，对荷电分子或亚分子裂片依其质量和电荷的比值（质荷比，m/z）进行分离和分析的方法。质谱是指记录裂片的相对强度按其质荷比的分布曲线。根据质谱图提供的信息，可进行有机物、无机物的定性、定量分析，复杂化合物的结构分析，同位素比值的测定及固体表面的结构和组成的分析。

　　1912 年 J. J. Thomson 研制了世界上第一台质谱仪；1913 年他报道了关于气态元素的第一个研究成果，证明该元素有 ^{20}Ne、^{22}Ne 两种同位素。第一次世界大战后，质谱法及仪器有了进一步的提高，特别是 Aston 因用质谱法发现同位素并将质谱法应用于质量分析而于 1922 年获得诺贝尔化学奖。20 世纪 30 年代，离子光学理论的发展有力地促进了质谱学的发展，开始出现了如双聚焦质谱分析器等高灵敏度、高分辨率的仪器。1942 年出现了第一台用于石油分析的商品化仪器，质谱法的应用得到突破性的发展，在石油工业、原子能工业方面得到较多的应用。20 世纪末，在新的离子源研究基础上，质谱进入生物分子的研究领域，成为研究生物大分子结构的有力工具，得到广泛的应用。

　　（1）无机质谱法的原理

　　待测化合物分子在离子源的高真空（$<10^{-3}$Pa）电离室中，受到高速电子流或强电场等作用吸收能量，失去外层电子而生成分子离子，或化学键断裂生成各种碎片离子，后发生电离，生成分子离子，分子离子由于具有较高的能量，会进一步按化合物自身特有的碎裂规律分裂，生成一系列确定组成的碎片离子，将所有不同质量的离子和各离子的多少按质荷比记录下来，就得到一张质谱图（图 2-25）。质谱图上的峰可归纳为分子离子峰、碎片离子峰、重排离子峰、同位素离子峰、亚稳离子峰及多电荷离子峰。由于在相同实验条件下每种

化合物都有其确定的质谱图（图 2-26），因此将所得谱图与已知谱图对照，就可推断出待测化合物结构。

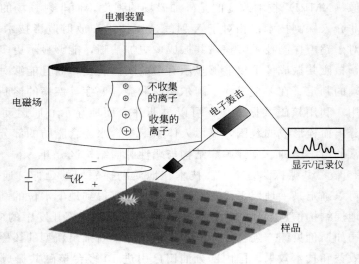

图 2-25　质谱仪和扇形磁场质谱计原理示意图

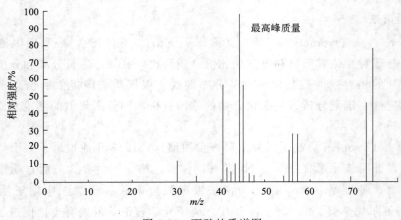

图 2-26　丙酸的质谱图

在实验中，如对一未知物，经其他方法初步鉴定是一种酮，而其质谱图中分子离子峰质荷比为 100，因此该化合物分子量为 100。质荷比 $m/z = 85$ 的碎片离子是由分子断裂失去 CH_3（$M_r = 15$）碎片后形成的，质荷比 $m/z = 57$ 的碎片离子，则可认为是再断裂一个 CO（$M_r = 28$）碎片后形成的。

（2）质谱可提供的信息及质谱的应用

根据质谱图提供的信息可进行有机物、无机物的定性、定量分析，推测复杂化合物的结构。质谱应用范围的扩大主要在于对离子源的改变（如用 ICP-MS 等）和与其他手段的联用（如 GC-MS 等）。

质谱图特别是 ICP-MS 图可提供有关待测样品组成和结构的信息如下：①样品元素组成；②无机、有机及生物分析中的结构，因为结构不同，分子或原子碎片不同，质荷比就不同；③应用色谱-质谱方法联用（GC-MS）进行复杂混合物的定性定量分析；④应用激光烧蚀等离子体-质谱联用，进行固体表面结构和组成分析；⑤样品中原子的同位素比（最基本的）。

（3）质谱法分析的特点

①信息量大，应用范围广，是研究化合物结构的有力工具；②由于分子离子峰可以提供样品分子的分子量信息，因此质谱法也是测定分子量的常用方法；③分析速度快、灵敏度高，高分辨率的质谱仪可以提供分子或离子的精密测定。

2.2.2　X射线衍射分析

X射线衍射分析（X-ray diffraction，XRD）是利用晶体形成的X射线衍射，对物质进行内部原子在空间分布状况的结构分析方法。每一种结晶物质都有各自独特的化学组成和晶体结构。没有任何两种物质，它们的晶胞大小、质点种类及其在晶胞中的排列方式是完全一致的。因此，当X射线被晶体衍射时，每一种结晶物质都有自己独特的衍射花样，它们的特征可以用各个衍射晶面间距 d 和衍射线的相对强度 I/I_1 来表征。其中晶面间距 d 与晶胞的形状和大小有关，相对强度则与质点的种类及其在晶胞中的位置有关。所以任何一种结晶物质的衍射数据 d 和 I/I_1 是其晶体结构的必然反映，因而可以根据它们来鉴别结晶物质的物相。

根据晶体对X射线衍射峰的位置、强度及数量来鉴定结晶物质之物相的方法，就是X射线物相分析法。X射线衍射可分为单晶衍射和粉末衍射。

1. X射线衍射分析原理

（1）单晶X射线衍射分析

单晶衍射要求样品为尺寸约0.1mm的单晶。测试单晶样品衍射的仪器是四圆衍射仪，其原理如图2-27。这种仪器通过 φ 圆、χ 圆以及 Ω 圆的旋转可以将晶体的任何一个方向带到 2θ 圆的平面上，并在该平面上接收衍射强度在 2θ 空间的分布，这样可以获得各衍射斑点在三维空间中的分布及其强度，并用计算机软件对衍射数据进行分析，从而获得材料的晶体结构。实际在衍射测试时，并不需要采集全部360°立体角的数据。由于晶体存在对称性，只需要采集部分角度的数据，再利用衍射数据的计算机软件分析晶体结构。

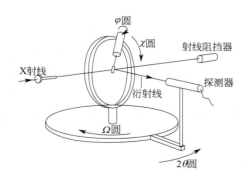

图2-27　X射线四圆衍射仪原理示意图

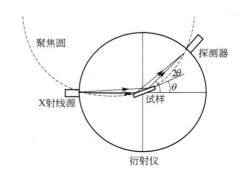

图2-28　多晶X射线衍射仪 $\theta/2\theta$ 联动系统光路图

（2）粉末 X 射线衍射分析

大多数无机材料是多晶体系，需采用多晶衍射法即粉末衍射法进行测定。图 2-28 是粉末 X 射线衍射仪的原理示意图，这是一个 $\theta / 2\theta$ 联动系统，即样品旋转 θ（°）时衍射信号探头需旋转 2θ，这是为了保证 X 射线源、样品和探头处在同一圆上，以便衍射信号在探头处有很好的聚焦。近些年来，多晶 X 射线衍射技术不断发展，衍射仪 2θ 值和衍射强度值的精度以及衍射峰的分辨率都有很大的提高。通常用多晶 X 射线衍射法研究的问题主要有物相鉴定、衍射图谱指标化、晶粒粒度确定和物相定量分析等。

2. X 射线衍射分析的应用

（1）物相鉴定

当一束单色 X 射线入射到晶体时，由于晶体是由原子规则排列成的晶胞组成，这些规则排列的原子间距离与入射 X 射线波长有相同数量级，故由不同原子散射的 X 射线相互干涉，在某些特殊方向上产生强 X 射线衍射，衍射线在空间分布的方位和强度，与晶体结构密切相关。

每种晶体内部的原子排列方式是唯一的，因此对应的衍射花样是唯一的，类似于人的指纹，因此可以进行物相分析。其中，衍射花样中衍射线的分布规律由晶胞的大小、形状和位向决定。衍射线的强度由原子的种类和它们在晶胞中的位置决定。

布拉格方程是 X 射线在晶体中产生衍射需要满足的基本条件，其反映了衍射线方向和晶体结构之间的关系，如图 2-29 所示。

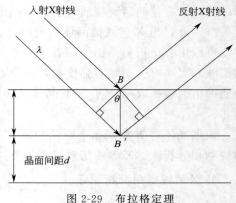

图 2-29　布拉格定理

$$2d\sin\theta = n\lambda \tag{2-9}$$

其中，θ 为掠射角（入射线与衍射线间的夹角的二分之一）、d 为晶面间距、n 为衍射级数、λ 为入射线波长，2θ 为衍射角。

注意：

① 凡是满足布拉格方程式的方向上的所有晶面上的所有原子衍射波位相完全相同，其振幅互相加强。这样，在 2θ 方向上就会出现衍射线，而在其他地方互相抵消，X 射线的强度减弱或者等于零。

② X 射线的反射角不同于可见光的反射角，X 射线的入射角与反射角的夹角永远是 2θ。国际粉末衍射联合委员会（Joint Committee on Powder Diffraction Standards，JCPDS）把已知无机化合物的衍射数据，包括晶面间距（d）、衍射指标（hkl）、衍射强度（I）、晶胞参数等收集在粉末衍射数据卡片（Powder Diffraction file，PDF）中，并对每套数据的可靠性进行了标注，以★标注的数据最为可靠。将待分析物质（样品）的衍射花样与之对照，从而确定样品物质的组成相，这就是物相定性分析的基本原理与方法。

图 2-30 是一张典型的粉末样品 X 射线衍射图谱。

（2）衍射图谱的指标化

所谓指标化，就是确定每一个衍射峰的衍射指标，即 hkl 值。确定了衍射峰的指标，也

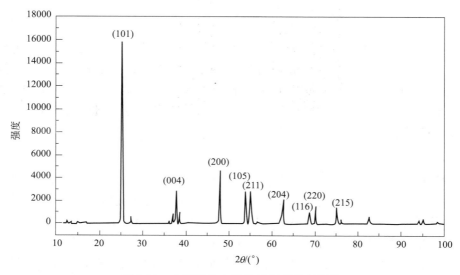

图 2-30　典型的粉末样品 X 射线衍射图谱

就确定了晶体的晶胞参数。当发现了一种新物相，需要测定其晶体结构，第一步就是要对衍射图进行指标化并确定其晶胞参数。对多晶衍射数据进行指标化是用尝试法（trial-and-error）进行的。研究中有时需要在固溶区内对材料进行性能优化，为了考查固溶体是否形成和测定固溶体的组成范围，要对所研究样品的衍射图谱进行指标化，并计算出晶胞参数。一般来说，在固溶区范围内，晶胞参数应随组成连续地变化，在固溶区外晶胞参数不随组成变化。采用这种方法研究固溶体时，X 射线衍射图谱的 2θ 值的精度要高，并且固溶区的组成范围要有一定的宽度。

（3）晶粒大小分析——谢乐公式

X 射线的衍射谱带的宽化程度和晶粒的尺寸有关，晶粒越小，其衍射线将变得弥散而宽化。谢乐（Scherrer）公式描述了晶粒尺寸与衍射峰半峰宽之间的关系。该公式由德国著名化学家德拜和他的研究生谢乐首先提出，是 XRD 分析晶粒尺寸的著名公式。

$$D = K\lambda / B\cos\theta \tag{2-10}$$

式中，K 为 Scherrer 常数，其值为 0.89，一般取 1；D 为晶粒垂直于晶面方向的平均厚度，即晶粒尺寸，nm；B 为实测样品衍射峰半高宽度；θ 为衍射角；λ 为 X 射线波长，Cu 靶为 0.154056nm。

注意：

① 使用谢乐公式时，需要扣除仪器宽化的影响。如果用 Cu 靶 K_α 线衍射，$K_{\alpha 1}$ 和 $K_{\alpha 2}$ 必须扣除一个。

② 计算晶粒尺寸时，一般采用低角度的衍射线；如果晶粒尺寸较大，可用较高衍射角的衍射线来代替，且最好取衍射峰足够强的峰。

③ 由于材料中的晶粒大小并不完全一样，故计算所得实为不同大小晶粒的平均值。而且晶粒不是球形，在不同方向其厚度是不同的，所以由不同衍射线求得的 D 是不同的。一般求取数个，如 n 个不同方向的晶粒厚度，可以估计晶粒的外形。求他们的平均值，所得为不同方向厚度的平均值 D，即为晶粒大小。

④ 该计算公式适用的晶粒大小范围为 1~100nm。

（4）物相定量分析

物相定量分析则根据衍射花样的强度，确定材料中各相的含量。其依据是各相衍射线的强度随该相含量的增加而提高。需首先对物质进行多物相检索，确定图谱中存在的物相种类，定物相；再通过峰型函数、峰宽函数、背底函数、结构参数在内的参数进行修正。物相定量分析方法分为直接对比法、内标法、外标法和无标样分析法，其中内标法又分为内标曲线法、K 值法与任意内标法。

3. 样品的制备

实验过程中应保证样品的组成及其物理化学性质的稳定，以确保采样的代表性和衍射图谱的可靠性，另外，制样方法对于获得的 X 射线衍射图谱有明显影响。

对于块状样品，X 射线测量样品面积应不小于 10mm×10mm，厚度不超过 5mm，并用橡皮泥固定在空心样品架上，样品需有一个平面，该平面与样品板平面保持一致。

对于片状、圆柱状样品，会存在严重的择优取向，衍射强度异常，因此要求测试时合理选择相应的方向平面。

对于纤维样品的测试，应该给出测试纤维的作用方向是平行照射还是垂直照射，因为取向不同，衍射强度也不相同。

对于焊接材料，如断口、焊缝表面的衍射分析，要求断口相对平整。

对于金属样品，要求磨成一个平面，面积不小于 10mm×10mm，如果面积太小，可以将几块粘贴在一起。

当测量金属样品的微观应力（晶格畸变）和残余奥氏体等信息时，要求样品不能简单粗磨，要制备成金相样品，并进行普通抛光或电解抛光，消除表面应变层。

对于粉末样品，首先，把样品研磨成适合衍射实验用的粉末（<320 目，约 45μm）。然后，把样品粉末制成一个有十分平整的平面的试片。常用的方法有：①压片法，一般用玻璃板把样品压实、压平于样品板的凹槽中，如果样品量很少，则可用毛玻璃样品板制样，用玻璃板压在毛玻璃面上。②涂片法，把粉末撒在 25mm×35mm×1mm 的显微镜载片上（撒粉的位置相当于制样框窗孔位置），然后加上足够量的易挥发的溶剂，比如丙酮或酒精（样品在其中不溶解），使粉末成为薄层浆液状，均匀地涂布开来，粉末的量只需能够形成一个单颗粒层的厚度就可以了，待溶剂蒸发后，粉末黏附在玻璃片上，就可使用了。

2.3 材料的性能表征

2.3.1 热分析

热分析技术（thermalanalysis，TA）是研究样品在程序控制的温度变化过程中物理变化及化学性质变化，并将此变化作为温度或时间的函数来研究其规律的一种技术。物质在加热或冷却的过程中，随着其物理状态或化学状态的变化，通常伴有相应的热力学性质（如焓、比热容、热导率等）或其他性质（如质量、力学性质、电阻等）的变化。因而通过测定某些性质或参数可以分析研究物质的物理变化或化学变化过程。热分析的特点如下：应用广泛，是一种可以在动态条件下快速研究物质热特性的有效手段，其方法和技术具有多样性，并且可以与其他技术联用。本部分主要介绍常用的热分析技术及其应用：热重分析法、差热分析法、差示扫描量热法，这三者构成了热分析的三大支柱。

1. 热重分析（TG）

许多物质在加热或冷却过程中除产生热效应外，往往有质量变化，其变化的大小及出现的温度与物质的化学组成和结构密切相关。热重法（thermogravimetry，TG）就是在程序控温下，测量物质的质量随温度（时间）的变化关系。其原理如图 2-31 所示，在程序控温条件下，测量物质的质量与温度关系。把试样失重（或余重）的质量作为时间或温度的函数记录分析，得到的曲线称为热重曲线。其中质量的单位常用 g、mg 或质量分数表示，温度的单位为℃或 K，一般都以温度作为横坐标，如图 2-32 中所示曲线。热重曲线对温度或时间求一阶导数得到的曲线为微商热重曲线（DTG 曲线）。

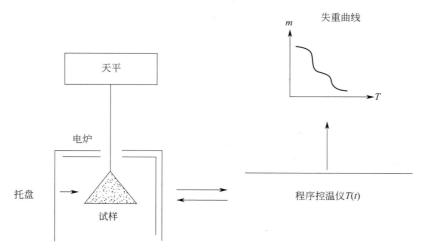

图 2-31　热重分析原理图

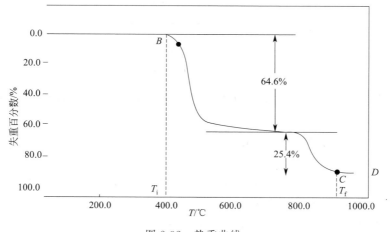

图 2-32　热重曲线

通过研究物质在加热或冷却过程中质量的变化，可以研究晶体性质的变化，如熔化、蒸发、升华和吸附等物理过程；也有助于研究物质的脱水、解离、氧化、还原等化学过程；还可用于区别和鉴定不同的物质。这些都可以采用 TG 或 DTG 进行测量研究。

　　TG 曲线上质量基本不变的部分称为平台，两平台之间的部分称为台阶。B 点所对应的温度 T_i 是指累积质量变化达到能被热天平检测出的温度，称之为反应起始温度。C 点所对应的温度 T_f 是指累积质量变化达到最大的温度（TG 已检测不出质量的继续变化），称之为反应终了温度。反应起始温度 T_i 和反应终了温度 T_f 之间的温度区间称反应区间。

　　失重百分数为：

$$m = \frac{m_0 - m_1}{m_0} \times 100\%$$

(2-11)

　　图 2-31 为一个台阶的标准曲线，实际测得的曲线可含有多个台阶，其中台阶的大小表示质量的变化量，台阶的个数代表热失重的次数。一般每个台阶都代表不同的反应，或样品中不同物质的失重。

　　微商热重曲线是以质量对温度（或时间）的一阶导数为纵坐标，温度（或时间）为横坐标所做的关系曲线，表示样品质量变化速率与温度（或时间）的关系。图 2-33 是典型的 DTG 曲线与对应的 TG 曲线的比较。

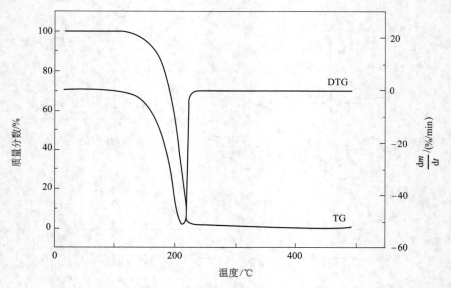

图 2-33　热重曲线和微商热重曲线

　　由图 2-33 中可以看出，DTG 曲线的峰与 TG 曲线的质量变化阶段相对应，DTG 峰面积与样品的质量变化量成正比。DTG 曲线较 TG 曲线有如下优点：

　　① 可以通过 DTG 的峰面积精确地求出样品质量的变化量，能够更好地进行定性和定量分析。

　　② 从 DTG 曲线可以明显看出样品热重变化的各个阶段，这样可以很好地显示出重叠反应，而 TG 曲线中的各个阶段却不易分开，很难起到上述作用。

　　③ 能方便地为反应动力学计算提供反应速率数据。

　　④ DTG 与 DTA（差热分析）具有可比性，将 DTG 与 DTA 进行比较，可以判断出是质量变化引起的峰还是热量变化引起的峰，而 TG 无法判断。

　　另外必须注意的是，DTG 的峰顶温度反映的是质量变化速率最大的时候的温度，而不是样品的分解温度。

2. 差热分析 （DTA）

差热分析（differential thermal analysis，DTA）是把试样和参比物（热中性体）置于相等的温度条件下，测定两者的温度差对温度或时间作图的方法，记录的曲线叫差热曲线或 DTA 曲线。差热曲线的纵轴表示温度差 ΔT，横轴表示温度（T）或时间（t）。曲线向下是吸热反应，向上是放热反应。

对某一物质进行加热或冷却过程中，如发生沸腾、蒸发、升华、多晶转变、还原、分解、熔融、矿物晶格破坏等变化时，会伴随有吸热现象产生。若发生氧化作用、固相反应、玻璃质的重结晶作用、非晶态过渡为结晶态等现象时，会伴随有放热现象产生。差热分析的目的就是要准确测量发生这些变化时的温度，掌握物质变化的规律，并借以判定物质的组成及反应机理。

将样品与一种基准物质（要求在加热过程中，没有热效应出现）在相同条件下加热，当样品发生物理或化学变化时，伴随着热效应的产生。由于基准物质在加热过程中没有任何热效应产生，这样，样品与基准物质的温度就会有一个微小的差别，利用一对反向相连的热电偶，连接于一台灵敏的热流计上，把这个微小变化记录下来，得到热谱图形，即差热曲线。热电偶测温示意图如图 2-34 所示。

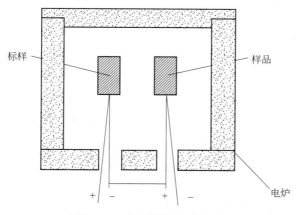

图 2-34　热电偶测温示意图

实验时，将样品和标样在相同条件下加热，如样品没有发生变化，样品和标样的温度是一致的。若样品发生变化，则伴随产生的热效应会引起样品和标样的温度差别，差热曲线便出现转折。在吸热效应发生时，样品的温度低于标样的温度；当放热效应发生时，样品的温度稍高于标样的温度。当样品反应结束时，两者的温度差经过热的平衡过程，温度趋向一致，温差就消失了，差热曲线即恢复原状，因此，若以温差（ΔT）对炉温作图就会得到一条曲线。ΔT 由零变到某一极值后又回到零，差热曲线如图 2-35 所示。

曲线开始转折的温度为称为反应开始的温度，曲线的极值温度称为反应终了温度。但应注意，这个温度并不能准确地代表开始反应的温度，而往往总是偏高一些，偏差的程度与升温速度、炉子保温效果、样品与标样的传热情况等因素有关。

DTA 法可用来测定物质的熔点，实验表明，在某一定样品量的范围内，样品量与峰面积呈线性关系，而后者又与热效应成正比，故峰面积可以表征热效应的大小，是计量反应热

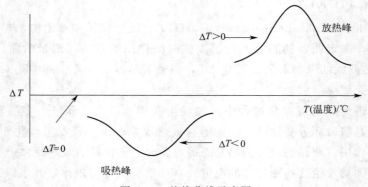

图 2-35　差热曲线示意图

的定量依据。但在给定条件下，峰的形状取决于样品的变化过程。因此，从峰的大小、峰宽和峰的对称性等还可以得到有关动力学的信息。根据 DTA 曲线中的吸热或放热峰的数目、形状和位置还可以对样品进行定性分析，并估测物质的纯度。

3. 差示扫描量热法（DSC）

差示扫描量热法（differential scanning calorimetry，DSC）是指在程序控制温度下，测量单位时间内输入到样品和参比物之间的功率差与温度关系的一种技术。它与 DTA 都是测定物质在不同温度下吸热或放热的变化。

根据测量方法，DSC 可以分为热流式差示扫描量热法和功率补偿式差示扫描量热法。不同的测量方法所用的仪器结构也有差异，下面就常用的功率补偿式差示扫描量热法为例作简要介绍。

功率补偿式差示扫描量热法原理如图 2-36 所示。和 DTA 仪器装置相似，不同的是在试样和参比物容器下装有两组补偿加热丝。当试样在加热过程中由于热效应与参比物之间出现温差 ΔT 时，通过差热放大电路和差动热量补偿放大器，使流入补偿电热丝的电流发生变化。当试样吸热时，补偿放大器使试样一边的电流立即增大；反之，当试样放热时，则使参比物一边的电流增大，直到两边热量平衡，温差 ΔT 消失。换句话说，试样在热反应时发生的热量变化，由于及时输入电功率而得到补偿，所以实际记录的是试样和参比物下面两支电热补偿的热功率之差随时间 t 的变化关系。如果升温速率恒定，记录的就是热功率之差随温度 T 的变化关系。DSC 仪器记录的曲线称 DSC 曲线，它以样品吸热或放热的速率即热流率 dH/dt（单位 mJ/s）为纵坐标，以温度 T 或时间 t 为

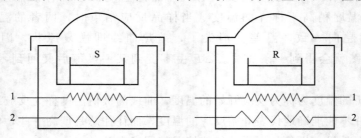

图 2-36　功率补偿式差示扫描量热法原理

S—试样；R—参比物；1—温度敏感元件；2—加热器

横坐标。

　　图 2-37 是某聚合物的 DSC 曲线，从图中可以看到聚合物的典型的三个热行为：首先是玻璃化温度，此温度以上聚合物具有较好的流动性；第二个是一个放热峰，这是冷结晶峰；最后是结晶熔融峰，从这个简单的 DSC 曲线就可以确定该聚合物的加工温度。比如要将它拉伸就需要将温度控制在玻璃化温度以上，冷结晶温度以下，这样可以避免因结晶而降低拉伸性能；如要将它热定型，则需将温度控制在冷结晶结束温度以上，熔融温度以下。

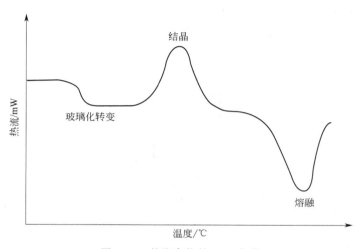

图 2-37　某聚合物的 DSC 曲线

　　对于功率补偿式 DSC 技术，要求试样和参比物温度比较严格，无论试样吸热或放热都要处于动态零位平衡状态，使 $\Delta T = 0$，这是 DSC 与 DTA 技术最本质的区别，实现 $\Delta T = 0$ 的办法就是通过功率补偿。由于 DSC 技术与 DTA 技术相似，且更为方便，因此 DSC 技术使用更为广泛。

　　DSC 可以测定多种热力学和动力学参数如比热容、反应热、转变热、相图、反应速率、结晶速率、高聚物结晶度、样品纯度等。该法使用温度范围宽（ $-175 \sim 725℃$ ）、分辨率高、可用于生物、食品、有色金属和石油化工等各个领域的材料表征及过程研究。

2.3.2　微结构电子显微分析

　　材料显微结构分析（analysis of materials microstucture）是材料科学中最为重要的研究方法之一。它主要用于研究材料的微结构，即探测材料的微观形态、晶体结构和微区化学成分。研究材料微结构有许多方法，其中电子显微分析法是基于电子束与材料的相互作用而建立的分析方法，它能直观地将晶体结构与形貌观察结合。常用的电子显微镜有透射电子显微镜（TEM）、扫描电子显微镜（SEM）、电子探针显微分析（EPMA）和扫描透射电子显微镜（STEM）等。除此以外还有其他新型的显微分析技术，如原子力显微镜（AFM）、扫描隧道显微镜（STM）等。

1. 扫描电子显微镜

　　扫描电子显微镜（scanninge lectron microscope，SEM）利用聚焦得非常细的高能电子束在试样上扫描，与样品相互作用产生各种物理信号（如二次电子、背散射电子、俄歇电子、特征 X 射线等），这些信号经检测器接收、放大并转换成调制信号，最后在荧光屏上显示反映样品表面各种特征的图像。

（1）扫描电子显微镜的结构及工作原理

图 2-38 是扫描电子显微镜及其工作原理示意图。电子枪发射的电子束经电子透镜聚焦后轰击在固体样品上，通过扫描线圈的调制，使电子束在样品上逐点、逐行扫描。当电子束在固体样品上扫描时会产生各种次级射线，见图 2-39。这些次级射线的能量不同，可以选择适当的探测器对它们分别探测。对所探测的信号进行处理，便可获得样品表面形态的图像及其他信息。在 SEM 中常被探测的次级射线是二次电子、背散射电子和特征 X 射线。

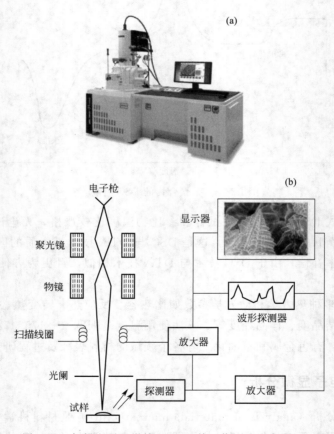

图 2-38　扫描电子显微镜（a）及其工作原理示意图（b）

① 二次电子像　被入射电子轰击出来的核外电子称为二次电子。

原子核和外层价电子间的结合能很小，当原子的核外电子从入射电子获得了大于相应的结合能的能量后，可脱离原子成为自由电子，离开样品即为二次电子，这种散射过程发生在样品表面 10nm 左右深度范围内。

接收扫描电子束轰击样品产生的二次电子，并逐点在荧光屏上成像，可以获得样品的二次电子像（secondary electron image）。二次电子的强度正比于电子束所轰击样品的面积。表面平缓的区域电子所轰击的面积相对较小，因而二次电子的强度较低，对应图像中较暗的

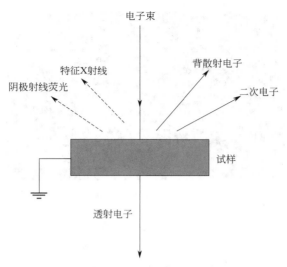

图 2-39　电子束轰击下材料产生的各种次级射线

部分；表面有坡度的区域电子所轰击的面积相对较大，产生的二次电子强度较高，对应图像中较亮的部分。二次电子像常用来观察块体材料的表面形态以及粉体材料的晶粒形状和大小等。

　　图 2-40 是高温固相法制备的 $CaTiN_2$、ZnO 和水泥浆体断口的二次电子像。二次电子图像的特点是分辨率高、景深大、立体感强。

图 2-40　二次电子图像

（a）$CaTiN_2$ 颗粒；（b）ZnO 颗粒；（c）水泥浆体断口

　　② 背散射电子像　当电子束轰击样品时，部分电子被样品中的原子直接散射成为背散射电子（backscattered electron）。背散射电子的能量与入射电子的能量相当或稍低一些（由于散射是非弹性散射），而远高于二次电子的能量。背散射电子的强度随原子核外电子数的增加而增强，因而平均原子量大的物相给出较强的信号，而平均原子量较小的物相给出的信号较弱。这样，如果复相样品中各相的平均原子量有一定的差别，我们就可以在背散射电子像中观察到明暗相间的区域。图 2-41 是 Al_2O_3- ZrO_2 熔融样品剖面的背散射电子像，很显然，亮的部分对应 ZrO_2 晶粒，暗的部分对应 Al_2O_3 晶粒。背散射电子像常被用来分析复相材料或鉴定材料中的杂质物相。背散射电子像的分辨率比二次电子像低一些，多在 50～200nm 之间。

　　③ 特征 X 射线　若入射电子束将材料中原子的内层轨道电子激发，外层电子将跃迁至

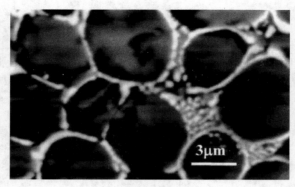

图 2-41　Al_2O_3-ZrO_2 陶瓷熔体剖面的背散射电子像

内层轨道，同时产生特征 X 射线。由于各种元素的原子轨道能级都有确定的值，因而产生的 X 射线荧光光谱是与元素对应的特征光谱。一些 SEM 配有能量色散谱仪（energy dispersive spectrometer，EDS），可以记录随能量分布的 X 射线荧光光谱，根据特征 X 谱线的能量值对材料进行元素的定性分析，根据其强度进行元素的定量分析。进行定量分析需要经过适当的校准，这种校准方法是成熟的，但过程较为烦琐，其基本思路如下。

假设要测定元素 Y 的含量，选择一个该元素的特征 X 射线荧光谱线，测定该谱线的强度 I_Y，同时测定该元素纯物质同一谱线的强度 I_0，求其比值 K_Y

$$K_Y = I_Y/I_0 \tag{2-12}$$

K_Y 与 Y 的质量分数 w_Y 成正比，比例系数为一系列修正因子

$$w_Y = Z \times A \times F \times K_Y \tag{2-13}$$

式中，Z 为原子序数修正因子；A 为吸收修正因子；F 为二次荧光修正因子。随着技术的进步，EDS 可以对更轻的元素进行分析，目前利用 EDS 可以检测的最轻元素为 Be，定性分析的灵敏度为 0.1%～0.01%，定量分析的误差约 5%，分析微区的尺寸可以小到 $1\mu m$。

电子探针显微分析（electron probe micro-analysis，EPMA）是一种专门用于对材料的微区进行元素分析的技术，其基本原理与 SEM 相似。电子探针显微分析仪除了配有 EDS 用于快速的定性分析和半定量分析外，一般还配有波长色散谱仪（wavelength dispersive spectrometer，WDS）用于元素定量分析。与 EDS 相比，WDS 可以分析更轻的元素，且定量分析的精确度更高，其误差可以小到 1%～2%，然而 WDS 的分析相对耗时。EPMA 在元素分析方面还有一些特殊的功能，如元素二维面扫描分析和元素一维线扫描分析等。

前面介绍的二次电子像和背散射电子像分别是用二次电子信号和背散射电子信号成像，EMPA 可以利用元素的特征 X 射线进行成像。探测元素 A 的特征谱线，即可获得元素 A 的二维面分布图（element map）；探测其他元素的特征谱线，便可获得其他元素的二维面分布图。用元素的二维面分布图分析陶瓷样品，可以获得某种元素在晶粒和晶界之间分布的情况。图 2-42 是 Cu-Al 合金中的 Cu 元素分布图（CuKα）和 Al 元素分布图（AlKα）。

使电子束在观测区域沿任意一条直线进行扫描，同时记录某种元素的特征 X 射线强度，即可得到这种元素特征 X 射线强度沿电子束扫描线的变化，这样可以给出被测元素的含量沿扫描线的分布，见图 2-43。

（2）样品的制备

扫描电子显微镜对试样的基本要求是在真空中能保持稳定，含有水分的试样应先烘干除

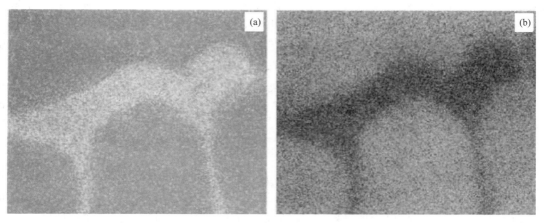

图 2-42　Cu-Al 合金中，Cu 元素分布图（a）和 Al 元素分布图（b）

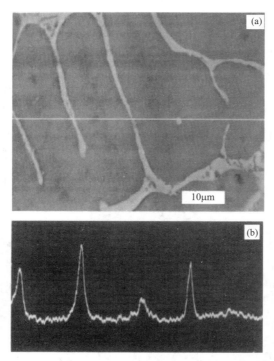

图 2-43　当电子束沿直线扫描，Cu-Al 合金中 Cu 含量的变化
（a）背散射电子像，（b）Cu 含量的变化

去水分。表面受到污染的试样，要在不破坏试样表面结构的前提下进行适当清洗。对于新鲜断口，可直接放在电镜中观察。对于有油污或锈斑，高温或腐蚀介质中的断口，要用适当的有机或无机试剂（如无水乙醇、丙酮等）在超声波发生器中进行清洗。有些试样的表面、断口需要进行适当的侵蚀，才能暴露某些微观细节，则应在侵蚀后将表面或断口清洗干净。对磁性试样要预先去磁，以免观察时电子束受到磁场的影响。试样尺寸只要不超过电镜试样室的规定尺寸即可。

　　对于导电性好的材料，只要用导电胶把它粘贴在铜或铝制的样品座上就可以观察。对于导电性较差的材料或者绝缘材料（这些材料在入射电子束作用下会产生电荷堆积，引起放电，使图像难以聚焦成像），除了要把它用导电胶粘在样品座上，还必须进行喷镀导电层处理。常用的导电层材料有金膜、银膜或碳膜，膜厚控制在 20nm。如果样品形状复杂，在喷镀导电层过程中，还要对试样进行倾斜、旋转，以得到完整、均匀的导电层。

对于粉末试样的制备，先将双面导电胶黏结在样品座上，再均匀地把粉末撒在上面，用洗耳球吹去未粘住的粉末。若是导电粉末，可直接观察；若是非导电粉末，再镀上一层导电膜，即可以上电镜观察。

2. 透射电子显微镜

透射电子显微镜（transmission electron microscope，TEM）以电子束作为光源，电子束经由聚光镜系统的电磁透镜将其聚焦成一束近似平行的光线穿透样品，再经成像系统的电磁透镜成像和放大，然后电子束投射到主镜筒最下方的荧光屏上形成所观察的图像。

透射电镜具有放大、衍射和元素分析等功能，主要用于材料微区的组织形貌观察、晶体缺陷分析和晶体结构测定。

（1）透射电子显微镜的结构及工作原理

① 质量衬度像　透射电子显微镜的普通功能是观测材料的质量衬度像。由于是以透射方式成像，电子束需穿透样品，这要求样品很薄，一般小于 200nm。样品厚的部分和密度大的部分电子穿透得少，对应图像中暗的部分；而样品薄的部分和密度小的部分电子穿透得多，对应图像中亮的部分。TEM 质量衬度像的分辨率高于 SEM 的二次电子像，可达到 1nm。利用质量衬度像可以观察粉体材料的颗粒尺寸，特别是纳米粒子的形貌，还可以分析复相材料的相分布等。图 2-44 是球形 Y_2O_3：Eu 荧光材料的 TEM 照片。

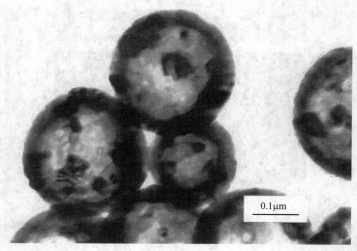

0.1μm

图 2-44　球形 Y_2O_3：Eu 荧光材料的质量衬度像

② 衍射衬度像　一个样品的不同部分由于晶格的取向不同，其对电子束的衍射能力不同，这样会形成材料的衍射衬度像。图 2-45 是衍射衬度像形成原理的示意图。材料中有两个相邻而取向不同的晶粒。在强度为 I_0 的入射光照射下，B 晶粒的晶面（$h\,k\,l$）与入射电子束间的夹角正好等于 Bragg 角 θ，形成强度为 I_{hkl} 的衍射束，其余晶面与衍射条件存在较大的偏差；而 A 晶粒的所有晶面均与衍射条件存在较大的偏差。这样，在电子束照射下，

像平面上与 B 晶粒对应的区域的电子束强度为 $I_B \approx I_0 - I_{hkl}$，而与 A 晶粒对应的区域的电子束强度 $I_A \approx I_0$。这样，不同取向的晶粒就会在像平面上形成明暗不同的区域。利用衍射衬度可以通过陶瓷材料的剖片观察晶粒的尺寸和晶界等，也可以观察金属材料的位错和层错等缺陷。单晶膜材料的弯曲也可以由衍射衬度来观察。

③ 相位衬度像　TEM 的相位衬度像即常说的高分辨电子显微图像，该图像可以揭示材料近 0.1nm 尺度的结构细节，接近原子水平。相位衬度像是利用电子束相位的变化，由两束以上电子束相干成像。在电子显微镜分辨率足够高的情况下，参与相干成像的电子束越多，图像的分辨率越高。相位衬度像成像的基本原理可以通过图 2-46 示意地说明。当波长为 λ 的电子束射到具有晶面间距 d 的薄膜试样上时，在离开试样 L 处发生了透射电子和散射电子的干涉。当透射电子波和散射电子波的光程差为 $n\lambda$ 时，则两个波互相加强。当 $n=1$ 时，根据勾股定理，有

$$\sqrt{L^2+d^2}-L=\lambda \tag{2-14}$$

所以，当 $L=d^2/(2\lambda)$ 时，产生强的衬度，这个强的衬度随着 L 的增加而周期性地变化。利用高分辨图像可以观察材料的晶格，在有利的情况下可以观察到晶格中的原子空位等点缺陷。分析无机材料剪切结构形成的主要研究手段就是 TEM 的高分辨图像。近年来人们发展了一些利用材料晶体结构参数计算模拟该晶体高分辨像的软件，将实测高分辨像与模拟高分辨像进行对比，可以用来分析材料的晶体结构，图 2-47 是 CeO_2 的高分辨图像。

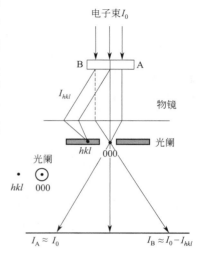

图 2-45　衍射衬度像成像原理

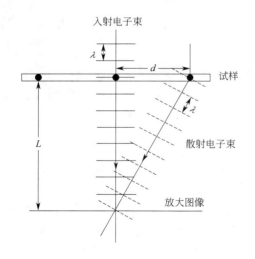

图 2-46　相位衬度像成像原理

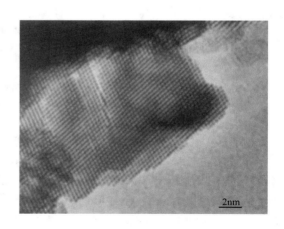

图 2-47　CeO_2 的相位衬度像（高分辨图像）

④ 元素分析　与 SEM 一样，在 TEM 中，当电子束轰击样品时，各元素也可以产生特征 X 射线荧光。TEM 同样可以利用这些特征 X 射线荧光进行元素的定性分析和定量分析。由于是透射方式，定量分析的校准过程较简单。操作仔细，误差可以小于 5%。这里以测定

$BaO-Nd_2O_3-TiO_2$ 三元体系中物相的组成为例，简单介绍一下利用 TEM 进行元素定量分析的过程。

以已知二元化合物 $BaTiO_3$ 和 $Nd_4Ti_9O_{24}$ 为标准物。元素特征 X 射线荧光的强度与其质量分数有如下的比例关系

$$w(Ba)/w(Ti)=K(Ba/Ti)\times[I(Ba)/I(Ti)] \tag{2-15}$$
$$w(Nd)/w(Ti)=K(Nd/Ti)\times[I(Nd)/I(Ti)] \tag{2-16}$$

式中，$w(Ba)$、$w(Ti)$ 和 $w(Nd)$ 分别为 Ba、Ti 和 Nd 的质量分数；$I(Ba)$、$I(Ti)$ 和 $I(Nd)$ 分别为 Ba、Ti 和 Nd 的特征 X 射线荧光强度。利用标准物 $BaTiO_3$ 和 $Nd_4Ti_9O_{24}$ 可以求出比例系数 $K(Ba/Ti)$ 和 $K(Nd/Ti)$。对未知样品，可以测出一组 $I(Ba)$、$I(Ti)$ 和 $I(Nd)$。代入式(2-14) 和式(2-15)，可以求出 $w(Ba)/w(Ti)$ 和 $w(Nd)/w(Ti)$。由于 $w(Ba)+w(Ti)+w(Nd)=1$，因而可以求出 $w(Ba)$、$w(Ti)$ 和 $w(Nd)$。

（2）样品的制备

观测块体样品，首先要将样品切割成薄片，然后再进一步减薄至厚度小于 200nm。减薄的方法有化学腐蚀法和离子减薄法等。下面重点介绍纳米粉末样品的制备方法。

观测粉末样品的颗粒形貌，则必须要借助支持膜。支持膜通常分为两大类，即无微孔的支持膜和有微孔的支持膜（又叫微栅支持膜）。无论是哪种支持膜，都需要用到载网。载网是由 Cu、Cr、Mo 等材料蚀刻而成的，它的直径为 3mm，网上有 100～400 个孔。根据孔的多少，通常叫 100 目载网、200 目载网，如图 2-48(a) 所示。载网上面附着支持膜，如图 2-48(b) 所示。

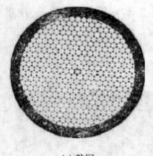
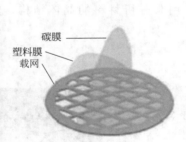

(a) 载网   (b) 支持膜   (c) 微栅支持膜上的纳米粉末

图 2-48　支持膜以及纳米粉末样品图像

制作粉末样品时要特别注意把粉末充分分散开，如果分散不好，在电镜下将观察不到单个的粉末颗粒。为了确保充分分散，一般用一个小容器（小烧杯等）盛上无水乙醇或蒸馏水，再放入少量粉末，将小容器置于超声波振荡发生器中振动 30min 左右，使之成为悬浮液，然后关闭超声波，让悬浮液稍微静置后，用尖嘴镊子夹住带支持膜的铜网边缘在溶液中蘸一下，放在滤纸上干燥即可。也可用毛细管吸一点液体滴在支持膜上。图 2-48(c) 是在电镜下观察到的纳米粉末在微栅支持膜上的图像。

总之，纳米粉末样品的制备流程为：蒸馏水（无水乙醇）＋少量粉末→超声波分散→取出静置片刻→滴到支持膜上（用毛细管）→干燥。

3. 扫描隧道显微镜

在过去的几十年里，电子显微技术获得了长足的发展，扫描电子显微镜和透射电子显微镜的放大倍数和分辨率都有了很大的提高。然而，这些技术还很难使我们直接观察到原子的尺度。1982 年发明的扫描隧道显微镜（scanning tunnelling microscope，STM）可以帮助我们直接观察到单个原子。这一技术将人类观察物质微观结构的水平提高到了一个新的层次，并促进了纳米科学的产生和发展。STM 不仅可以在真空中工作，而且可以在液体和气体环境中操作，这样就可以对液固界面、生物结构以及自然条件下的过程进行直接分析。

STM 采用了全新的工作原理，它利用电子隧道现象，将样品本身作为一个电极，另一个电极是一根非常尖锐的探针。把探针移近样品，并在两者之间加上电压，当探针和样品表面相距只有数十埃时，由于隧道效应，在探针与样品表面之间就会产生隧道电流并保持不变；若表面有微小起伏，哪怕只有原子大小的起伏，也将使穿透电流发生成千上万倍的变化。这种携带原子结构的信息输入电子计算机，经过处理即可在荧光屏上显示出一幅物体的三维图像。其分辨率达到了原子水平，放大倍数可达 3 亿倍，最小可分辨的两点距离为原子直径的 1/10，也就是说它的分辨率高达 0.01nm。图 2-49 是 Cu(111) 晶面上 Fe 原子围栏的 STM 像。

STM 是一种具有极高分辨率的检测技术，可以观察单个原子在物质表面的排列状态和与表面电子行为有关的物理、化学性质，在表面科学、材料科学、生命科学、药学、电化学、纳米技术等研究领域有广阔的应用前景。但 STM 要求样品表面与针尖具有导电性，这也是 STM 在应用方面最大的局限。

图 2-49　扫描隧道显微镜图像
Cu(111) 晶面上 Fe 原子围栏（围栏直径为 7.13nm）

2.3.3　比表面与孔径分布分析

对于纳米粉体材料，常常需要分析其比表面积；而对于孔道材料，不仅需要分析其比表面积，还需要分析其孔径分布。比表面积定义为单位质量物质的总表面积，常用单位是 m^2/g，主要是用来表征粉体材料颗粒外表面大小的物理性能参数。比表面积大小与材料其他的许多性能密切相关，如吸附性能、催化性能、表面活性、储能容量及稳定性等，因此测定粉体材料比表面积大小具有非常重要的应用和研究价值。材料比表面积的大小主要取决于颗粒粒度，粒度越小，比表面积越大；同时颗粒的表面结构特征及形貌特性对比表面积大小有着显著的影响，因此通过对比表面积的测定，可以对颗粒以上特性进行参考分析。

1. 比表面积测试原理及方法

比表面积测试方法有多种，其中气体吸附法因其测试原理的科学性，测试过程的可靠性，测试结果的一致性，在国内外各行各业中被广泛采用，并逐渐取代了其他测试方法，成为公认的最权威测试方法。

气体吸附法测定比表面积依据气体在固体表面的吸附特性，在一定的压力下，被测样品颗粒（吸附剂）表面在超低温下对气体分子（吸附质）具有可逆物理吸附作用，并对应一定压力存在确定的平衡吸附量。通过测定出该平衡吸附量，利用理论模型来等效求出被测样品的比表面积。由于实际颗粒外表面的不规则性，严格来讲，该方法测定的是吸附质分子所能到达的颗粒外表面和内部通孔总表面积之和。

一种典型的孔道材料的吸附等温曲线如图 2-50 所示。在吸附等温曲线中纵坐标是吸附量，常用标准状态下吸附气体的体积 V_a 表示；横坐标是压力，常用相对压力 p/p_0 表示，p 是吸附平衡时气相的压力，p_0 是气体在吸附温度下的饱和蒸气压。通常材料的等温吸附曲线是在液 N_2 温度（77.4K）下以 N_2 气为吸附气体进行测试，这样 p_0 为一个大气压。在等温曲线 AB 段，吸附气体分子逐步在内表面和外表面上形成单层吸附；在 BC 段形成多层吸附；在 CD 段吸附气体分子在材料孔道内形成毛细凝聚，吸附量陡然上升；当毛细凝聚填满材料中全部孔道后（D 点以右），吸附只在远小于内表面的外表面上发生，吸附量增加缓慢，吸附曲线出现平台。在毛细凝聚段，吸附和脱附对应的不是完全的逆过程，因而会出现滞后现象，即吸附和脱附曲线不重合，形成滞后回线。在滞后回线的低压端，最小的毛细孔开始凝聚；滞后回线的高压端，最大的孔被凝聚液充满。根据吸附等温曲线可以分析材料的比表面积和孔径分布情况。

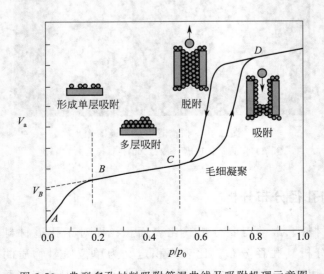

图 2-50　典型多孔材料吸附等温曲线及吸附机理示意图

获得材料比表面积的简单方法是 B 点法。在图 2-50 中，作 B 点的切线，在纵轴上得到吸附量 V_B。V_B 近似等于 N_2 分子单层饱和吸附量在标准状态下的体积 V_m（mL）。如果每克样品吸附的 N_2 的物质的量为 n_m，每个吸附分子的截面积为 A_m，则材料的比表面积（$m^2 \cdot g^{-1}$）为

$$S_g = N_A n_m A_m \tag{2-17}$$

N_A 为 Avogadro（阿伏伽德罗）常数，为 $6.023 \times 10^{23} mol^{-1}$，一般认为 N_2 分子在 77.4K 时的截面积为 $0.162nm^2$，这样根据理想气体状态方程，（2-16）式可以转换为

$$S_g = 4.36 V_m / m \tag{2-18}$$

式中，m 为样品的质量。

分析材料比表面积的常用方法是 BET 法。BET 多层吸附理论是三位科学家 Brunauer（布鲁诺）、Emmett（埃麦特）和 Teller（泰勒）在 Langmuir（朗格缪尔）单层吸附理论的基础上提出的。BET 理论认为，气体分子在固体表面的吸附可以多层方式进行，在第一层吸附还未饱和时，即可在第一层上发生第二层吸附，进而还发生第三层吸附。达到吸附平衡时，可以推导出如下吸附平衡关系式（BET 方程）

$$\frac{p}{V_a(p_0-p)} = \frac{1}{V_m C} + \frac{C-1}{V_m C}\left(\frac{p}{p_0}\right) \tag{2-19}$$

式中，C 为常数。一般选择相对压力 p/p_0 在 $0.05 \sim 0.35$ 之间。根据式（2-19）将 $\dfrac{p}{V_a(p_0-p)}$ 对 p/p_0 作图，得到一条直线（图 2-51），其斜率 $a = (C-1)/(V_m C)$，截距 $b = 1/(V_m C)$。联立两式可以解出 V_m，进而可以根据式（2-18）求出材料的比表面积 S_g。

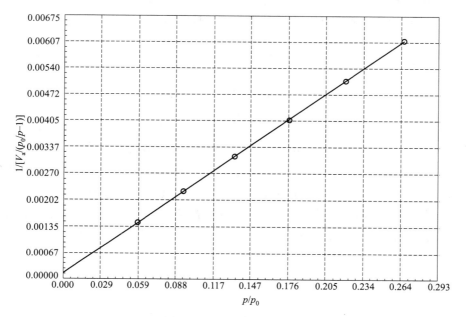

图 2-51　BET 比表面积图

2. 孔径分布测定原理及方法

超微粉体颗粒的微观特性不仅表现为表面形状的不规则，很多还存在孔结构。孔的大小、形状及数量对比表面积测定结果有很大的影响，同时材料孔体积大小及孔径分布规律对材料本身的吸附、催化及稳定性等有很大的影响。因此测定孔容积大小及孔径分布规律成为粉体材料性能测试的又一大领域，通常与比表面积测定密切相关。

所谓的孔径分布是指不同孔径的孔容积随孔径尺寸的变化率。通常根据孔平均半径的大小将孔分为三类：孔径≤2nm为微孔，孔径在2～50nm范围为中孔，孔径≥50nm为大孔。大孔一般采用压汞法测定，中孔和微孔采用气体吸附法测定。

气体吸附法孔径分布测定利用的是毛细凝聚现象和体积等效代换的原理，即以被测孔中充满的液氮量等效为孔的体积。吸附理论假设孔的形状为圆柱形管状，从而建立毛细凝聚模型。由毛细凝聚理论可知，在不同的 p/p_0 下，能够发生毛细凝聚的孔径范围是不一样的，随着 p/p_0 值增大，能够发生凝聚的孔半径也随之增大。对应于一定的 p/p_0 值，存在一临界孔半径 r_k，半径小于 r_k 的所有孔皆发生毛细凝聚，液氮在其中填充，大于 r_k 的孔皆不会发生毛细凝聚，液氮不会在其中填充。

根据等温吸附曲线毛细凝聚段脱附过程数据 p/p_0，假设材料内均为不交叉圆柱形孔道，利用 Kelvin（开尔文）公式、Halsey（赫尔赛）公式和 BJH〔Barrett（巴雷特）、Joyner（乔伊纳）和 Halenda（哈兰达）〕公式可以分析材料中的孔径分布。孔径分布一般表示为单位质量样品中孔体积随孔半径的变化率（$\Delta V_p/\Delta r_p$）与孔半径（r_p）的关系。Kelvin 公式表示的是毛细凝聚状态下曲率半径为 r_m 的弯液面处液体的饱和蒸气压 p 与液体为平面时的饱和蒸气压 p_0 之间的关系。如图 2-52 所示。

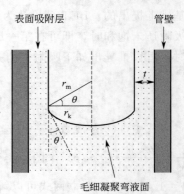

图 2-52　毛细凝聚示意图

$r_m = r_k/\cos\theta$ ，因而，Kelvin 公式可表示为

$$r_k = \frac{-2\gamma V_L \cos\theta}{RT\ln\left(\dfrac{p}{p_0}\right)} \tag{2-20}$$

式中，r_k 是 Kelvin 半径，它是除去孔壁上多层吸附膜厚度 t 后的孔半径，实际的孔半径 $r_p = r_k + t$；γ 是液 N_2 的表面张力系数，为 8.85×10^{-5} N/cm；V_L 是液 N_2 的摩尔体积，为 34.65cm³/mol；θ 是液 N_2 与管壁的接触角，对于液氮来说，毛细凝聚产生的是凹形液面，$\theta < 90°$，我们常取 $\cos\theta = 1$，即 $\theta = 0°$；T 为液氮温度，为 77.4K；R 为摩尔气体常数。多层吸附膜厚度可采用 Halsey 公式计算

$$t = 0.354\left[\frac{-5}{\ln\left(\dfrac{p}{p_0}\right)}\right]^{1/3} \tag{2-21}$$

通过式(2-20) 和式(2-21) 获得不同（p/p_0）下的 r_k 和 t 值，从而可以获得孔道半径 r_p。将 r_p 分割成一系列孔半径间隔 Δr_p^i，并在降温过程中得出相应孔半径间隔内气体 N_2 的

脱附量 $\Delta V_{\mathrm{a}}^{i}$，然后通过 $\Delta V_{\mathrm{L}}^{i} = 1.546 \times 10^{-3} \Delta V_{\mathrm{a}}^{i}/m$ 将脱附气体在标准状态下的体积转换为单位质量样品脱附的液体体积（mL/g），其中 m 为样品的质量。再利用 BJH 公式将液体脱附体积修正为相应孔半径间隔的孔体积。BJH 公式的表达式为

$$\Delta V_{\mathrm{p}}^{i} = Q^{i}(\Delta V_{\mathrm{L}}^{i} - 0.85 \times \Delta t^{i} \times \Delta S_{\mathrm{p}}^{i}) \tag{2-22}$$

式中，$Q^{i} = \left(\dfrac{r_{\mathrm{p}}^{i}}{r_{\mathrm{k}}^{i}}\right)^{2}$，是第 i 步将半径 r_{k}^{i} 的孔芯体积换算为半径 r_{p}^{i} 的孔体积的系数；Δt^{i} 是压力从 p^{i-1}/p_{0} 降低到 p^{i}/p_{0} 时吸附层减薄的厚度；$\Delta S_{\mathrm{p}}^{i}$ 是第 i 步之前各步脱附而露出的面积之和，可用下式计算

$$S_{\mathrm{p}}^{i} = \sum_{j=0}^{j=i-1} \frac{2(r_{\mathrm{p}}^{j} - t^{i-1})\Delta V_{\mathrm{p}}^{j}}{(r_{\mathrm{p}}^{j})^{2}} \tag{2-23}$$

t^{i-1} 是第 $i-1$ 步多层吸附膜厚度，可将 p^{i-1}/p_{0} 代入式(2-21) 求得。通过以上计算可以得到一系列与 r_{p}^{i} 对应的 $\Delta V_{\mathrm{p}}^{i}/\Delta r_{\mathrm{p}}^{i}$ 数据，进而可以作 $\Delta V_{\mathrm{p}}/\Delta r_{\mathrm{p}}\text{-}r_{\mathrm{p}}$ 图，即孔径分布图。

材料中孔道的形状不同，吸附-脱附滞后环的形状也会有所不同，通过对滞后环形状的分析可以获得孔道形状的信息。孔道形状不同，毛细凝聚过程中 r_{m} 和 r_{k} 的关系也不同。将不同形状孔道模型中 r_{m} 和 r_{k} 的关系代入 Kelvin 公式中，可以分析孔道形状与吸附-脱附滞后环形状的关系。

2.3.4　荧光性能分析

荧光性能也是很多材料的基本性能，本节介绍几种荧光性能常用表征方法的基本原理和特点。

1. 荧光亮度与荧光光谱

（1）发光亮度的测量

材料发光亮度的测试方法一般是先用激发源（如紫外线、X 射线或阴极射线能量较高的射线）沿某一方向照射被压平的发光材料表面，然后在其他方向用探测器接收材料发光信号的强度。探测器一般为硅光电池或光电倍增管，并配以相应的滤光片，这样使得探测器的光谱响应特征与人眼的视见函数曲线一致。多数情况下，发光亮度的测试是选用适当的标准样品，进行相对比较。测试亮度的绝对值须使用专门的仪器并对其进行标定。光电倍增管比硅光电池灵敏度高。图 2-53 是发光亮度测试原理的示意图。

（2）漫反射光谱、激发光谱和发射光谱测量

研究材料对光的吸收和转换性能需测试这三种光谱，其测试可以在荧光光谱仪上进行，这种仪器具有两个单色器，可以分别对激发光和发射光进行分光，其工作原理见图 2-54。

材料要发出荧光，首先要吸收能量。研究材料在紫外和可见光范围的吸收特性对研究材料的发光机理十分重要。大多数发光材料都是粉末样品，测试其吸收光谱较为困难，因而一般情况下通过测试材料的漫反射光谱来研究材料对光的吸收特性。测试时使用光谱仪的激发和发射单色器同步扫描的功能，首先记录参比样品（如 $BaSO_4$ 或

Al_2O_3）的反射信号随波长的变化 $I_0(\lambda)$，然后记录待测样品的反射信号随波长的变化 $I_s(\lambda)$，反射光谱为

$$R_s(\lambda) = \frac{I_s(\lambda)}{I_0(\lambda)} \tag{2-24}$$

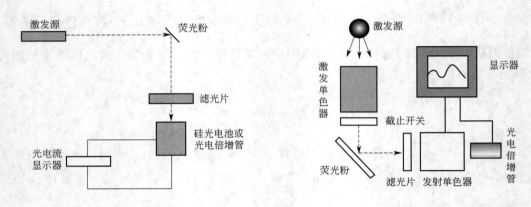

图 2-53 发光亮度测试装置示意图   图 2-54 荧光光谱仪原理示意图

如果使用了积分球，则测量结果准确度会更好。激发光谱是特定波长的发光强度随激发波长的变化，测定时选定检测的发射波长 λ_{EX}，扫描激发波长。激发光谱反映了不同激发光对所考查的发射光激发效率的变化，它与漫反射光谱相关，但不完全一致。漫反射光谱仅反映材料对光的吸收情况，而激发光谱反映了材料对光的吸收并转换成发射光的总效果。发射光谱表示了材料发射能量随波长的变化，由发射光谱我们可以知道材料的发光颜色。测试发射光谱时，选择合适的激发波长 λ_{EM}，扫描发射波

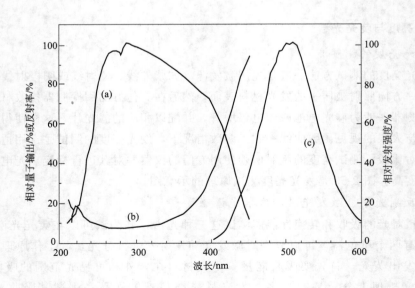

图 2-55 发光材料 $(BaCaMg)_5(PO_4)_3Cl：Eu^{2+}$ 的激发光谱（a）、漫反射光谱（b）和发射光谱（c）
$\lambda_{EM} = 270nm$，$\lambda_{EX} = 500nm$

长。图 2-55 是发光材料 $(BaCaMg)_5(PO_4)_3Cl：Eu^{2+}$ 的漫反射光谱、激发光谱和发射光谱。

由于光源在测试的波长范围内发射能量并不是恒定值，单色器和光电倍增管也有相应的波长响应曲线，因而原始记录的光谱数据并不是材料的真实光谱。要获得材料的真实光谱，即能量随波长的分布，需要对仪器进行激发校正和发射校正。校正需要使用标准罗丹明 B 溶液和标准钨灯，厂家仪器工程师可以帮助进行仪器的校正，并将校正数据存入仪器计算机中，在后续进行光谱测试时需选择相应的光谱校正功能按键。

在荧光光谱测试中，由于激发波长和发射波长常常有较大的差别，激发光的二级光谱常常会干扰测试结果。在测试过程中需要选用合适的截止滤光片消除二级光谱的干扰。

2. 荧光衰减曲线和时间分辨光谱

利用脉冲光源激发荧光材料，激发停止后材料荧光发射的强度 I 不仅是波长 λ 的函数，同时也是时间 t 的函数，可以用 $I(\lambda, t)$ 表示，见图 2-56。测量特定波长 λ_i 下荧光强度随时间的变化，可以获得材料的荧光衰减曲线 $I(\lambda_i, t)$。测量特定衰减时间 t_i 时荧光强度随波长的分布，可以获得时间分辨光谱 $I(\lambda, t_i)$。一般来说，研究中需要测量一系列不同衰减时间的时间分辨光谱，考查荧光光谱随时间的变化。材料的荧光强度随时间的变化称为材料荧光发射的动力学特性，对其研究有利于认识材料的发光机理和不同活性中心能量传递的机理。

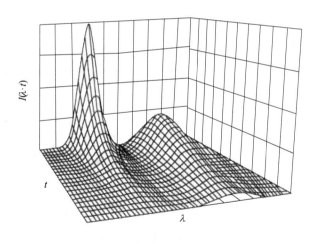

图 2-56　脉冲激发后的荧光发射 $I(\lambda, t)$
$I(\lambda_i, t)$-t 表示的是不同发射波长的荧光衰减曲线；$I(\lambda, t_i)$-λ
表示的是不同衰减时间的时间分辨光谱

有多种测量材料荧光发射动力学特性的实验方法，现在常用的方法是"时间相关单光子计数法（time-correlated single-photon counting，TCSPC）"，该方法的测量利用了荧光发射的统计性质。电子被激发后会在激发态停留一定的时间，然后跃迁回基态产生荧光（光子）发射。每个电子在激发态停留的时间是不同的。一般来说，电子在激发态作短时间停留的概率较大，相应地，发射短时间延迟光子的概率也较大；电子作长时间停留的概率较小，相应地，发射长时间延迟光子的概率也较小。对大量光子发射的数目和其延迟时间进行统计，可以获得材料荧光发射的衰减曲线或时间分辨光谱。

时间相关单光子计数法的原理如图 2-57 所示。光源脉冲使得起始光电倍增管产生一个电信号，这个信号通过信号甄别器 1 启动时幅转换器（time-to-amplitude converter，TAC）使其产生一个随时间线性增长的电压信号。同时，光源脉冲激发样品后产生一个有一定时间延迟的荧光发射，单色器对该荧光发射分光，并将波长为 λ_i 的荧光信号送达终止光电倍增管，随后所产生的电信号通过信号甄别器 2 到达时幅转换器使其停止工作。这时时幅转换器根据累积的电压确定该光子发射的延长时间，同时给出一个数字信号并在多（时间）通道分析器（multichannel analyzer，MCA）的相应时间通道计入这个信号，表明在该延迟时间检测到一个光子。很多次重复后，不同时间通道内累积的光子数不同。把时间通道的光子数对时间作图，即可以得到荧光衰减曲线 $I(\lambda_i, t)$。如果测量不同波长 λ_i 的衰减曲线，用衰减时间 t_i 时不同波长 λ 下的光子数对波长 λ 作图，即可得到时间分辨光谱 $I(\lambda, t_i)$。测量荧光衰减曲线时，需要设定截止光子数，如 2×10^3，当某一时间通道的累积光子数首先达到这个计数时测量停止。测量时间分辨光谱时，为了观察到荧光光谱随时间的变化，一般需要测量系列衰减时间的时间分辨光谱。为此，测量每一个波长 λ_i 的 $I(\lambda_i, t)$ 时需要设定同样的截止脉冲次数，如 2×10^5（或脉冲累计时间，如 30s），当测量的脉冲次数（或累计时间）达到该数值时，测量停止。

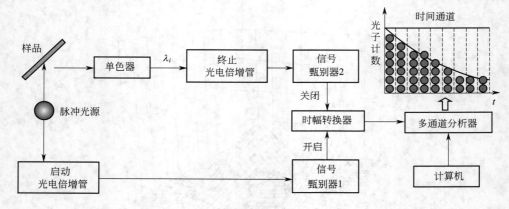

图 2-57　单光子计数法测量荧光时间分辨特性的工作原理示意图

为了保证测量结果的准确性，一次脉冲激发过程中多通道分析器只能存储一个光子数。如果一次脉冲激发得到了多个荧光光子，则时幅转换器只能记录寿命最短（延迟时间最短）的光子，这样检测到的衰减曲线将向短寿命一侧偏移，这种现象称为堆积效应。为了避免这个效应的发生，实际测定时需要衰减荧光发射强度，使多通道分析器存储的光子数远小于光源脉冲数，前者约为后者的 1%。也就是光源产生脉冲 100 次，大约只有 1 个荧光光子被检测。如果在预设的测量时间范围内没有荧光信号到达终止光电倍增管，时幅转换器自动回复到零，不输出信号。

由于光源的脉冲也有一定的时间宽度，为了减少光源脉冲的时间特性对测量结果的影响，光源的脉冲宽度要远远小于多通道分析器设定的时间通道宽度。

对于单中心发光的材料，一般情况下其荧光衰减曲线可以用单指数形式表示：

$$I(\lambda_i,t)=I_0 e^{-\frac{t}{\tau}} \tag{2-25}$$

式中，I_0 为起始荧光强度或光子发射数；τ 为荧光寿命，即荧光强度衰减到 I_0/e 时的时间。以 $\lg I(\lambda_i,t)$ 对 t 作图表示式（2-25）的衰减曲线，其图像是一条斜率为 $-1/(2.303t)$ 的直线。对于多中心的发光材料，由于能量传递过程或多中心的复合过程，衰减曲线偏离式(2-25)，即在 $\lg I(\lambda_i,t)$-t 图像中偏离直线。对衰减曲线形状的分析可以获得对发光机理的深入认识。

第3章　无机合成实验

实验 1

碱式碳酸铜的制备

一、实验目的

1. 通过碱式碳酸铜制备条件的探求和生成物颜色、状态的分析，研究反应物的合理配料比。

2. 确定制备反应合适的温度条件，以培养独立设计实验的能力。

二、实验原理

碱式碳酸铜 $[Cu_2(OH)_2CO_3]$ 为天然孔雀石的主要成分，呈暗绿色或淡蓝绿色，加热至200℃即分解，在水中的溶解度很小，新制备的试样在水中很易分解。由于 CO_3^{2-} 的水解作用，Na_2CO_3 溶液呈碱性，而且铜的碳酸盐与氢氧化物的溶解度相近，所以当碳酸钠与硫酸铜反应时，得到的产物是碱式碳酸铜。

$$2CuSO_4 + 2Na_2CO_3 + H_2O \Longrightarrow Cu(OH)_2 \cdot CuCO_3 \downarrow + CO_2 \uparrow + 2Na_2SO_4$$

三、实验仪器与试剂

主要仪器：台秤，烧杯，玻璃棒，抽滤瓶，布氏漏斗，试管，滴管，吸量管。

主要试剂：硫酸铜（$CuSO_4$），碳酸钠（Na_2CO_3）。

四、实验步骤

1. 条件试验

（1）$CuSO_4$ 和 Na_2CO_3 的比例关系

取试管8支，分成两列，分别于4支试管中，各加入 2.0mL 0.50mol/L 的 $CuSO_4$ 溶液，另四支分别加入 1.6mL、2.0mL、2.4mL 和 2.8mL 0.50 mol/L 的 Na_2CO_3 溶液。然后将8支试管放于348K的恒温水浴中。几分钟后，依次将 $CuSO_4$ 溶液分别倒入 Na_2CO_3 溶液中，振荡。观察并记录各管生成沉淀的情况，通过结果选出合适的比例关系。$CuSO_4$ 和

Na_2CO_3 溶液的合适配比见表 3-1。

表 3-1　$CuSO_4$ 和 Na_2CO_3 溶液的合适配比（348K）

项目	1	2	3	4
0.50mol/L 的 $CuSO_4$/mL	2.0	2.0	2.0	2.0
0.50mol/L 的 Na_2CO_3/mL	1.6	2.0	2.4	2.8
沉淀生成速率				
沉淀的数量及颜色				
结论				

（2）温度对晶体生成的影响

取试管 8 支，分成两列，分别于 4 支试管中，各加入 2.0mL 0.50mol/L 的 $CuSO_4$ 溶液，另四支中分别加入从实验（1）得到的合适配比的 Na_2CO_3 溶液。实验温度为室温、323K、348K 和 373K。每次从两列中各取一支，将 $CuSO_4$ 溶液倒入 Na_2CO_3 溶液，振荡。观察并记录生成沉淀的情况，由结果选出合适的温度。温度对晶体生成的影响见表 3-2。

表 3-2　温度对晶体生成的影响

项目	室温	323K	348K	373K
0.50mol/L 的 $CuSO_4$/mL	2.0	2.0	2.0	2.0
0.50mol/L 的 Na_2CO_3/mL				
现象				
结论				

2. 碱式碳酸铜的制备

分别按合适比例取 $CuSO_4$ 溶液和 Na_2CO_3 溶液各若干毫升，加热到合适温度后，将 $CuSO_4$ 溶液倒入 Na_2CO_3 溶液，记录沉淀的颜色和体积变化。沉淀下沉后，用倾析法洗涤沉淀数次，抽滤，并用少量冷蒸馏水洗涤沉淀至无 SO_4^{2-} 为止，抽干，置烘箱中烘干，称量，计算产率。

五、思考题

1. 除反应物的配比和反应的温度对本实验的结果有影响外，反应物的种类、反应进行的时间等因素是否对产物的质量也会有影响？

2. 自行设计一个实验，来测定产物中铜及碳酸根的含量，从而分析所制得的碱式碳酸铜的质量。

硫代硫酸钠的制备

一、实验目的

1. 学习亚硫酸钠法制备硫代硫酸钠的原理和方法。
2. 学习硫代硫酸钠的检验方法。

二、实验原理

硫代硫酸钠是最重要的硫代硫酸盐,俗称"海波",又名"大苏打",是无色透明单斜晶体。易溶于水,不溶于乙醇,具有较强的还原性和配位能力,可制备冲洗照相底片的定影剂,棉织物漂白后的脱氯剂,定量分析中的还原剂。有关反应如下:

$$4AgBr + 2Na_2S_2O_3 = [Ag(S_2O_3)_2]^{3-} + 4NaBr + 3Ag^+$$

$$2Ag^+ + S_2O_3^{2-} = Ag_2S_2O_3$$

$$Ag_2S_2O_3 + H_2O = Ag_2S\downarrow + H_2SO_4 (此反应用于 S_2O_3^{2-} 的定性鉴定)$$

$$2S_2O_3^{2-} + I_2 = S_4O_6^{2-} + 2I^-$$

$Na_2S_2O_3 \cdot 5H_2O$ 的制备方法有多种,其中,亚硫酸钠法是工业和实验室中的主要方法。

$$Na_2SO_3 + S + 5H_2O = Na_2S_2O_3 \cdot 5H_2O$$

反应液经脱色、过滤、浓缩结晶、过滤、干燥即得产品。

$Na_2S_2O_3 \cdot 5H_2O$ 于 40~45℃熔化,48℃分解,因此,在浓缩过程中要注意不能蒸发过度。

三、实验仪器与试剂

主要仪器:电子天平,烧杯,玻璃棒,减压过滤装置,试管,pH 试纸,滤纸。

主要试剂:HCl(6mol/L),淀粉溶液(0.2%),AgNO_3(0.1mol/L),KBr(0.1mol/L),I_2 标准溶液(0.056mol/L,准确浓度自行标定),乙醇(95%),硫黄粉(s)、亚硫酸钠(s,无水)。

四、实验步骤

1. 硫代硫酸钠的制备

(1) 取 5.0g Na_2SO_3(0.04mol)于 100mL 烧杯中,加 50mL 去离子水搅拌溶解。

(2) 取 1.5g 硫黄粉于 100mL 烧杯中,加 3mL 乙醇充分搅拌均匀,再加入 $Na_2S_2O_3$ 溶液,隔石棉网小火加热煮沸,不断搅拌至硫黄粉几乎全部反应。

(3) 停止加热,待溶液稍冷却后加 1g 活性炭,加热煮沸 2min。

(4) 趁热过滤至蒸发皿中,于泥三角上小火蒸发浓缩至溶液呈微黄色浑浊。

(5) 冷却、结晶,减压过滤,晶体用乙醇洗涤,用滤纸吸干后,称重,计算产率。

2. 产品检验

取少量产品配成待测溶液备用。

(1) $S_2O_3^{2-}$ 的检验。往少量 $AgNO_3$ 溶液中滴加少量待测液,观察并记录实验现象。

(2) $S_2O_3^{2-}$ 的还原性。往碘水与淀粉混合溶液滴加待测液,观察并记录实验现象。

(3) $S_2O_3^{2-}$ 的不稳定性。往少量待测液中滴加少量的 6mol/L HCl 溶液,观察并记录实验现象，并用湿润的蓝色石蕊试纸检验生成的气体。

（4）$S_2O_3^{2-}$ 的配位性。往试管中滴加 5 滴 $AgNO_3$（0.1 mol/L）溶液和 6 滴 KBr（0.1 mol/L）溶液，再滴加待测液，观察并记录实验现象。

五、　注意事项

1. 用 3mL 乙醇充分搅拌均匀，使硫黄粉容易与亚硫酸钠反应。
2. 煮沸过程中要不停地搅拌，并要注意补充蒸发掉的水分。
3. 反应中的硫黄用量已经是过量的，不需再多加。
4. 蒸发浓缩时，速度太快，产品易于结块；速度太慢，产品不易形成结晶。
5. 实验过程中，浓缩液终点不易观察，有晶体出现即可。当结晶不易析出时可加入少量晶种。

六、　思考题

1. 硫代硫酸钠的制备过程中，硫黄粉稍有过量，为什么？
2. 为什么加入乙醇？目的是什么？
3. 蒸发浓缩时，为什么不可将溶液蒸干？
4. 减压过滤后晶体要用乙醇来洗涤，为什么？

实验 3

四碘化锡的制备

一、　实验目的

1. 学习在非水溶剂中制备无水四碘化锡的原理和方法。
2. 学习加热、回流等基本操作。
3. 了解如何根据所消耗的试剂用量确定物质的最简式。
4. 了解四碘化锡的某些化学性质。

二、　实验原理

无水四碘化锡是橙红色的立方晶体，为共价型化合物，熔点 416.5K，沸点 637K，453K 开始升华，受潮易水解。在空气中也会缓慢水解，易溶于二硫化碳、三氯甲烷、四氯化碳、苯等有机溶剂中，在冰醋酸中溶解度较小。

根据四碘化锡溶解度的特性，它的制备一般在非水溶剂中进行，目前较多选择四氯化碳或冰醋酸为合成溶剂。

本实验采用冰醋酸为溶剂，金属锡和碘在非水溶剂冰醋酸和醋酸酐体系中直接合成：

$$Sn + 2I_2 \Longrightarrow SnI_4$$

三、 实验仪器与试剂

主要仪器：圆底烧瓶（100mL 或 150mL），球形冷凝管，抽滤瓶，布氏漏斗，干燥管。

主要试剂：$I_2(s)$，锡箔，KI（饱和），丙酮，无水乙酸，乙酸酐，沸石，氯仿。

四、 实验步骤

1. 四碘化锡的制备

在干燥的圆底烧瓶中，加入 0.7g 的碎锡箔和 2.2g I_2，再加入 25mL 无水乙酸和 25mL 乙酸酐，加入少量沸石。如图 3-1 所示，装好球形冷凝管和干燥管，用电热套加热至沸，约需 1~1.5h，直至紫红色的碘蒸气消失，溶液颜色由紫红色变成橙红色，停止加热。冷至室温即有橙红色的四碘化锡晶体析出，结晶用布氏漏斗抽滤，将所得晶体转移到圆底烧瓶中加入 30mL 氯仿，水浴加热回流溶解后，趁热抽滤（保留滤纸上的固体，为何物质？），将滤液倒入蒸发皿中，置于通风橱内，待氯仿全部挥发抽尽后，可得 SnI_4 橙红色晶体，称量，计算产率。

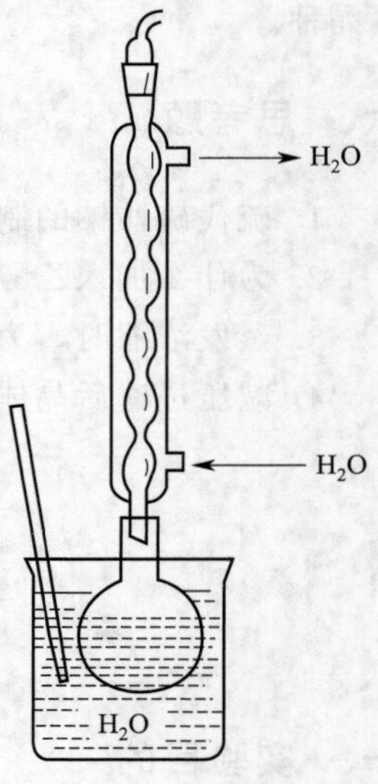

2. 产品检验

（1） 确定碘化锡最简式

称出滤纸上剩余锡箔的质量（精确至 0.01g），根据 I_2 与 Sn 的消耗量，计算其比值，得出碘化锡的最简式。

（2） 性质实验

① 取自制的 SnI_4 少量溶于 5mL 丙酮中，分成两份，一份加几滴水，另一份加同样量的饱和 KI 溶液，解释所观察到的实验现象。

② 用实验证实 SnI_4 易水解的特性。

图 3-1　反应装置

五、 思考题

1. 在合成四碘化锡的操作过程中应注意哪些问题？

2. 在四碘化锡合成中，以何种原料过量为好，为什么？

3. 四碘化铝能否用类似方法制得，为什么？

实验 4

高铁酸钾的制备

一、 实验目的

1. 了解 Fe(Ⅵ) 化合物的制备、结构、性质及应用的基本知识。

2. 通过高铁酸钾（K_2FeO_4）的制备，总结制备特殊价态特别是高价态金属离子的方法。

3. 利用 X 射线衍射、红外光谱、紫外-可见光谱对样品进行表征，分析所得数据和谱图。

二、　实验原理

近年来，高价铁（＋4、＋5、＋6 价）在配位化学、生物无机化学及有机合成化学领域表现出越来越重要的作用。据报道，高铁（Ⅵ）酸盐是一种良好的电极材料，有望取代传统锌锰电池中的 MnO_2 而与锌组成新的高能电池。但是有关高铁（Ⅵ）化合物的制备、结构、性能等方面的报道非常有限。

目前已经合成的 Fe（Ⅵ）化合物为数不多，有以下几种：K_2FeO_4、Na_2FeO_4、Rb_2FeO_4、Cs_2FeO_4、Ag_2FeO_4、$CaFeO_4$、$SrFeO_4$、$BaFeO_4$、$ZnFeO_4$。其中，由于 K_2FeO_4 较易制备，也往往是制备其他化合物的原料，其相关研究（制备及纯化，生成焓等热力学数据测定，结构测定）最受关注。因此，本实验通过 K_2FeO_4 的合成与表征，介绍高价铁化合物的化学行为。

1. K_2FeO_4 的制备

高铁化合物的制备可采用以下三种方法。

（1）电化学法　在浓碱溶液中以铁作阳极进行电解。

（2）固相反应　Fe_2O_3 与金属氧化物或过氧化物、超氧化物混合，在适当压力的空气或 O_2 气氛中加热处理。

（3）液相反应　在浓碱介质中用氧化剂氧化 Fe（Ⅲ）化合物。

其中，方法（1）装置较复杂，方法（2）操作较危险，以方法（3）应用最广，但对环境污染最重。

本实验中 K_2FeO_4 的制备采用方法（3），利用次氯酸钾为氧化剂，发生的主要反应如下：

$$KMnO_4 + 8HCl = MnCl_2 + \frac{5}{2}Cl_2 + 4H_2O + KCl$$

$$Cl_2 + 2KOH = KClO + KCl + H_2O$$

$$2Fe(NO_3)_3 + 3KClO + 10KOH = 2K_2FeO_4 + 3KCl + 6KNO_3 + 5H_2O$$

所得固体 K_2FeO_4 样品呈深紫红色。

2. K_2FeO_4 的结构特征

高铁酸钾与 K_2CrO_4、K_2MnO_4、K_2SO_4 同晶，其晶体学数据如下：正交晶系，$a = 7.7010(70)$Å，$b = 5.8520(64)$Å，$c = 10.3506(136)$Å，空间群 Pnma。一个晶胞中有四个 K_2FeO_4 单元，Fe—O 为较强的共价键，形成具有四面体结构的高铁酸根 FeO_4^{2-}，Fe（Ⅵ）原子位于四面体的中心。图 3-2 所示为 K_2FeO_4 结构示意图，可以看出 FeO_4^{2-} 为四面体单元。

三、　实验仪器与试剂

主要仪器：两口圆底烧瓶（配橡胶塞，100mL），磁力搅拌器，铁夹，铁架台，电子天平，称量瓶，干燥器（SiO$_2$ 为干燥剂），具支圆底烧瓶（配橡胶塞），分液漏斗，砂芯漏斗，抽滤瓶，烧杯，结晶皿，量筒，研钵，温度计，X 射线衍射仪，红外光谱仪，紫外-可见分光光度计。

主要试剂：氢氧化钾（KOH），九水硝酸铁 [Fe(NO$_3$)$_3$·9H$_2$O]，高锰酸钾（KMnO$_4$），浓盐酸，石油醚（分析纯，沸点 30～60℃），无水甲醇（用 4A 分子筛干燥过），无水乙醚，分子筛（4A，400℃干燥 3h 后备用），粗氯化钠，氢氧化钠（分析纯），纯水。

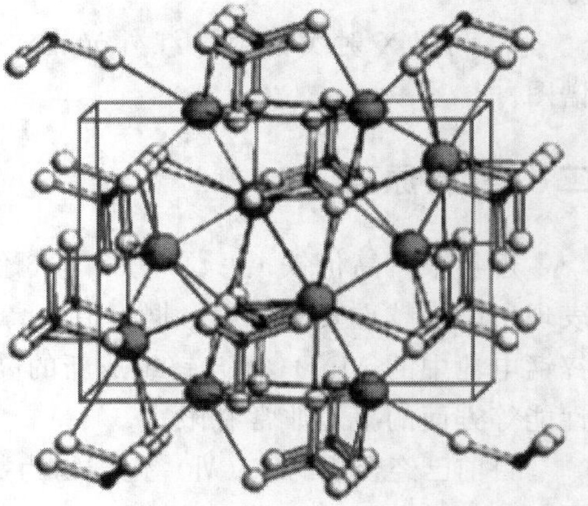

图 3-2　K$_2$FeO$_4$ 结构示意图

四、 实验步骤

事先将所用仪器洗净，控干备用。所有操作均在通风橱中进行。

1. 制备氧化剂次氯酸钾

在电子天平上称取 11g KOH 移入 100mL 两口圆底烧瓶中，再加入 20mL 纯水，在磁力搅拌器上搅拌溶解。再将橡胶塞和通气玻璃管插好，称重，记录质量，然后置于冰水浴冷却备用。

用高锰酸钾与浓盐酸反应制备 Cl$_2$。将 5.7g（约 0.036mol）KMnO$_4$ 放入 100mL 具支圆底烧瓶中，在分液漏斗中加入 30 mL（约 0.36mol）浓 HCl，以铁夹和铁架台搭好反应装置检验不漏气后，打开分液漏斗缓慢滴加盐酸。生成的 Cl$_2$ 先缓缓通过饱和 NaCl 溶液，再通入上步所得的 KOH 溶液，不断搅拌，同时用冰水浴降温，尾气用 1mol/L NaOH 溶液吸收。反应至 KOH 溶液变成淡黄绿色，需 20～30min。然后在搅拌下将 18g KOH 分批加入，以温度计测温，用冰水冷却将溶液温度控制在 10～15℃，产生大量白色沉淀，再用冰盐浴冷却 5min。用滤纸擦净烧瓶，再在电子天平上称重，并计算次氯酸钾的生成量。然后用砂芯漏斗和抽滤瓶抽滤除去沉淀，得到次氯酸钾的滤液。

2. 制备粗品 K$_2$FeO$_4$

将滤液移入 100mL 烧杯中，以磁力搅拌器搅拌。将 Fe(NO$_3$)$_3$·9H$_2$O（粉红色）用研钵充分研磨成细粉末状（白色），按所生成次氯酸钾物质的量的一半称取 Fe(NO$_3$)$_3$·9H$_2$O，然后分批在 0.5h 内分次将粉末加入滤液中（开始要少加、慢加）。反应过程中用结晶皿作水浴槽，用冰水将反应温度控制在 10～15℃。加完后再搅拌陈化约 10min。去除冰水，再分次加入 12g KOH，得到深紫色的悬浮液（注意：在加入 KOH 时溶液温度应维持在 10～15℃，否则 KOH 不能全部溶解）。再陈化 10min 后，用冰盐浴冷却产物至约 0℃（不必搅拌）。用砂芯漏斗和抽滤瓶抽滤，得到大量紫黑色沉淀，即为 K$_2$FeO$_4$ 粗品，滤液回收。

3. 重结晶得到纯产品

用 1mol/L KOH 溶液分 3 次（8mL＋4mL＋4mL）淋洗沉淀，将淋洗液滤入滤瓶中。再将滤液转移到另一只干燥的烧杯中，滴加 40mL 饱和 KOH 溶液（此时可不必搅拌），在滴加过程中冰水控温在 10～15℃。加完后再搅拌陈化 10min，用冰水冷却至约 0℃。用砂芯漏斗、抽滤瓶、循环水泵抽滤，得到产品。

4. 洗涤并干燥

用 12mL 石油醚（30～60℃）分 3 次洗涤沉淀，减压过滤（此步十分关键，必须除尽水分，否则含水的 K_2FeO_4 与醇类很快反应）。再依次分别用 20mL 无水甲醇（用 4A 分子筛干燥过）分 5 次、12mL 无水乙醚分 3 次洗涤沉淀，抽干，得紫黑色固体物质。将产品放入称量瓶，置于干燥器中干燥。

5. 产品检测

（1）XRD 测试。利用 X 射线衍射仪对样品进行 XRD 分析，2θ 扫描区间为 15°～55°。与标准衍射卡片（PDF 卡片 25-652）对比，判断衍射峰的归属。

（2）红外谱图分析。取约 1mg K_2FeO_4 和 100 mg 干燥的 KBr 充分研磨均匀，压片，在红外光谱仪上测试红外谱图，扫描范围是 700～1000cm^{-1}。查阅文献指认 K_2FeO_4 中铁氧四面体 FeO_4^{2-} 的铁氧振动峰，并讨论红外光谱和铁氧四面体对称性的关系。

（3）紫外-可见谱图分析。取约 3mg 固体物质溶解到 20mL 水中，在紫外-可见分光光度计上测试其紫外-可见光谱（如有悬浮物，离心分离沉淀物，再进行测试）。扫描范围是 300～900nm。K_2FeO_4 的紫外-可见光谱图中，可观察到三个紫外吸收峰。

（4）根据表征谱图估计样品的纯度，分析产品中可能存在的杂质，提出提高纯度的方法。计算 K_2FeO_4 收率，分析影响收率的因素，提出提高收率的方法。

五、思考题

1. 在制备 Cl_2 时，为什么要先缓缓通过饱和 NaCl 溶液，再通入 KOH 溶液？
2. 在 KOH 溶液中通入 Cl_2 制备次氯酸钾时，在 Cl_2 出口会析出结晶物，此结晶物是什么？
3. 在合成高铁酸钾反应过程中，反应温度经常控制在 10～15℃，为什么？温度过低或过高对反应会有什么影响？

实验 5

硝酸钾的制备及含量测定

一、实验目的

1. 巩固复分解反应的原理，掌握特殊条件下的复分解反应。
2. 巩固无机产品制备中常用的减压过滤和热过滤等操作。
3. 掌握沉淀重量法测定钾盐中钾含量的方法。

二、实验原理

1. 硝酸钾的制备原理

通过工业级硝酸钠和氯化钾进行复分解反应制备硝酸钾，化学反应方程式如下：

$$NaNO_3 + KCl = KNO_3 + NaCl$$

根据在较高的相同温度下，硝酸钾的溶解度远大于氯化钠的溶解度的原理，可进行分离提纯，制得较纯的硝酸钾。

2. 硝酸钾的制备及含量测定原理

在 pH＝4～5 的弱酸性条件下，硝酸钾中的 K^+ 与 $NaB(C_6H_5)_4$ 反应生成水溶性特小的 $KB(C_6H_5)_4$ 沉淀，再经过滤分离、洗涤、干燥处理后，用重量法进行测定。

三、实验仪器与试剂

主要仪器：热过滤漏斗，4 号玻璃砂芯漏斗，减压过滤装置，恒温干燥箱，天平，电炉，烧杯，250mL 容量瓶。

主要试剂：$NaNO_3(s)$，$KCl(s)$，甲基红指示剂，10％乙酸溶液。

四苯硼钠-0.1mol/L 乙醇溶液：称取 3.4g 四苯硼钠 $[NaB(C_6H_5)_4]$，溶于 100mL 无水乙醇中，使用前过滤。

乙醇-四苯硼钾饱和液：取 $[KB(C_6H_5)_4]$ 1g 加入 50mL 无水乙醇，950mL H_2O，溶解后抽滤，备用。

四、实验步骤

1. 硝酸钾的制备

称取 17g $NaNO_3$ 和 15g KCl 固体放入烧杯中，加入 30mL 水，将烧杯置于石棉网上加热使其全部溶解，在继续加热并不断搅拌下蒸发至有晶体析出。此时在烧杯中有晶体析出，趁热过滤，向滤液中补加 3mL 水，再加热至沸后静置冷却（也可用流水冷却），比较两种晶体的外观，用 4 号玻璃砂芯漏斗抽滤出晶体，用少量热水洗涤，取出硝酸钾晶体，干燥后（温度应控制在 100～120℃左右）即得硝酸钾成品，称重，计算产率。

2. 硝酸钾的含量测定

称取 0.5～0.6g 制备的试样（称准至 0.0001g）置于 100mL 烧杯中，用水溶解，移入 500mL 容量瓶中，用水稀释至刻度，摇匀，过滤。移取 25mL 试液置于 100mL 烧杯中，加 20mL 水、1 滴甲基红指示剂，用 10％乙酸溶液调至刚呈红色，加热至 40℃，取下。在搅拌下逐滴加入 8mL 四苯硼钠-0.1mol/L 乙醇溶液，继续搅拌 1min，沉淀。放置 10min，用在 120℃±2℃下恒重的 4 号玻璃砂芯漏斗抽滤，用 15mL 乙醇-四苯硼钾饱和液分 3～4 次洗涤沉淀，每次抽干，再用 2mL 无水乙醇沿漏斗壁洗涤一次，抽干，于 120℃±2℃下烘至恒重。硝酸钾（以 KNO_3 计）百分含量按下式计算：

$$x_1\% = \frac{m_1 \times 0.2822 \times 20}{m} \times 100 = \frac{m_1 \times 564.4}{m}$$

式中，m_1 为四苯硼钾沉淀质量，g；m 为试样质量，g；0.2822 为四苯硼钾换算成硝酸钾的系数。平行测定结果之差不大于 0.2％。

五、注意事项

1. 必须不断搅拌，否则大量析出的 NaCl 会溅出。

2. 必须趁热过滤，否则 KNO_3 会与 $NaCl$ 一起析出。

六、性状、用途与标准

1. 性状

硝酸钾分子式为 KNO_3，又称为钾硝石，俗称火硝，无色斜方晶系结晶或白色粉末，分子量 101.10，相对密度 2.109，熔点 334℃。约 400℃时分解放出氧，并转变成亚硝酸钾，继续加热则生成氧化钾。易溶于水，20℃时每 100g 水可溶解 31.2g，溶于液氨和甘油，不溶于无水乙醇和乙醚。吸湿性小，在空气中不易潮解，不易结块。强氧化剂，与有机物接触能引起燃烧爆炸，并放出有刺激性气味的有毒气体。与碳粉或硫黄共热时，能发出强光和燃烧。

2. 用途

用于制造烟花、黑色火药、火柴、陶瓷釉药原料、玻璃澄清剂、肥料等。医药上用于生产青霉素钾盐和利福平等。还可用作催化剂，选矿剂。

3. 标准

见表 3-30。

表 3-3　国家标准 GB/T 1918—2021

指标名称		优等品	一等品	合格品
硝酸钾（KNO_3）含量/%	≥	99.7	99.4	99.0
水分/%	≤	0.10	0.10	0.30
氯化物（以 Cl^- 计）含量/%	≤	0.01	0.02	0.10
水不溶物含量/%	≤	0.01	0.02	0.05
硫酸盐（以 SO_4^{2-} 计）含量/%	≤	0.005	0.01	—
吸湿率/%	≤	0.25	0.30	—
铁（Fe）/%	≤	0.003	—	—

七、思考题

1. $NaNO_3$ 和 KCl 的水溶液中有 Na^+、NO_3^-、K^+、Cl^- 四种离子，可组成四种可溶性的盐，不符合复分解反应的条件，而本实验为什么能得到 KNO_3 而且也叫作复分解反应？

2. 实验中第一次固-液分离为什么需要热过滤？

3. 将热过滤后的滤液冷却时，KCl 能否析出，为什么？

4. 如果实验中制得的 KNO_3 不纯，杂质是什么？如何将其提纯？

实验 6

葡萄糖酸锌的制备与含量分析

一、实验目的

1. 掌握葡萄糖酸锌的制备原理、方法以及含量分析方法。

2. 掌握蒸发、浓缩、减压过滤、重结晶等操作。

3. 了解锌的生物意义。

二、实验原理

锌是人体必需的微量元素之一，存在于众多的酶系中，它具有多种生物作用，可参与核酸和蛋白质的合成，能增强人体免疫力，促进儿童生长发育。人体缺锌会造成生长停滞、自发性味觉减退和创伤愈合不良等严重问题，从而引发多种的疾病。葡萄糖酸锌作为补锌药，具有见效快、吸收率高、副作用小、使用方便等优点。另外，葡萄糖酸锌作为添加剂，在儿童食品、糖果、乳制品中的应用也日益广泛。

葡萄糖酸锌无味，易溶于水，极难溶于乙醇。葡萄糖酸锌由葡萄糖酸盐直接与锌的氧化物或盐反应制得。本实验采用葡萄糖酸钙与硫酸锌直接反应：

$$Ca(C_6H_{11}O_7)_2 + ZnSO_4 \Longrightarrow Zn(C_6H_{11}O_7)_2 + CaSO_4 \downarrow$$

过滤除 $CaSO_4$ 沉淀，溶液经浓缩可得无色或白色的葡萄糖酸锌结晶。

采用配位滴定法，在 NH_3-NH_4Cl 缓冲液存在下用 EDTA 标准溶液滴定葡萄糖酸锌样品，根据消耗的 EDTA 体积可计算葡萄糖酸锌的含量。

三、实验仪器与试剂

主要仪器：恒温水浴，抽滤装置，蒸发皿，量筒（10mL、100mL），烧杯（150mL、250mL），酒精灯，温度计，容量瓶（100mL），移液管（25mL），酸式滴定管（50mL），锥形瓶（250mL），电子天平，台秤。

主要试剂：葡萄糖酸钙，$ZnSO_4 \cdot 7H_2O$，95%乙醇，EDTA，基准 ZnO，浓盐酸，$NH_3 \cdot H_2O$、NH_3-NH_4Cl 缓冲液（pH=10），铬黑 T 指示剂。

四、实验步骤

1. 葡萄糖酸锌的制备

量取 40mL 蒸馏水于 150mL 烧杯中，于水浴中加热到 80~90℃，加入 6.7g $ZnSO_4 \cdot 7H_2O$，搅拌使之完全溶解，再在不断搅拌下逐渐加入葡萄糖酸钙 10g。在 90℃水浴上静止保温 20min 后，用双层滤纸趁热抽滤（滤渣为 $CaSO_4$，弃去），滤液移至蒸发皿中并在沸水浴上浓缩至黏稠状。冷至室温，加 95%乙醇 20mL 并不断搅拌，此时有大量的胶状葡萄糖酸锌析出。充分搅拌后用倾析法去除酒精液。再在胶状葡萄糖酸锌上加 95%乙醇 20mL，充分搅拌后沉淀慢慢转变为晶体状，抽滤至干（滤液回收），即得粗品葡萄糖酸锌，称量粗品葡萄糖酸锌质量。

粗品葡萄糖酸锌加水 10mL，水浴加热至溶解，趁热减压抽滤，滤液冷至室温后，加 95%乙醇 20mL 充分搅拌，待结晶析出后，减压过滤，将溶剂尽量抽干，得葡萄糖酸锌纯品，在 50℃下用恒温干燥箱烘干，称量精制后的葡萄糖酸锌质量并计算产率。

2. 样品中锌含量的测定

（1）0.05mol/L EDTA 溶液的配制

在台秤上称取 5.0g EDTA 二钠盐（$Na_2H_2Y \cdot 2H_2O$）溶于 250mL 水中，保存在试剂

瓶中，摇匀。

（2）0.05mol/L EDTA 溶液的标定

准确称取在 800℃灼烧至恒重的基准 ZnO 0.9～1.0g，置于小烧杯中，用少量去离子水润湿，逐滴加入 6mol/L HCl 至 ZnO 完全溶解，定量转入 250mL 容量瓶中定容。准确移取 25.00mL 置于 250mL 锥形瓶中，边滴加 3mol/L NH$_3$·H$_2$O 边摇动锥形瓶至刚出现 Zn(OH)$_2$ 沉淀，再加 NH$_3$-NH$_4$Cl 缓冲溶液 10mL 及铬黑 T 指示剂 2～3 滴，摇匀后用 EDTA 溶液滴定至溶液由紫红色变为纯蓝色，即为终点。记录消耗的 EDTA 溶液的体积。平行测定三次，按下式计算 EDTA 溶液的准确浓度：

$$c_{EDTA} = \frac{m_{ZnO} \times \dfrac{25.00}{250.00}}{M_{ZnO} \times \dfrac{V_{EDTA}}{1000}}$$

（3）葡萄糖酸锌含量的测定

准确称取约 2.3g（准确至 0.0001g）葡萄糖酸锌，加适量蒸馏水溶解后转移至 100mL 容量瓶中定容，移取 25.00mL 溶液于 250mL 锥形瓶中，加 10mL NH$_3$-NH$_4$Cl 缓冲液（pH＝10.0）、4 滴铬黑 T 指示剂，用 EDTA 标准溶液（0.05mol/L）滴定至溶液自紫红色刚好转变为纯蓝色为止，记录所用 EDTA 标准溶液的体积（mL）。平行测定三次，按下式计算葡萄糖酸锌的含量。

$$Zn(C_6H_{11}O_7)_2\% = \frac{c_{EDTA}V_{EDTA}M_{Zn(C_6H_{11}O_7)_2}}{\dfrac{1}{4}m \times 1000} \times 100\%$$

五、注意事项

1. 葡萄糖酸钙与硫酸锌反应时间不可过短，保证其充分生成硫酸钙沉淀。

2. 抽滤除去硫酸钙后的滤液如果无色，可以不用脱色处理。如果需要脱色处理，一定要热过滤，防止产物因过早冷却而析出。

六、思考题

1. 在葡萄糖酸锌沉淀与结晶时，都加入 95％乙醇，其作用分别是什么？
2. 在葡萄糖酸锌的制备中，为什么必须在热水浴中进行？
3. 可否用 ZnCl$_2$ 或 ZnCO$_3$ 为原料，与葡萄糖酸钙反应制备葡萄糖酸锌？说明理由。

实验 7

明矾晶体的制备及组成分析

一、实验目的

1. 巩固对铝和氢氧化铝两性的认识，掌握复盐晶体的制备方法。

2. 掌握 $KAl(SO_4)_2 \cdot 12H_2O$ 大晶体的培养方法。

3. 掌握明矾产品中 Al 含量的测定方法。

二、实验原理

1. 明矾晶体的实验制备原理

铝屑溶于浓氢氧化钾溶液中，可生成可溶性的四羟基合铝（Ⅲ）酸钾 $K[Al(OH)_4]$，用稀 H_2SO_4 调节溶液的 pH 值，将其转化为氢氧化铝，使氢氧化铝溶于硫酸，溶液浓缩后经冷却有较小的同晶复盐，此复盐称为 $[KAl(SO_4)_2 \cdot 12H_2O]$。小晶体经过数天的培养，明矾则以大块晶体结晶出来。制备中的化学反应如下：

$$2Al + 2KOH + 6H_2O \Longrightarrow 2K[Al(OH)_4] + 3H_2 \uparrow$$
$$2K[Al(OH)_4] + H_2SO_4 \Longrightarrow 2Al(OH)_3 \downarrow + K_2SO_4 + 2H_2O$$
$$2Al(OH)_3 + 3H_2SO_4 \Longrightarrow Al_2(SO_4)_3 + 6H_2O$$
$$Al_2(SO_4)_3 + K_2SO_4 + 24H_2O \Longrightarrow 2KAl(SO_4)_2 \cdot 12H_2O$$

整个过程为废铝→溶解→过滤→酸化→浓缩→结晶→分离→单晶培养→明矾单晶。

2. 明矾产品中 Al 含量的测定原理

由于 Al^{3+} 容易水解，与 EDTA 反应较慢，且对二甲酚橙指示剂有封闭作用，故一般采用返滴定法测定。即先调节溶液的 pH＝3～4，加入精确计量且过量的 EDTA 标准溶液，煮沸使 Al^{3+} 与 EDTA 络合完全，然后用标准 Zn^{2+} 溶液返滴定过量的 EDTA。

3. 明矾性状、用途与标准

明矾又称白矾、钾矾、钾铝矾、钾明矾、十二水硫酸铝钾，是含有结晶水的硫酸钾和硫酸铝的复盐，化学式为 $KAl(SO_4)_2 \cdot 12H_2O$，分子量 474.39，正八面体晶形，有玻璃光泽，密度 $1.757g/cm^3$，熔点 92.5℃，64.5℃时失去 9 分子结晶水，200℃时失去 12 分子结晶水，溶于水，不溶于乙醇。明矾有抗菌、收敛作用等，可用做中药。还可用于制备铝盐、发酵粉、油漆、鞣料、澄清剂、媒染剂、造纸药剂、防水剂等。明矾净水是过去民间经常采用的方法，是一种较好的净水剂。

三、实验仪器与试剂

主要仪器：250mL 烧杯，50mL 和 10mL 量筒各 1 只，布氏漏斗，抽滤瓶，表面皿，蒸发皿，台秤，电炉，循环水真空泵，电子天平，容量瓶（250mL），移液管（25mL），锥形瓶（250mL），酸式滴定管。

主要试剂：（1∶1）HCl 溶液，（1∶1）氨水，3mol/L H_2SO_4 溶液，（1∶1）H_2SO_4 溶液，KOH(s)，易拉罐或其他铝制品（实验前充分剪碎），广泛 pH 试纸，无水乙醇，0.02mol/L EDTA，0.02mol/L Zn^{2+}，0.2g/L 二甲酚橙指示剂，20％六亚甲基四胺溶液，锌标准溶液，20％NH_4F 溶液。

四、实验步骤

1. 明矾晶体的实验制备

取 50mL 2mol/L KOH 溶液，分多次加入 2g 废铝制品（铝合金易拉罐或其他铝制品等），反应完毕后用布氏漏斗抽滤，取清液稀释到 100mL，在不断搅拌下，滴加 3mol/L H_2SO_4 溶液（按化学反应式计量）。加热至沉淀完全溶解，并适当浓缩溶液，然后用自来水冷却结晶，抽滤，所得晶体即为 $KAl(SO_4)_2 \cdot 12H_2O$。

2. 明矾透明单晶的培养

$KAl(SO_4)_2 \cdot 12H_2O$ 为正八面体晶形，为获得棱角完整、透明的单晶，应让籽晶（晶种）有足够的时间长大，而晶种能够成长的前提是溶液的浓度处于适当过饱和状态。本实验通过将饱和溶液在室温下静置，靠溶剂的自然挥发来创造溶液的准稳定状态，人工投放晶种让之逐渐长成单晶。

（1）籽晶的生长和选择

根据 $KAl(SO_4)_2 \cdot 12H_2O$ 的溶解度，称取 10g 自制明矾，加入适量的水，加热溶解，然后放在不易振动的地方，烧杯口上架一玻璃棒，然后在烧杯口上盖一块滤纸，以免灰尘落下，放置一天，杯底会有小晶体析出，从中挑选出晶型完整的籽晶待用，同时过滤溶液，留待后用。

（2）晶体的生长（可课下操作）

以缝纫用的涤纶细线把籽晶系好，剪去余头，缠在玻璃棒上悬吊在已过滤的饱和溶液中，观察晶体的缓慢生长。数天后，可得到棱角完整齐全、晶莹透明的大块晶体。在晶体生长过程中，应经常观察，若发现籽晶上又长出小晶体，应及时去掉。若杯底有晶体析出，也应及时滤去，以免影响晶体生长。

3. 明矾产品中 Al 含量的测定

准确称取 1.2～1.3g 明矾试样于 150mL 烧杯中，加入 3mL 2mol/L HCl 溶液，加水溶解，将溶液转移至 2500mL 容量瓶中，加水稀释至刻度，摇匀。移取上述稀释液 2500mL 三份分别置于锥形瓶中，加入 20mL 0.02mol/L EDTA 溶液及 2 滴二甲酚橙指示剂，小心滴加（1:1）氨水溶液调至混合液恰呈紫红色，然后滴加 3 滴（1:1）HCl 溶液。将溶液煮沸 3min，冷却，加入 20mL 20% 六亚甲基四胺溶液，此时溶液应呈黄色或橙黄色，否则可用 HCl 溶液调节。再补加 2 滴二甲酚橙指示剂，用锌标准溶液滴定至溶液由黄色恰好变为紫红色（此时不计滴定体积）。加入 10mL 20% NH_4F 溶液，摇匀，将溶液加热至微沸，流水冷却，补加 2 滴二甲酚橙指示剂，此时溶液应呈黄色或橙黄色，否则应滴加（1:1）HCl 溶液调节。再用锌标准溶液滴定至溶液由黄色恰变为紫红色，即为终点。根据锌标准溶液所消耗的体积，计算明矾中 Al 的含量。

五、注意事项

1. 废铝原材料必须清洗干净表面杂质。
2. 测定铝含量时应仔细调节酸碱度。

六、思考题

1. 复盐和简单盐及配合物的性质有什么不同？
2. 若在饱和溶液中，籽晶长出一些小晶体或烧杯底部出现少量晶体时，对大晶体的培养有何影响？应如何处理？

3. 铝的测定一般采用返滴定法或置换滴定法，为什么？

4. 络合滴定中对金属指示剂的使用条件有哪些？为什么测定 Al 含量时不能用 EBT 作为指示剂？

实验8

硫酸亚铁铵的制备及纯度检测

一、实验目的

1. 掌握复盐的一般特性及硫酸亚铁铵的制备方法。
2. 练习水浴加热、溶解、减压过滤、蒸发、结晶基本操作。
3. 学习用目视比色法检验产品杂质含量。

二、实验原理

铁能与稀硫酸作用，生成硫酸亚铁：

$$Fe + H_2SO_4(稀) = FeSO_4 + H_2 \uparrow$$

通常，亚铁盐在空气中易被氧化。若往硫酸亚铁溶液中加入等物质的量的硫酸铵，能生成复盐硫酸亚铁铵。硫酸亚铁铵比较稳定，它的六水合物 $(NH_4)_2SO_4 \cdot FeSO_4 \cdot 6H_2O$ 在空气中不易氧化。该晶体又称摩尔盐（Mohr's salt），在定量分析中常用来配制亚铁离子的标准溶液。像所有的复盐一样，硫酸亚铁铵在水中的溶解度比组成它的任一组分 [FeSO_4 或 $(NH_4)_2SO_4$] 的溶解度都要小（见附1）。蒸发浓缩所得溶液，可制得浅绿色硫酸亚铁铵晶体。

$$FeSO_4 + (NH_4)_2SO_4 + 6H_2O = (NH_4)_2SO_4 \cdot FeSO_4 \cdot 6H_2O$$

为了避免亚铁离子的氧化和水解，在制备 $(NH_4)_2SO_4 \cdot FeSO_4 \cdot 6H_2O$ 过程中，溶液需要保持足够的酸度。

目视比色法是确定杂质含量的一种常用方法，在确定杂质含量后便能定出产品等级。将产品配成溶液，与各标准溶液进行比色，如果产品溶液的颜色比某一标准溶液的颜色浅，就确定杂质含量低于该标准溶液中的含量，即低于某一规定的限度，所以这种方法又称为限量分析。

本实验用此法估计产品所含杂质 Fe^{3+} 的量，从而确定产品等级。

三、实验仪器与试剂

主要仪器：锥形瓶（250mL），烧杯（150mL，400mL），量筒（10mL，50mL），台秤，漏斗，布氏漏斗，抽滤瓶，真空泵，蒸发皿，表面皿，比色管，水浴锅。

主要试剂：HCl（2.0mol/L，3.0mol/L），H_2SO_4（3.0mol/L），NaOH（1.0mol/L），Na_2CO_3（1.0mol/L），KSCN（1.0mol/L，饱和），$(NH_4)_2SO_4$，铁屑，乙醇（95%），

Fe^{3+} 的标准溶液三份（见附 2），pH 试纸，滤纸。

四、实验步骤

1. 硫酸亚铁铵的制备（一份）

（1）铁屑的氧化

称取 1.0g 铁屑，放入锥形瓶中，加入 10mL 1.0mol/L Na_2CO_3 溶液，在水浴上小火加热约 10min，以除去铁屑表面的油污。倾析法除去碱液，并用水将铁屑上的碱液冲洗干净（检查 pH 为中性），以防加入 H_2SO_4 后产生 Na_2SO_4 晶体混入。

（2）硫酸亚铁的制备

在盛有洗净铁屑的锥形瓶中，加入 10mL 3.0mol/L H_2SO_4 溶液，放在水浴上加热，使铁屑与稀硫酸完全反应（约 50min）。在反应过程中要适当地添加去离子水及 H_2SO_4 溶液（要保持 pH<2），以补充蒸发掉的水分。当反应进行到不再产生气泡时，表示反应基本完成。趁热减压过滤，滤液盛于蒸发皿中。将锥形瓶和滤纸上的残渣洗净，收集在一起，用滤纸吸干后称其质量（如残渣量极少，可不收集）。算出已参加反应的铁屑生成硫酸亚铁的质量。

（3）硫酸铵饱和溶液的配制

根据（2）中生成的硫酸亚铁的质量，计算出所需 $(NH_4)_2SO_4(s)$ 的质量和在室温下配制硫酸铵饱和溶液所需要 H_2O 的体积（见附 1）。在烧杯中配制 $(NH_4)_2SO_4$ 的饱和溶液。

（4）硫酸亚铁铵的制备

将 $(NH_4)_2SO_4$ 饱和溶液倒入盛 $FeSO_4$ 溶液的蒸发皿中，混匀后，用 pH 试纸检验溶液的 pH 值是否为 1～2，若酸度不够，用 3.0mol/L H_2SO_4 溶液调节。

将混合溶液水浴蒸发，浓缩至表面出现晶体膜为止（注意蒸发过程中不宜搅动）。静置，让溶液自然冷却，即得硫酸亚铁铵晶体。减压过滤除去母液，将晶体放在吸水纸上吸干，观察晶体颜色、形状，最后称重，计算产率。

2. 产品检验微量铁（Ⅲ）的分析

称 1.0g 样品置于 25mL 比色管中，加入 15mL 不含氧的去离子水溶解，再加入 2mL 3.0mol/L HCl 和 1mL 饱和 KSCN 溶液，继续加不含氧的去离子水至 25mL 刻度线，摇匀。

取含有下列质量的 Fe^{3+} 标准溶液：Ⅰ级试剂 0.05mg、Ⅱ级试剂 0.10mg、Ⅲ级试剂 0.20mg，与样品同样处理，最后稀释到 25.00mL。

将样品溶液与标准溶液进行目视比色，确定产品等级。

3. 数据记录和处理（表 3-4）

表 3-4　数据记录

已反应的铁质量/g	$(NH_4)_2SO_4$ 饱和溶液		$FeSO_4 \cdot (NH_4)_2SO_4 \cdot 6H_2O$			
	$(NH_4)_2SO_4$ 质量/g	H_2O 体积/mL	理论产量/g	实际产量/g	产率/%	级别

五、思考题

1. 如果制备 $FeSO_4$ 溶液时有部分被氧化，应如何处理才能制得较纯的硫酸亚铁？

2. 进行目视比色时，为什么用不含氧的去离子水溶解产品？

3. 制备硫酸亚铁铵时，为什么采用水浴加热法？

附1　　表3-5　几种盐在不同温度下的溶解度数据（每 $100gH_2O$ 中的溶解量）

温度/℃ 盐（分子量）	10	20	30	40
$(NH_4)_2SO_4$ (132.1)	73.0	75.4	78.0	81.0
$FeSO_4 \cdot 7H_2O$ (277.9)	37.6	48.0	60	73.3
$FeSO_4 \cdot (NH_4)_2SO_4 \cdot 6H_2O$ (392.1)	17.2	21.2	24.5	33.0

附2　Fe^{3+} 标准溶液的配制（实验室配制）

先配制 0.01mg/L 的 Fe^{3+} 标准溶液。用吸量管吸取 0.01g/L 的 Fe^{3+} 的标准溶液 5.00mL、10.00mL、20.00mL 分别加到 3 支比色管中，然后各加入 2.00mL 2.0mol/L HCl 溶液和 0.50mL 1.0mol/L KCSN 溶液。用含氧较少的去离子水将溶液稀释到 25.00mL，摇匀，得到符合三个级别含 Fe^{3+} 量的标准溶液（25mL 溶液中含 Fe^{3+} 0.05mg、0.10mg 和 0.20mg 分别为Ⅰ级、Ⅱ级和Ⅲ级试剂）中 Fe^{3+} 的最高允许含量。

若 1.00g 摩尔盐试样溶液的颜色与Ⅰ级试剂的标准溶液的颜色相同或略浅，便可确定为Ⅰ级产品，其中 Fe^{3+} 含量 $= \dfrac{0.05}{1.00 \times 1000} \times 100\% = 0.005\%$，Ⅱ级和Ⅲ级产品依此类推。

实验 9

过氧化钙的制备及含量分析

一、实验目的

1. 掌握制备过氧化钙的原理及方法。

2. 掌握过氧化钙含量的分析方法。

3. 巩固无机制备及化学分析的基本操作。

4. 培养学生综合实验的操作能力。

二、实验原理

过氧化钙为白色或淡黄色结晶粉末，室温下稳定，加热到 300℃ 可分解为氧化钙及氧，难溶于水，可溶于稀酸生成过氧化氢。它广泛用作杀菌剂、防腐剂、解酸剂、油类漂白剂、种子及谷物的无毒消毒剂，还用于食品、化妆品等作为添加剂。

过氧化钙可用氯化钙与过氧化氢及碱反应，或氢氧化钙、氯化铵与过氧化氢反应来制取。在水溶液中析出的 $CaO_2 \cdot 8H_2O$，再于 150℃左右脱水干燥，即得产品。

过氧化钙含量分析可利用在酸性条件下，过氧化钙与酸反应生成过氧化氢，用 $KMnO_4$ 标准溶液滴定，而测得其含量。

$$CaCl_2 + H_2O_2 + 2NH_3 \cdot H_2O + 6H_2O \Longrightarrow CaO_2 \cdot 8H_2O + 2NH_4Cl$$

$$5CaO_2 + 2MnO_4^- + 16H^+ \Longrightarrow 5Ca^{2+} + 2Mn^{2+} + 5O_2(g) + 8H_2O$$

$$w(CaO_2) = \frac{\frac{5}{2}c(KMnO_4)V(KMnO_4) \times 72.08 \times 10^{-3}}{m_s} \times 100\%$$

三、实验仪器与试剂

主要仪器：台秤，电子天平，酸式滴定管，循环水真空泵，减压抽滤装置，布氏漏斗，烘箱，冰箱，线手套，坩埚钳。

主要试剂：无水 $CaCl_2$，H_2O_2（质量分数为 30%），$NH_3 \cdot H_2O$（浓），HCl（2mol/L），$MnSO_4$（0.05mol/L），$KMnO_4$ 标准溶液（0.02mol/L），$Fe(NO_3)_3$ 溶液（2mol/L），NaOH 溶液（2mol/L），KI-淀粉试纸。

四、实验内容

1. 过氧化钙的制备

（1）用小台秤称量 3g 无水 $CaCl_2$（准确至小数点后一位）于 250mL 小烧杯中，加 15mL 去离子水，用玻璃棒搅拌溶解，加入 20mL 30% H_2O_2 溶液（注意：要用玻璃棒引流）。在通风橱内边搅拌边滴加 10mL 浓 $NH_3 \cdot H_2O$，最后再加入 20mL 去离子水，搅拌，放置在加冰、加水的 500mL 烧杯中冷却 30min（冷却液面应高于反应液面）。

（2）在 30min 的反应过程中做好以下准备工作：将两张定性滤纸重叠后按布氏漏斗的实际内径大小进行裁剪后放在洁净干燥的表面皿上一起在小台秤上称重：$m_{表面皿+滤纸}$。

（3）反应完毕后，先将双层定性滤纸放入布氏漏斗中，加去离子水湿润，安装好抽滤装置后再打开循环水真空泵，将产品通过玻璃棒引流至布氏漏斗中，不断冲洗烧杯，将所有产品全部转移后用洗瓶反复洗涤产品 3~4 次，关闭循环水真空泵，取下布氏漏斗，用不锈钢扁铲将产品连同双层滤纸一起取至表面皿中，于烘箱中在 150℃下脱水干燥 30min，取出冷却后用台秤称重：$m_{产品+表面皿+滤纸}$。

计算出产品质量后代入下式计算产率：

$$产率 = \frac{m_产}{\frac{m_反 \times 72.08}{110.98}} \times 100\%$$

2. 性质试验

（1）CaO_2 的性质试验　在试管中放入少许 CaO_2 固体，逐滴加入水，观察固体的溶解情况。取出一滴溶液，用 KI-淀粉试纸试验。在原试管中滴入少许稀盐酸，观察固体的溶解情况，从中再取出一滴溶液，用 KI-淀粉试纸试验。

（2）H_2O_2 的催化分解　取三支试管，各加入 1mL 上述试管中的溶液，在其中一支试管内再加 1 滴浓度为 2mol/L 的 $Fe(NO_3)_3$ 溶液，在第二支试管中滴加 2mol/L 的 NaOH 溶液。比较三支试管中 H_2O_2 分解放出氧气的速度。

3. 过氧化钙的含量分析

（1）用不锈钢扁铲将板结的 CaO_2 轻轻捣碎，连同滤纸和表面皿一同置于电子天平中，用减量法，以电子天平的去皮功能按 TAR（清零键）键时，被称量物的质量被计入零：0.0000g，从中转移出一定量的被称量物后，电子天平直接显示其被转移的质量数（显示屏显示－××.××××g），称量 CaO_2 为 0.07～0.13g 两份分别于 250mL 烧杯中。

（2）在烧杯中各加入 50mL 去离子水和 15mL 2mol/L HCl 溶液，用玻璃棒搅拌，使其溶解，再加入 1mL 0.05mol/L $MnSO_4$ 溶液，在用玻璃棒不断轻轻搅拌下，以 0.02mol/L $KMnO_4$ 标准溶液用酸式滴定管滴定至溶液呈微红色，30s 内不褪色即为终点。

（3）计算 CaO_2 的含量，用平均值的形式表示最终结果。

4. 数据记录

表 3-6　数据记录

$m(CaCl_2)/g$	
$m_{表面皿+滤纸}/g$	
$m_{产品+表面皿+滤纸}/g$	
$m(CaO_2)/g$	
$m_{(1)}(CaO_2)/g$	
$V_{(1)}(KMnO_4)/mL$	
$m_{(2)}(CaO_2)/g$	
$V_{(2)}(KMnO_4)/mL$	

五、注意事项

（1）30% H_2O_2 对皮肤具有强烈的腐蚀性，在量取和转移 H_2O_2 的过程中一定要小心谨慎，在操作过程中一旦溅到皮肤上要立即用大量的水快速冲洗。由于在制备反应中 H_2O_2 是过量的，因此无论是在转移抽滤时还是倒掉抽滤瓶中的残液时都必须加以小心。

（2）浓 $NH_3 \cdot H_2O$ 具有强烈的刺激味道，因此滴加过程必须在通风橱内进行。

（3）在安装抽滤管时，因为密封的缘故，抽滤瓶进气口的玻璃管管口较粗，而抽滤的橡胶管管口相对较细，安装困难，应在橡胶管管口处涂抹少量凡士林，避免强行安装引起玻璃管口破碎而扎破手指。

（4）无论使用台秤还是电子天平，秤盘上都必须放置洁净干燥的称量纸，避免秤盘被腐蚀。

（5）在烘干操作时，由于烘箱内有 150℃ 左右的高温，因此必须戴手套用坩埚钳操作，避免烫伤。

（6）在抽滤、洗涤时，抽滤瓶内的液面在不断上升，注意随时察看液面高度，严防溶液抽进循环水真空泵中而导致机器毁坏。当液面接近进气管口高度时，应关掉机器，将抽滤瓶中的溶液小心倒掉（注意废液中含有大量 H_2O_2）。

六、思考题

1. 所得产物中的主要杂质是什么？如何提高产品的产率与纯度？
2. 反应为何要在冰水中进行？
3. 加 $MnSO_4$ 的目的是什么？
4. 在分析 CaO_2 含量时用电子天平称量，而在制备 CaO_2 的过程中却只用台秤称量，为什么？

实验 10
过碳酸钠的合成及活性氧含量测定

一、实验目的

1. 了解过氧键的性质，认识 H_2O_2 溶液固化的原理，学习低温下合成过碳酸钠的方法。
2. 了解过碳酸钠的洗涤性、漂白性及热稳定性。
3. 掌握测定过碳酸钠的活性氧含量（由 H_2O_2 含量确定）的方法。

二、实验原理

过碳酸钠又称过氧化碳酸钠，化学通式 $Na_2CO_3 \cdot nH_2O_2 \cdot mH_2O$，是一种固体放氧剂，为碳酸钠与过氧化氢以氢键结合在一起的结晶化合物，常见分子晶型有两种，1.5 型（$Na_2CO_3 \cdot 1.5H_2O_2$）和 2∶3 型（$2Na_2CO_3 \cdot 3H_2O_2$）。

过碳酸钠是一种具有多用途的新型氧系漂白剂，具有漂白、杀菌、洗涤、水溶性好等特点，对环境无危害。现已广泛应用于纺织、日化、医药和饮食行业，同时它也是一种优良的纸浆漂白剂，可替代含氯漂白剂，生产白度高、白度稳定性好的纸浆。

过碳酸钠为白色结晶粉末状或颗粒状固体，由于碳酸钠与过氧化氢以氢键连接，其在水中有很好的溶解度，并随温度的升高而上升。过碳酸钠在不同温度下的溶解度见表 3-7。

表 3-7　过碳酸钠在不同温度下的溶解度

温度/℃	5	10	20	30	40
溶解度/(g/100g H_2O)	12	12.3	14	16.2	18.5

过碳酸钠不稳定，重金属离子或其他杂质污染，高温、高湿等因素都易使其分解，从而降低过碳酸钠中活性氧含量。其分解反应式为：

$$Na_2CO_3 \cdot 1.5H_2O_2 \cdot H_2O \xrightarrow{110℃} Na_2CO_3 + 2.5H_2O + 0.75O_2 \uparrow$$

过碳酸钠分解后，活性氧分解成 H_2O 和 O_2，使得过碳酸钠活性氧的含量降低，因此，测定在不同条件下活性氧的含量及变化，即可研究过碳酸钠的稳定性。

用 Na_2CO_3 或 $Na_2CO_3 \cdot 10H_2O$ 以及 H_2O_2 为原料，在一定条件下可以合成 $Na_2CO_3 \cdot nH_2O_2 \cdot mH_2O$（一般 $n=1.5$，$m=1$）。合成方法有干法、喷雾法、溶剂法以及湿法（低

温结晶法）等多种。本实验采用低温结晶法。反应过程如下：

Na₂CO₃ 水解 $\quad CO_3^{2-} + H_2O \longrightarrow HCO_3^- + OH^-$

酸碱中和 $\quad H_2O_2 + OH^- \longrightarrow HO_2^- + H_2O$

过氧键转移 $\quad HCO_3^- + HO_2^- \longrightarrow HCO_4^- + OH^-$

低温下析出结晶：

$$2(NaHCO_4 \cdot H_2O) \longrightarrow Na_2CO_3 \cdot 1.5H_2O_2 + CO_2 + 1.5H_2O + 0.25O_2 \uparrow$$

$-4℃$ 左右析出 $Na_2CO_3 \cdot 1.5H_2O_2 \cdot H_2O$ 晶体。

为了提高 $Na_2CO_3 \cdot 1.5H_2O_2$ 的产量和析出速率，可以采用盐析法。由于 NaCl 溶解度基本不随温度降低而减小，在合成反应完成之后，加入适量的 NaCl 固体，促进过碳酸钠晶体大量析出，即盐析法。母液可循环使用，实现污染"零排放"。

由于 $Na_2CO_3 \cdot 1.5H_2O_2$ 易与有机物反应，因此，它的晶体与母液不能通过滤纸加以分离，要用砂芯漏斗抽滤或离心法分离。

为了提高过碳酸钠的稳定性，在合成过程中应加入微量稳定剂，如 $MgSO_4$、Na_2SiO_3、$Na_4P_2O_7$ 等，也可以加入 EDTA 钠盐或柠檬酸钠盐作为配位剂，以掩蔽重金属离子，使它们失去催化 H_2O_2 分解的能力。同时产品中应尽量除去非结晶水。

三、实验仪器与试剂

主要仪器：电子天平，烧杯（100mL，250mL，400mL），称量瓶，碘量瓶，温度计（$-10 \sim 100℃$），分液漏斗，量筒（10mL，100mL），滴定管，减压抽滤装置。

主要试剂：Na_2CO_3(s)，30% H_2O_2，NaCl（s，不含 I^- 或事先用 H_2O_2 处理过），$MgSO_4$(s)，Na_2SiO_3(s)，EDTA(s)，$K_2Cr_2O_7$（s，基准物质），KI(s)，无水乙醇，澄清石灰水，氨水，淀粉溶液（0.5%），$Na_2S_2O_3$ 标准溶液（0.1000mol/L）。

四、实验步骤

1. 过碳酸钠的合成

称取碳酸钠 50g，在盛有 200mL 去离子水的 250mL 烧杯中加热溶解、澄清、过滤，在冰柜中冷却到 0℃，待用。

量取 75mL 30% H_2O_2 倒入 400mL 烧杯中，在冰柜中冷却到 0℃，在该烧杯中加入 0.10g 固体 EDTA 钠盐、0.25g $MgSO_4$ 固体、1g $Na_2SiO_3 \cdot 9H_2O$ 固体，放入磁转子，用磁力搅拌器搅拌均匀，将 Na_2CO_3 溶液通过分液漏斗滴入盛有 H_2O_2 的烧杯中，边滴边搅拌，约 15min 之后滴加完毕，温度不超过 5℃，在冰柜中冷却到 $-5℃$ 左右，边搅拌边缓缓加入 NaCl 固体（约用 5min 时间加完）20g，此时大量晶体析出（盐析法）。20min 之后，从冰柜中取出 400mL 烧杯，用砂芯漏斗的减压抽滤设备抽滤分离，用澄清石灰水洗涤固体 2 次，用少量无水乙醇洗涤一次，抽干，得到晶状粉末 $Na_2CO_3 \cdot 1.5H_2O_2 \cdot H_2O$。母液可回收。

将产品 $Na_2CO_3 \cdot 1.5H_2O_2 \cdot H_2O$ 固体置于表面皿上，在低于 50℃ 的真空干燥器中烘干，得到白色粉末结晶，称量产品质量，计算产率。工业生产上，母液可以回收，循环使用。

注意，在反应中尽可能避免引入重金属离子，否则产品的稳定性降低。烘干冷却之后，密闭放置于干燥处，产品受潮也影响其热稳定性。

2. 过碳酸钠中 H_2O_2 含量（活性氧）的测定

产品中过氧化氢含量的测定主要有两种方法，量气管粗测体积法和间接碘量法，本实验选用间接碘量法测定。

（1）$Na_2S_2O_3$ 标准溶液（0.1000mol/L）的配制和标定。

称取 26g $Na_2S_2O_3 \cdot 5H_2O$（或 16g 无水 $Na_2S_2O_3$）溶于 1000mL 纯水中，缓缓煮沸10min，冷却，放置两周，过滤，备用。

准确称取 0.15g 基准物 $K_2Cr_2O_7$，需在 120℃烘干到恒重时称量。置于碘量瓶中，加25mL 纯水、2g KI 及 20mL 2mol/L H_3PO_4 溶液，摇匀之后，于暗处放置 10min，加150mL 蒸馏水，用 0.1000mol/L 的 $Na_2S_2O_3$ 溶液滴定。接近滴定终点时（溶液变成浅绿黄色），加 3mL 0.5％淀粉指示液继续滴定到溶液由蓝色变成亮绿色，就是滴定终点。记录读数，即为 $Na_2S_2O_3$ 的消耗体积（L），同时进行空白试验，记录消耗 $Na_2S_2O_3$ 的体积（L），用同样的方法平行测定另外 2 份。

$$Cr_2O_7^{2-}+6I^-+14H^+ \longrightarrow 2Cr^{3+}+3I_2+7H_2O$$
$$I_2+2S_2O_3^{2-} \longrightarrow 2I^-+S_4O_6^{2-}$$

$$n_{K_2Cr_2O_7}=\frac{1}{6}n_{Na_2S_2O_3} \qquad c_{Na_2S_2O_3}=\frac{m_{K_2Cr_2O_7}}{(V-V_0)\times 49.03}$$

式中，m 为精确称量 $K_2Cr_2O_7$ 的质量，g；49.03 为 $K_2Cr_2O_7$ 的摩尔质量的 1/6，g/mol；V 为滴定消耗 $Na_2S_2O_3$ 液体的体积，L；V_0 为空白试验消耗 $Na_2S_2O_3$ 溶液的体积，L。

（2）产品中 H_2O_2 含量测定。

用减量法准确称取产品过碳酸钠 0.20～0.30g 4 份，分别放入碘量瓶中，取其中 1 份加入纯净水 100mL（立即加入 6mL 2mol/L H_3PO_4）再加入 2g KI 摇匀，置于暗处反应10min，用 0.1000mol/L $Na_2S_2O_3$ 标准溶液滴定到浅黄色，加入 3mL 淀粉指示剂，继续滴定到蓝色消失为止，如 30s 内不恢复蓝色，说明已达终点。记录 $Na_2S_2O_3$ 用量（体积，L）并做空白试验，记录 $Na_2S_2O_3$ 的用量（体积，L）。

用同样方法，平行测定另外三份产品试样。相对偏差值小于 2％（由于 H_2O_2 与 I^- 的反应伴有副反应 $H_2O_2 \longrightarrow H_2O+1/2O_2$，故测定值偏低）。

反应不可在碱性条件下进行，否则 I_2 易发生歧化，由于产品 $Na_2CO_3 \cdot 1.5H_2O_2 \cdot H_2O$是碱性的，故要加入一定量 H_3PO_4，适当增加酸性介质，以阻止 I_2 的歧化反应。

含量可用以下公式计算：

$$w_{H_2O_2}=\frac{c_{S_2O_3^{2-}}(V-V_0)M_{\frac{1}{2}(H_2O_2)}}{m_{产品}} \qquad w_{活性氧}=w_{H_2O_2}\times \frac{16}{34}$$

式中，V 为滴定消耗 $Na_2S_2O_3$ 体积，L；V_0 为空白试验消耗 $Na_2S_2O_3$ 体积，L；$M_{\frac{1}{2}(H_2O_2)}$ 为 $0.5H_2O_2$ 的摩尔质量，17.01g/mol。

3. $Na_2CO_3 \cdot 1.5H_2O_2 \cdot H_2O$ 的漂白、消毒、洗涤性能

在小烧杯中放入沾有油污的天然次等棉花 1g，加入 5mL H_2O，振荡或搅拌反应体系

10min，与天然次等棉花对比色泽。$Na_2CO_3 \cdot 1.5H_2O_2 \cdot H_2O$ 是某种无磷无毒漂白洗涤剂配方的添加剂。

五、思考题

1. 根据分子轨道理论计算 O_2^+、O_2、O_2^- 的键级。结合氧元素的元素电势图，了解 H_2O_2 的性质。
2. 根据实验原理，在制备 $Na_2CO_3 \cdot 1.5H_2O_2 \cdot H_2O$ 过程中，应注意掌握好哪些操作条件？
3. 试分析 $Na_2CO_3 \cdot 1.5H_2O_2 \cdot H_2O$ 具有洗涤、漂白与消毒作用的原因。
4. 如何测定 $Na_2CO_3 \cdot 1.5H_2O_2 \cdot H_2O$ 中 H_2O_2 的含量。分析测定结果成败的原因。
5. 为何不能像测定 CaO_2 含量那样，用 $KMnO_4$ 标准溶液来测定？

实验 11

硫酸四氨合铜（Ⅱ）的制备

一、实验目的

1. 了解配合物的制备、结晶、提纯的方法。
2. 学习硫酸四氨合铜（Ⅱ）的制备原理及制备方法。
3. 进一步练习溶解、抽滤、洗涤、干燥等基本操作。

二、实验原理

一水合硫酸四氨合铜（Ⅱ）$[Cu(NH_3)_4]SO_4 \cdot H_2O$ 为蓝色正交晶体，在工业上用途广泛，常用作杀虫剂、媒染剂，在碱性镀铜中也常用作电镀液的主要成分，也用于制备某些含铜的化合物。

本实验通过将过量氨水加入硫酸铜溶液中反应得硫酸四氨合铜，反应式为：

$$CuSO_4 + 4NH_3 + H_2O \Longrightarrow [Cu(NH_3)_4]SO_4 \cdot H_2O$$

由于硫酸四氨合铜在加热时易失氨，所以，其晶体的制备不宜选用蒸发浓缩等常规的方法。硫酸四氨合铜溶于水但不溶于乙醇，因此，在硫酸四氨合铜溶液中加入乙醇，即可析出深蓝色的 $[Cu(NH_3)_4]SO_4 \cdot H_2O$ 晶体。

由于该配合物不稳定，常温下，一水合硫酸四氨合铜（Ⅱ）易于与空气中的二氧化碳、水反应生成铜的碱式盐，使晶体变成绿色粉末。在高温下分解成硫酸铵、氧化铜和水，故不宜高温干燥。

三、实验仪器与试剂

主要仪器：电子天平，烧杯，量筒，玻璃棒，减压过滤装置，表面皿，滤纸。
主要试剂：H_2SO_4（2mol/L），NaOH（2mol/L），无水乙醇，乙醇∶乙醚（1∶1），

氨水，乙醇：浓氨水（1∶2），五水硫酸铜（s），Na_2S（0.1mol/L）。

四、实验步骤

1. 硫酸四氨合铜（Ⅱ）的制备

称取 5.0g 五水硫酸铜，放入洁净的 100mL 烧杯中，加入 10mL 去离子水，搅拌至完全溶解，加入 10mL 浓氨水，搅拌混合均匀（此时溶液呈深蓝色，较为不透光。若溶液中有沉淀，抽滤使溶液中不含不溶物）。沿烧杯壁慢慢滴加 20mL 无水乙醇，然后盖上表面皿静置 15min。待晶体完全析出后，减压过滤，晶体用乙醇：浓氨水（1∶2）的混合液洗涤，再用乙醇与乙醚的混合液淋洗，抽滤至干。然后将其在 60℃左右烘干，称量。

2. 产品检验

取产品 0.5g，加 5mL 蒸馏水溶解备用。

（1）取少许产品溶液，滴加 2mol/L 硫酸溶液，观察并记录实验现象。

（2）取少许产品溶液，滴加 2mol/L 氢氧化钠溶液，观察并记录实验现象。

（3）取少许产品溶液，加热至沸，观察并记录实验现象；继续加热，观察并记录实验现象。

（4）取少许产品溶液，逐渐滴加无水乙醇，观察并记录实验现象。

（5）在离心试管中逐渐滴加 0.1mol/L Na_2S 溶液，观察并记录实验现象。

五、注意事项

硫酸铜溶解较为缓慢，为加快溶解速度，应研细固体硫酸铜，同时可微热促使硫酸铜溶解。

六、思考题

为什么使用乙醇：浓氨水（1∶2）的混合液洗涤晶体而不是蒸馏水？

实验 12

三草酸合铁（Ⅲ）酸钾的制备与组成分析

一、实验目的

1. 了解三草酸合铁（Ⅲ）酸钾的制备方法。
2. 掌握确定化合物化学式的基本原理和方法。
3. 巩固无机合成、滴定分析和重量分析的基本操作。

二、实验原理

三草酸合铁（Ⅲ）酸钾是制备负载型活性铁催化剂的主要原料，也是一些有机反应很好的催化剂，因而具有工业生产价值。

三草酸合铁(Ⅲ)酸钾 $K_3[Fe(C_2O_4)_3] \cdot 3H_2O$：亮绿色单斜晶体（图 3-3），易溶于水（0℃时，4.7g/100g 水；100℃，117.7g/100g 水），难溶于乙醇、丙酮等有机溶剂。110℃失去结晶水，230℃时分解。具有光敏性，光照下易分解，应避光保存：

$$2[Fe(C_2O_4)_3]^{3-} \longrightarrow 2FeC_2O_4 + 3C_2O_4^{2-} + 2CO_2$$

图 3-3　三草酸合铁(Ⅲ)酸钾晶体

1. $K_3[Fe(C_2O_4)_3] \cdot 3H_2O$ 的制备

首先利用硫酸亚铁铵与草酸反应，制备草酸亚铁：

$$(NH_4)_2Fe(SO_4)_2 \cdot 6H_2O + H_2C_2O_4 \longrightarrow FeC_2O_4 \cdot 2H_2O(s) + (NH_4)_2SO_4 + H_2SO_4 + 4H_2O$$

然后在过量草酸钾存在下，用过氧化氢将草酸亚铁氧化为三草酸合铁(Ⅲ)酸钾配合物。同时有氢氧化铁生成，反应为：

$$6FeC_2O_4 + 3H_2O_2 + 6K_2C_2O_4 \longrightarrow 4K_3[Fe(C_2O_4)_3] + 2Fe(OH)_3$$

加入适量草酸可使 $Fe(OH)_3$ 转化为三草酸合铁(Ⅲ)酸钾，反应为：

$$2Fe(OH)_3 + 3H_2C_2O_4 + 3K_2C_2O_4 \longrightarrow 2K_3[Fe(C_2O_4)_3] + 6H_2O$$

后两步总反应式为：

$$2FeC_2O_4 \cdot 2H_2O + H_2O_2 + 3K_2C_2O_4 + H_2C_2O_4 \longrightarrow 2K_3[Fe(C_2O_4)_3] \cdot 3H_2O$$

加入乙醇放置，由于三草酸合铁(Ⅲ)酸钾低温时溶解度很小，便可析出绿色的晶体。

2. $K_3[Fe(C_2O_4)_3] \cdot 3H_2O$ 组成分析

（1）结晶水含量的测定

采用重量法。将一定量的产物在 110℃干燥 1h，根据失重情况即可计算结晶水的含量。

（2）$C_2O_4^{2-}$ 含量的测定

高锰酸钾氧化滴定法。用 $KMnO_4$ 标准溶液滴定 $C_2O_4^{2-}$，测得样品中 $C_2O_4^{2-}$ 的含量：

$$5C_2O_4^{2-} + 2MnO_4^- + 16H^+ \longrightarrow 10CO_2 + 2Mn^{2+} + 8H_2O$$

（3）铁含量的测定

先用 Zn 粉还原 Fe^{3+} 成 Fe^{2+}，过滤未反应 Zn 粉，然后用 $KMnO_4$ 标准溶液滴定 Fe^{2+}，

测得样品中 Fe^{2+} 的含量：

$$2Fe^{3+} + Zn \Longrightarrow 2Fe^{2+} + Zn^{2+}$$
$$5Fe^{2+} + MnO_4^- + 8H^+ \Longrightarrow 5Fe^{3+} + Mn^{2+} + 4H_2O$$

（4）钾含量的确定

差减计算法。配合物减去结晶水、$C_2O_4^{2-}$、Fe^{3+} 的含量后即为 K^+ 的含量。

三、实验仪器与试剂

主要仪器：烧杯，天平，烘箱，酒精灯，布氏漏斗，抽滤瓶，循环水真空泵。

主要试剂：$(NH_4)_2Fe(SO_4)_2 \cdot 6H_2O$ 固体，3mol/L 硫酸，饱和草酸，饱和 $K_2C_2O_4$，6％H_2O_2，95％乙醇，0.02mol/L $KMnO_4$，锌粉，0.40g/mL 三氯化铁。

四、实验步骤

1. $K_3[Fe(C_2O_4)_3] \cdot 3H_2O$ 的制备

方法一：

称取 5g $(NH_4)_2Fe(SO_4)_2 \cdot 6H_2O$ 固体，放入 200mL 烧杯中，加入 20mL 蒸馏水和 5 滴 3mol/L 硫酸，加热使之溶解。然后加入 25mL 饱和草酸溶液，加热至沸，并不断搅拌、静置，便得到黄色 $FeC_2O_4 \cdot 2H_2O$ 沉淀。沉降后，用倾析法弃出上层清液，然后加入 20mL 蒸馏水，搅拌并温热、静置，再弃出清液（尽可能把清液倾干净些）。

在上面的沉淀中，加入 15mL 饱和 $K_2C_2O_4$ 溶液，在水浴上加热至约 40℃，用滴管慢慢加入 10mL 6％H_2O_2 溶液，不断搅拌并保持温度在 40℃ 左右，此时有棕色的氢氧化铁沉淀生成。然后将溶液加热至沸 2～3min，冷却至 70～80℃ 恒温，剧烈搅拌下再加入 8mL 饱和草酸溶液（先加入约 5mL，然后滴加约 3mL，具体加入的 $H_2C_2O_4$ 量以控制终了 pH 值为 3～3.5 为准）。在加热时，始终保持接近沸腾温度，这时体系应该变为亮绿色透明溶液。如溶液浑浊，趁热将溶液抽滤，然后将溶液倒入 100mL 烧杯中，加入 10mL 无水乙醇。冷却（用冰水），即有晶体析出。用倾析法分离出晶体，用滤纸把水吸干、称重、计算产率。

方法二：

称取 12g 草酸钾置于 100mL 烧杯中，注入 20mL 蒸馏水，加热，使草酸钾全部溶解，继续加热至近沸腾时，边搅拌边加入 8mL 三氯化铁溶液（0.40g/mL）。将此液置于冰水中冷却至 5℃ 以下，即有大量晶体析出，以布氏漏斗抽滤，得粗产品。

将粗产品溶于 10mL 热的蒸馏水中，趁热过滤，将滤液在冰水中冷却，待结晶完全后，抽滤，并用少量冰蒸馏水洗涤晶体。取下晶体，用滤纸吸干，并在空气中干燥片刻，称重，计算产率。

2. $K_3[Fe(C_2O_4)_3] \cdot 3H_2O$ 组成分析

（1）结晶水含量的测定

称取 0.3～0.5g 产物放置在 110℃ 烘箱中干燥 1h，根据失重情况计算结晶水的含量。

（2）$K_3[Fe(C_2O_4)_3] \cdot 3H_2O$ 中 $C_2O_4^{2-}$ 含量测定

自行设计分析方案测定产物中 $C_2O_4^{2-}$ 含量。

提示：为了加快反应速率需升温 75～85℃，但不能过高，否则草酸分解；高锰酸钾标准溶液的浓度可采用 $c(KMnO_4)=0.02mol/L$。

用分析天平称取约 $0.15～0.20g$ 产物，放置于 250mL 锥形瓶中，加入 30mL H_2O 和 10mL 3mol/L 的 H_2SO_4 调节溶液酸度约为 0.5～1mol/L。从滴定管放出 5mL 已标定的 $KMnO_4$ 溶液到锥形瓶中，加热至 75～85℃，直至紫红色消失，再用 $KMnO_4$ 滴定热溶液，直至微红色 30s 不褪。记下消耗 $KMnO_4$ 的体积，计算配合物中所含草酸根的含量。

（3）铁含量的测定

将上面已测过 $C_2O_4^{2-}$ 含量的锥形瓶加热，直至近沸，加 $0.2～0.3g$ 分析纯锌粉还原，直至溶液中的黄色消失，加热溶液 2min 以上，使溶液中的 Fe^{3+} 完全转化还原为 Fe^{2+}。趁热过滤，除去多余的锌粉，用 15mL 温水洗涤锌粉和滤纸，使 Fe^{2+} 定量转移至滤液中，并将洗涤液也一并收集到上述锥形瓶中，再加入 10～15mL 3mol/L H_2SO_4 溶液，加热到 70～80℃冒热气，用已标定的 0.02mol/L 高锰酸钾趁热滴定锥形瓶中含 Fe^{2+} 的溶液，滴定至溶液出现粉红色，30s 不褪色为终点。根据消耗的 $KMnO_4$ 溶液的体积，计算样品中铁的含量。

（4）钾含量确定

差减计算法。配合物减去结晶水、$C_2O_4^{2-}$、Fe^{3+} 的含量后即为 K^+ 的含量，并由此确定配合物的化学式。

五、注意事项

此制备需避光，干燥，所得成品也要放在暗处。

六、思考题

1. 合成过程中，滴完 H_2O_2 后为什么还要煮沸溶液？

2. 合成产物的最后一步，加入质量分数为 95% 的乙醇，其作用是什么？能否用蒸干溶液的方法来取得产物？为什么？

3. 产物为什么要经过多次洗涤？洗涤不充分对其组成测定会产生怎样的影响？

4. $K_3[Fe(C_2O_4)_3]\cdot 3H_2O$ 可用加热脱水法测定其结晶水含量，含结晶水的物质能否都用这种方法进行测定？为什么？

实验 13

三氯化六氨合钴（Ⅲ）的制备及组成测定

一、实验目的

1. 掌握三氯化六氨合钴（Ⅲ）的合成及其组成测定的操作方法。
2. 加深理解配合物的形成对 3 价钴稳定性的影响。
3. 掌握碘量法分析原理及电导测定原理与方法。

二、实验原理

钴化合物有两个重要性质：①2 价钴离子的盐较稳定；3 价钴离子的盐一般是不稳定的，只能以固态或者配位化合物的形式存在。例如，在酸性水溶液中，3 价钴离子的盐能迅速地被还原为 2 价的钴盐。②2 价的钴配合物是活性的，而 3 价的钴配合物是惰性的。

合成钴氨配合物的基本方法就是建立在这两个性质之上的。显然，在制备 3 价钴氨配合物时，以较稳定的 2 价钴盐为原料，氨-氯化铵溶液为缓冲体系，先制成活性的 2 价钴配合物，然后以过氧化氢为氧化剂，将活性的 2 价钴氨配合物氧化为惰性的 3 价钴氨配合物。

氯化钴（Ⅲ）的氨合物有多种，主要有三氯化六氨合钴（Ⅲ）$[Co(NH_3)_6]Cl_3$（橙黄色晶体）、三氯化一水·五氨合钴（Ⅲ）$[Co(NH_3)_5H_2O]Cl_3$（砖红色晶体）、二氯化一氯·五氨合钴（Ⅲ）$[Co(NH_3)_5Cl]Cl_2$（紫红色晶体）等。它们的制备条件各不相同。

三氯化六氨合钴（Ⅲ）的制备是以活性炭为催化剂，用过氧化氢氧化存在氨和氯化铵的二氯化钴（Ⅱ）溶液。反应方程式为

$$2CoCl_2 + 2NH_4Cl + 10NH_3 + H_2O_2 = 2[Co(NH_3)_6]Cl_3 + 2H_2O$$

得到的固体粗产品中混有大量活性炭，可以将其溶解在酸性液中，过滤除去活性炭，在浓盐酸存在条件下使其结晶。三氯化六氨合钴（Ⅲ）$[Co(NH_3)_6]Cl_3$ 比较稳定，20℃时在水中的溶解度为 0.26mol/L，在强碱的作用下（冷时）或强酸作用下基本不分解，只有加入强碱并加热煮沸时才可分解。

$$[Co(NH_3)_6]Cl_3 + 3NaOH = Co(OH)_3 + 6NH_3 + 3NaCl$$

可用过量的盐酸标准溶液吸收分解出的氨，用 NaOH 标准溶液回滴剩余的盐酸，即可计算出组成中氨的百分含量。

然后，用碘量法测定蒸发后样品溶液中 Co(Ⅲ)：

$$2Co(OH)_3 + 2I^- + 6H^+ = 2Co^{2+} + I_2 + 6H_2O$$
$$I_2 + 2S_2O_3^{2-} = 2I^- + S_4O_6^{2-}$$

用沉淀滴定法测定样品中氯离子的含量，根据组成分析确定配合物的组成。

三、实验仪器与试剂

主要仪器：托盘天平，分析天平，锥形瓶（250mL，100mL），抽滤瓶，布氏漏斗，量筒（100mL，10mL），烧杯（500mL，100mL），酸式滴定管（50mL），碱式滴定管（50mL），三口圆底烧瓶。

主要试剂：$CoCl_2 \cdot 6H_2O(s)$，$NH_4Cl(s)$，$KI(s)$，活性炭，HCl（0.5mol/L，6mol/L，浓），H_2O_2（6%），浓氨水，NaOH（20%），$Na_2S_2O_3$ 标准溶液（0.1mol/L），NaOH 标准溶液（0.5mol/L），$AgNO_3$ 标准溶液（0.1mol/L），K_2CrO_4（5%），冰，NaCl（基准），0.5%淀粉溶液，甲基红指示剂（0.1%）。

四、实验步骤

1. $[Co(NH_3)_6]Cl_3$ 的合成

将 4.5g 研细了的 $CoCl_2 \cdot 6H_2O$ 和 3.0g NH_4Cl 放入 250mL 烧杯中，再加入 5mL 水，

置于磁力搅拌器，加热至 60℃ 使其溶解。然后趁热倾入 0.25g 经活化的活性炭，继续搅拌 6min 后，停止加热，冷却至室温，加入 10mL 浓氨水，再以冰水冷却至 10℃ 以下，缓慢地边搅拌边加入 10mL 6% H_2O_2 溶液。再加热至 60℃，并在此温度下恒温 20min 后，先用自来水冷却再用冰水冷却至有晶体析出。用布氏漏斗抽滤，将滤出的沉淀溶于含有 1.5mL 浓盐酸的 40mL 沸水中，趁热过滤。在滤液中加入 5mL 浓盐酸，冰水冷却，即有晶体析出。抽滤，用少量冷的稀盐酸洗涤，抽干。将固体置于真空干燥器中干燥或在真空干燥箱中 105℃ 以下烘干。

2. 钴含量的测定（碘量法）

在分析天平上准确称取 0.2500g 样品于 250mL 烧杯中，加 10mL 20% NaOH 溶液，置于电炉加热至无氨气放出（如何检验）。冷却至室温后将全部黑色物质转入碘量瓶中，加 1g KI 固体及 10mL 6mol/L 盐酸溶液，立即盖上碘量瓶瓶盖，充分摇荡，至黑色沉淀全部溶解，溶液呈紫色为止，于暗处静置 5min 左右。用 0.1mol/L $Na_2S_2O_3$ 标准溶液滴至浅黄色时，再加入 1mL 0.5% 淀粉溶液，继续滴至溶液为粉红色即为终点。计算钴的百分含量，并与理论值比较。

3. 氨的测定

称取所制产品 0.2000g 左右，用少量水溶解，注入图 3-4 所示的三口圆底烧瓶中，然后逐渐加入 5mL 20% NaOH 溶液，通入蒸汽，蒸馏出游离的氨，用 0.5mol/L HCl 溶液吸收。通蒸汽约 1h（若逸出蒸汽的速度太慢，可适当地加热盛放样品的烧瓶），取下接收瓶，并用 0.5mol/L NaOH 标准溶液滴定过剩的盐酸（用 0.1% 甲基红乙醇溶液为指示剂）。

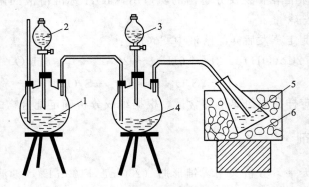

图 3-4　水蒸气蒸馏装置
1，2—水；3—20% NaOH；4—样品液；5—0.5mol/L HCl 溶液；6—冰盐水

4. 氯的测定

称取所制产品约 0.2g 于 250mL 烧杯中，加水溶解。以 5% K_2CrO_4 溶液为指示剂（每次 1mL），不断振荡，用 0.1mol/L $AgNO_3$ 标准溶液滴定至出现淡红色不再消失为终点（褪色时已到终点，再加半滴）。记下 $AgNO_3$ 标准溶液的体积，计算样品中氯的百分含量。

五、思考题

1. 制备过程中，水浴加热至 60℃ 并恒温 20min 的目的是什么？能否加热至沸？

2. 制备三氯化六氨合钴的过程中加双氧水和盐酸各起什么作用？要注意什么问题？

3. 碘量法测定金属钴离子（Ⅲ）时要注意什么问题？

实验 14

二草酸合铜(Ⅱ)酸钾的制备及组成测定

一、实验目的

1. 掌握无机制备的一些基本操作。
2. 掌握配位滴定法测定铜的原理和方法。
3. 掌握高锰酸钾法测定草酸根的原理和方法。
4. 熟练容量分析的基本操作。

二、实验原理

二草酸合铜(Ⅱ)酸钾的制备方法很多。草酸钾和硫酸铜反应生成草酸合铜(Ⅱ)酸钾，产物是一种蓝色晶体，在 150℃失去结晶水，在 260℃分解。虽可溶于温水，但会慢慢分解。

也可以由氧化铜与草酸氢钾反应制备二草酸合铜(Ⅱ)酸钾。$CuSO_4$ 在碱性条件下生成 $Cu(OH)_2$ 沉淀，加热沉淀则转化为易过滤的 CuO。一定量的 $H_2C_2O_4$ 溶于水后加入 K_2CO_3 得到 KHC_2O_4 和 $K_2C_2O_4$ 混合溶液，该混合溶液与 CuO 作用生成二草酸根合铜(Ⅱ)酸钾 $K_2[Cu(C_2O_4)_2]$，经水浴蒸发、浓缩、冷却后得到蓝色 $K_2[Cu(C_2O_4)_2] \cdot 2H_2O$ 晶体。

方法一：
$$Cu^{2+} + 2K^+ + 2C_2O_4^{2-} + 2H_2O \Longrightarrow K_2[Cu(C_2O_4)_2] \cdot 2H_2O \downarrow$$

方法二：
$$Cu^{2+} + 2OH^- \Longrightarrow Cu(OH)_2 \downarrow$$
$$Cu(OH)_2 \xrightarrow{\triangle} CuO + H_2O$$
$$3H_2C_2O_4 + 2CO_3^{2-} \Longrightarrow C_2O_4^{2-} + 2HC_2O_4^- + 2CO_2 + 2H_2O$$
$$CuO + 2K^+ + 2HC_2O_4^- + H_2O \Longrightarrow K_2[Cu(C_2O_4)_2] \cdot 2H_2O \downarrow$$

三、实验仪器与试剂

主要仪器：50mL 酸式滴定管，250mL 锥形瓶，250mL 抽滤瓶，布氏漏斗，烧杯，电子天平等。

主要试剂：$CuSO_4 \cdot 5H_2O$（固体），$K_2C_2O_4 \cdot H_2O$（固体），$Na_2C_2O_4$（基准试剂），纯锌片，EDTA，$NH_3\text{-}NH_4Cl$ 缓冲溶液，浓氨水，铬黑 T 指示剂（0.5％无水乙醇），甲基红指示剂（0.2％，60％乙醇溶液），紫脲酸铵指示剂（0.5％水溶液），0.02mol/L $KMnO_4$，H_2SO_4（3mol/L），$NH_3 \cdot H_2O$（1∶2），2mol/L NaOH 溶液，$H_2C_2O_4 \cdot 2H_2O$，无水 K_2CO_3。

0.02mol/L NH_3-NH_4Cl：$pH=10$，5.4g NH_4Cl 溶于水中，加浓氨水 6.3mL，稀释至 100mL。

四、实验步骤

1. 草酸合铜(Ⅱ)酸钾的制备

（1）方法一

称取 4g $CuSO_4 \cdot 5H_2O$ 溶于 8mL 85℃的蒸馏水中。另称取 12g $K_2C_2O_4 \cdot H_2O$ 溶于 44mL 85℃蒸馏水中。搅拌，将 $K_2C_2O_4$ 溶液趁热迅速倒入 $CuSO_4$ 溶液中，冰水冷却 3min，有沉淀析出。减压抽滤，用 6～8mL 冰水分三次洗涤沉淀，抽干，在 50℃的烘箱中烘干产物 30min，取出冷却至室温，称量，计算产率。

（2）方法二

① 制备氧化铜

称取 2.0g $CuSO_4 \cdot 5H_2O$ 于 100mL 烧杯中，加入 40mL 水溶解，在搅拌下加入 10mL 2mol/L NaOH 溶液，小火加热至沉淀变黑（生成 CuO），再煮沸约 20min。稍冷后以双层滤纸抽滤，用少量去离子水洗涤沉淀 2 次。

② 制备草酸氢钾

称取 3.0g $H_2C_2O_4 \cdot 2H_2O$ 放入 250mL 烧杯中，加入 40mL 去离子水，微热溶解（温度不能超过 85℃，以避免 $H_2C_2O_4$ 分解）。稍冷后分数次加入 2.2g 无水 K_2CO_3，溶解后生成 KHC_2O_4 和 $K_2C_2O_4$ 混合溶液。

③ 制备二草酸根合铜(Ⅱ)酸钾

将 KHC_2O_4 和 $K_2C_2O_4$ 混合溶液水浴加热，再将 CuO 连同滤纸一起加入到该溶液中。水浴加热，充分反应至沉淀大部分溶解（约 30min）。趁热抽滤（若透滤应重新抽滤），用少量沸水洗涤 2 次，将滤液转入蒸发皿中。水浴加热将滤液浓缩到约原体积的 1/2。放置约 10min 后用水彻底冷却。待大量晶体析出后抽滤，晶体用滤纸吸干，称重。计算产率。

产品保存，用于组成分析。

2. 草酸合铜(Ⅱ)酸钾的组成分析

（1）结晶水的测定

准确称取两个已恒重的坩埚的质量，再准确称取 0.5～0.6g 产物两份，分别放入两个已准确称重的坩埚中，放入烘箱，在 150℃时干燥 1h，然后放入干燥器中冷却 15min 后称重，根据称量结果，计算结晶水的含量。

（2）铜(Ⅱ) 含量的测定

① 0.02mol/L EDTA 溶液的配制与标定

配制 0.02mol/L EDTA 溶液 250mL。

计算配制 250mL 0.02mol/L Zn^{2+} 标准溶液所需纯 Zn 片（>99.9%）的质量。

准确称量上述质量的 Zn 片（称量值与计算值偏离最好不要超过 10%）于 200mL 烧杯中，盖上表面皿，沿烧杯嘴缓慢加入 10mL 1∶1 HCl 溶液，待 Zn 片全部溶解后，定量转移到 250mL 容量瓶中，用水稀释到刻度，摇匀，计算 Zn^{2+} 的准确浓度。

用 25mL 移液管准确移取上述 Zn^{2+} 标准溶液置于 250mL 锥形瓶中，加 1 滴甲基红指示剂，用 1∶2 氨水中和 Zn^{2+} 标准溶液中的 HCl，溶液由红变黄即可。加 10mL NH_3-NH_4Cl 缓冲溶液和 20mL 水，再加 2 滴铬黑 T 指示剂，用待标定的 EDTA 溶液滴定至溶液由紫红色变为蓝色，即为终点，平行三次。计算 EDTA 溶液的准确浓度。

② 铜（Ⅱ）含量的测定

准确称取 0.17～0.19g 产物，置于 250mL 锥形瓶中，用 15mL NH_3-NH_4Cl 缓冲溶液（pH＝10）溶解，再稀释到 100mL。加 3 滴紫脲酸铵指示剂，用 EDTA 标准溶液滴定至溶液变为亮紫色时即为终点。根据滴定结果，计算 Cu^{2+} 的含量。平行测定三次。

（3）草酸根含量的测定

① 0.02mol/L $KMnO_4$ 溶液的标定

用差减法准确称取经烘干的基准 $Na_2C_2O_4$ 三份（按照消耗滴定剂的体积，先计算称取 $Na_2C_2O_4$ 的质量范围），分别置于 250mL 锥形瓶中，加入 50mL 蒸馏水使之溶解，再加 15mL 3mol/L H_2SO_4 溶液，水浴加热至 75～85℃（瓶口冒较多热气），趁热用待标定的 $KMnO_4$ 溶液进行滴定。开始滴定的速度应当慢一些，待溶液中产生 Mn^{2+} 后，滴定速度可加快，直至溶液呈粉红色并且半分钟内不褪色即为终点。根据 $Na_2C_2O_4$ 质量和所消耗 $KMnO_4$ 溶液的体积，计算 $KMnO_4$ 标准溶液的准确浓度。

② $C_2O_4^{2-}$ 含量的测定

准确称取 0.21～0.23g 产物，加入 2mL 浓氨水后，再加入 22mL 3mol/L H_2SO_4 溶液，此时会有淡蓝色沉淀出现，稀释到 100mL。水浴加热至 75～85℃（瓶口冒较多热气），趁热用上一步中标定的 $KMnO_4$ 溶液进行滴定。直至溶液呈粉红色并且半分钟内不褪色即为终点。沉淀在滴定过程中会逐渐消失。根据滴定结果，计算 $C_2O_4^{2-}$ 的含量。

五、注意事项

1. 过滤氧化铜时，要用双层滤纸。

2. 洗涤氧化铜沉淀时，每次用水量不超过 10mL。

3. 氧化铜洗净后连同滤纸一起放入 KHC_2O_4 溶液中。

4. 制 KHC_2O_4 溶液时，溶解 $H_2C_2O_4$ 可小火加热，待全溶解后再分批加入无水 K_2CO_3。

5. 浓缩时，必须水浴加热并将壁上析出的晶体随时刮入溶液中。

六、思考题

1. 在用 Zn^{2+} 标定 EDTA 时，可在 pH＝10 的 NH_3-NH_4Cl 缓冲溶液中进行，也可在 pH＝5～6 的 HAc-NaAc 缓冲溶液中进行，在本实验为什么使用 pH＝10 的 NH_3-NH_4Cl 缓冲溶液？

2. 在用 $Na_2C_2O_4$ 标定 $KMnO_4$ 溶液浓度以及测定 $C_2O_4^{2-}$ 含量时，溶液的温度为什么要控制在 75～85℃？

实验 15

铬（Ⅲ）的系列配合物的制备及其分裂能的测定

一、实验目的

1. 掌握制备铬（Ⅲ）系列配合物的方法。
2. 掌握分裂能 Δ_o 的测定方法，加深对有关知识的理解。

二、实验原理

过渡金属离子形成配合物后，在配体场的作用下，金属离子的 d 轨道分裂为能量不同的简并轨道。在八面体场的影响下，d 轨道分裂为两组：t_{2g}（三个简并轨道）和 e_g（二个简并轨道），后者能量较高（图 3-5）。

e_g 和 t_{2g} 轨道之间的能量差为分裂能，以 Δ_o 表示。分裂能的大小与下列因素有关：

（1）配体相同，Δ_o 按下列次序递减：平面平方形场＞八面体场＞四面体场

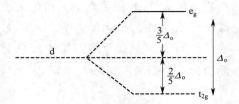

图 3-5　d 轨道在八面体场的分裂能级图

（2）对于含有高自旋的金属离子的八面体配合物，第一过渡系配合物的 Δ_o 值：二价离子是 $7500 \sim 12500 \text{cm}^{-1}$，三价离子是 $14000 \sim 2500 \text{cm}^{-1}$。

（3）对于同族同价态的金属离子的相同配体八面体配合物，其 Δ_o 值从第一过渡系到第二过渡系增加 $40\% \sim 50\%$，由第二过渡系到第三过渡系增加 $25\% \sim 30\%$。例如：

$$[Co(NH_3)_6]^{3+} \qquad \Delta_o = 23000 \text{cm}^{-1}$$

$$[Rh(NH_3)_6]^{3+} \qquad \Delta_o = 34000 \text{cm}^{-1}$$

$$[Ir(NH_3)_6]^{3+} \qquad \Delta_o = 41000 \text{cm}^{-1}$$

（4）Δ_o 值

依实验所得的 Δ_o 值可知，同一过渡金属离子与不同配体所生成的配合物，其 Δ_o 值依次增大的顺序为：$I^- < Br^- < Cl^- < F^- < OH^- < C_2O_4^{2-} \sim H_2O < NCS^- < Py \sim NH_3 < en < biPy < o\text{-}Phen < NO_2^- < CN^-$。

上述次序称为光谱化学序列。

Cr^{3+}（d^3 组态）配合物的电子光谱应有三个吸收峰，相应的 d 电子跃迁为

$$^4A_{2g} \longrightarrow {}^4T_{2g} ; (\nu_1 = 10Dq = \Delta_o)$$

$$^4A_{2g} \longrightarrow {}^4T_{1g}(F) ; \nu_2$$

$$^4A_{2g} \longrightarrow {}^4T_{1g}(P)；\nu_3$$

其中 $^4A_{2g} \longrightarrow {}^4T_{2g}$ 跃迁的能量即为 Cr^{3+} 八面体配合物的分裂能 Δ_o。故 Cr^{3+} (d^3) 的八面体场的分裂能可由最大波长的吸收峰位置，按下式计算而得：

$$\Delta_o = (1/\lambda) \times 10^7 (cm^{-1})$$

式中，λ 为波长，nm。

三、实验仪器与试剂

主要仪器：10mL 圆底烧瓶，回流冷凝管，多用滴管，玻璃钉漏斗，研钵，50mL 容量瓶，50mL 和 10mL 烧杯，紫外-可见分光光度计。

主要试剂：$CrCl_3(s)$，甲醇，锌粉(s)，乙二胺，无水乙醇，95% 乙醇，$H_2C_2O_4(s)$，KSCN(s)，$KCr(SO_4)_2 \cdot 12H_2O(s)$，EDTA 二钠盐（s）。

四、实验步骤

（一）系列 Cr(Ⅲ) 配合物的制备

1. [Cr(en)$_3$]Cl$_3$ 的合成

在 10mL 干燥圆底烧瓶中加入 1.35g $CrCl_3$ 和 2.5mL 甲醇，待溶解后，再加入 0.05g 锌粉，加入小粒沸石后在瓶口装上回流冷凝管，在热水浴中回流。同时，量取 2mL 乙二胺，用多用滴管将乙二胺缓慢地从冷凝管口滴入烧瓶，此时水浴控制在 70～80℃。加完后继续回流 45min。

反应完毕后，用冰水浴冷至有沉淀析出，用玻璃钉漏斗抽滤，沉淀用 10% 的乙二胺-甲醇溶液洗涤，最后再用 1mL 95% 乙醇洗涤粉末状黄色产物[Cr(en)$_3$]Cl$_3$，空气中干燥，称量，保存于棕色瓶中，产率大于 70%。

2. K$_3$[Cr(NCS)$_6$] 的合成

在 5mL 去离子水中溶解 0.3g KSCN 和 0.25g $KCr(SO_4)_2 \cdot 12H_2O$，加热溶液至近沸约 40min，然后往反应液中滴加 2mL 95% 乙醇，冷却，若溶液不浑浊，继续逐滴加入乙醇至溶液变浑浊（共约加入 3～4mL）。将已结晶的浑浊液过滤，除去硫酸钾晶体，滤液为 K$_3$[Cr(NCS)$_6$] 溶液。

（二）分裂能的测定

1. 待测溶液的配制

（1）称取 [Cr(en)$_3$]Cl$_3$(s) 0.15g，置于小烧杯中，用少量去离子水溶解，转移到 50mL 容量瓶中，稀释至刻度。

（2）称取 0.5g $KCr(SO_4)_2 \cdot 12H_2O$ 于小烧杯中，加少量去离子水溶解，然后转移到 100mL 容量瓶中，并稀释至刻度。即得 K[Cr(H$_2$O)$_6$]SO$_4$ 溶液。

（3）量取上面制得的 K$_3$[Cr(NCS)$_6$]溶液 1mL。

（4）称取 0.3g EDTA 二钠盐溶于 100mL 去离子水中，加热使其全部溶解，然后调节 pH 值为 3～5，加入 0.5g $CrCl_3 \cdot H_2O(s)$ 稍加热，得 [Cr-EDTA]$^-$ 配合物溶液，量取 15mL 该溶液转移到 100mL 容量瓶中，稀释至刻度。

2. 电子光谱的测定

在波长 360～700nm 范围里以去离子水为参比液，用 1cm 比色皿，在紫外-可见分光光度计上，测定 4 个配合物溶液的吸收光谱。找出不同配体的配合物的最大吸收峰的波长。

五、注意事项

$[Cr(en)_3]Cl_3$ 要在非水溶剂（甲醇或乙醚）中制备，因在水溶液中 Cr^{3+} 与 H_2O 有很强的配位能力。在水溶液中加入碱性配体（如 en），由于 Cr—O 键强，只能得到胶状 $Cr(OH)_3$ 沉淀。

六、思考题

1. 在测定吸收光谱时，所配的配合物溶液的浓度是否要十分准确，为什么？
2. 影响过渡元素离子分裂能的主要因素是哪些？
3. 实验得出的光谱化学序列与文献值是否一致？

实验 16

12-钨硅酸的制备

一、实验目的

1. 掌握 12-钨硅酸的制备方法。
2. 了解红外光谱、紫外-可见分光光度计、热重-差热分析仪在产品表征中的应用。

二、实验原理

易形成同多酸和杂多酸是钒、铌、钼、钨等元素的特征。在碱性溶液中 W（Ⅵ）以正钨酸根 WO_4^{2-} 存在；随着溶液 pH 减小，WO_4^{2-} 逐渐聚合成多酸根。

H^+/WO_4^{2-}（物质的量之比）		同多酸阴离子
1.14	$[W_7O_{24}]^{6-}$	仲钨酸根（A）阴离子
1.17	$[W_{12}O_{42}H_2]^{10-}$	仲钨酸根（B）阴离子
1.50	$\alpha\text{-}[H_2W_{12}O_{40}]^{6-}$	钨酸根阴离子
1.60	$[W_{10}O_{32}]^{4-}$	十钨酸根阴离子
……	……	……

若在上述酸化过程中，加入一定量的磷酸盐或硅酸盐，则可生成有确定组成的钨杂多酸根，如 $[PW_{12}O_{40}]^{3-}$、$[SiW_{12}O_{40}]^{3-}$ 等。其中，12-钨杂多酸阴离子 $[X^{n+}W_{12}O_{40}]^{(8-n)-}$ 的晶体结构称为 Keggin 结构，有典型性。它是每三个 WO_6 八面体两两共边形成一组共顶三聚体，四组这样的三聚体又各通过其他 6 个顶点两两共顶相联，构成图 3-6（a）所示的多面体结构；处于中心的杂原子 X 则分别与 4 组三聚体的 4 个共顶氧原子连结，形成 XO_4 四

面体，其键结构示于图 3-6(b)。

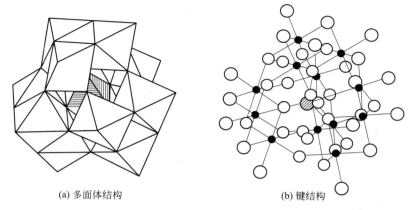

(a) 多面体结构　　　　　　　　(b) 键结构

图 3-6　Keggin 结构示意图

白球为氧原子；带线黑球为磷原子；小黑球为钨原子

这类钨杂多酸在水溶液中结晶时，得到高水合状态的杂多酸（盐）结晶 $H_m[XW_{12}O_{40}]\cdot nH_2O$。后者易溶于水及含氧有机溶剂（乙醚、丙酮等）。它们遇强碱时被分解（生成什么物质?），而在酸性水溶液中较稳定。本实验利用钨硅酸在强酸溶液中易与乙醚生成加合物而被乙醚萃取的性质来制备 12-钨硅酸。钨硅酸高水合物在空气中易风化，也易潮解。对水合物晶体作热谱分析，可以从热重（TG）曲线看出，水合物在 30～165℃ 及 165～310℃ 温度范围有两个失水阶段；在对应的差热分析（DTA）曲线上有两个失水吸热峰。另外在 DTA 曲线上，在 540℃ 附近出现 Keggin 结构被破坏后，由无序状态向 WO_3 及 SiO_2 有序结构转化的强吸热峰。12-钨硅酸不仅有强酸性，还有氧化还原性，在紫外光作用下，可以发生单电子或多电子还原反应。Keggin 构型的钨杂多酸在紫外区（260nm 附近）有特征吸收峰，这就是电子由配位氧原子向中心钨原子迁移的电荷迁移峰。

三、实验仪器与试剂

主要仪器：50mL 烧杯，蒸发皿，分液漏斗，微型抽滤装置，表面皿，吸量管，差热天平，红外光谱仪，紫外-可见分光光度计。

主要试剂：$Na_2WO_4\cdot 2H_2O$，$Na_2SiO_4\cdot 9H_2O$，乙醚，浓盐酸。

四、实验步骤

1. 12-钨硅酸的制备

称取 5.0g $Na_2WO_4\cdot 2H_2O$ 置于烧杯中，加入 10mL 蒸馏水，再加入 0.35g $Na_2SiO_4\cdot 9H_2O$，加热搅拌使其溶解，在微沸下以滴管缓慢地把 2mL 浓 HCl 边滴加边搅拌加入烧杯中。开始滴入 HCl，有黄色钨酸沉淀出现，继续滴加 HCl 并不断搅拌，直至不再有黄色沉淀时，便可停加盐酸（此过程约 10min）。抽滤，滤液冷却到室温，转移到分液漏斗中，再加入 4mL 乙醚，充分振摇萃取后静置（如未形成三相，再滴加 0.5～1mL 浓 HCl 再振摇萃取）。分出底层油状乙醚加合物到另一个分液漏斗中，再加入 1mL 浓盐酸、4mL 水及 2mL

乙醚，剧烈振摇后静置（若油状物颜色偏黄，可重复萃取 1～2 次），分出澄清的第三相于蒸发皿中，加入少量蒸馏水（15～20 滴），在 60℃ 水浴锅上蒸发浓缩，至溶液表面有晶体析出时为止，冷却放置，得到无色透明的 12-H_4[$SiW_{12}O_{40}$]·nH_2O 晶体，抽滤吸干后，称重装瓶。

2. 测定产品热重（TG）曲线及差热分析（DTA）曲线

取少量未经风化的样品，在热分析仪上，测定室温至 650℃ 范围内的 TG 曲线及 DTA 曲线。并计算样品的含水量，以确定水合物中结晶水数目。

3. 测定紫外吸收光谱

配制 5.0×10^{-5} mol/L 12-钨硅酸溶液，用 1cm 比色皿，以蒸馏水为参比，在紫外-可见分光光度计上，记录波长范围为 400～200nm 的吸收曲线。

4. 测定红外光谱

将样品用 KBr 压片，在红外光谱仪上记录 4000～400cm^{-1} 范围的红外光谱图，并标识其主要的特征吸收峰。

【注意】

（1）乙醚在高浓度的盐酸中生成离子 [$(C_2H_5)_2$O-H]$^+$，它能与 Keggin 类型钨杂多酸阴离子缔合成盐，这种油状物相对密度较大，沉于底部形成第三相。加水降低酸度时，可使盐破坏而析出乙醚及相应的钨杂多酸。

（2）此时油状物应澄清无色，如颜色偏黄，可继续萃取操作 1～2 次。

（3）钨硅酸溶液不要在日光下曝晒，也不要与金属器皿接触，以防止被还原。

五、思考题

为什么铌、钨等元素易形成同多酸和杂多酸？

实验 17

固体超强酸的制备

一、实验目的

1. 了解固体超强酸的概念。
2. 掌握固体超强酸的一种制备方法。
3. 掌握红外光谱仪、热重-差热分析仪表征物质结构及热稳定性的方法。

二、实验原理

固体酸定义为能使碱性指示剂变色或能对碱实现化学吸附的固体。固体酸通常用酸度、酸强度、酸强度分布和酸类型四个指标来表征。其中酸强度表征一个固体酸去转变一个吸附的中性碱使其成为共轭酸的能力。如果这一过程是通过质子从固体转移到被吸附物上，则可用 Hammett 函数 H_0 表示。

$$H_0 = pK_a + \lg \frac{[B]}{[BH^+]}$$

平衡时 $H_0 = pK_a$，其中 [B] 和 [BH$^+$] 分别代表中性碱及其共轭酸的浓度。

超强酸是 $H_0 < -11.93$ 的酸，分为液态与固态。液态超强酸的 H_0 为 $-12 \sim -20$，固体超强酸 H_0 约为 $-12 \sim -16$。近十几年对固体超强酸的开发、研究发展很快。已合成的固体超强酸大多数与液体超强酸一样都含卤素，如 SbF$_5$-SiO$_2$ · TiO$_2$，FSO$_3$H-SiO$_2$ · ZrO$_2$、SbF$_5$-TiO$_2$ · ZrO$_2$ 等。用硫酸根处理氧化物制备的新型固体超强酸 M$_x$O$_y$-SO$_4^{2-}$。对烯烃双键异构化、烷烃骨架异构化、醇脱水、酯化、烯烃烷基化、酚化以及煤的液化等许多反应都显示非常高的活性。在有机合成中不仅易分离，节省能源，而且具有不腐蚀反应装置、不污染环境、对水稳定、热稳定性高等优点，日益受到工业界的重视，特别是在精细化工中的应用日趋扩大，认识和研究开发固体超强酸是非常有意义的。

制备 M$_x$O$_y$-SO$_4^{2-}$ 固体超强酸一般是将某些金属盐用氨水水解得到较纯的氢氧化物（或氧化物），再用一定浓度的硫酸盐水溶液处理，在一定温度下焙烧即可。但具体的合成条件非常重要。目前只发现有三种氧化物可合成这类超强酸，即 SO$_4^{2-}$/ZrO$_2$，SO$_4^{2-}$/Fe$_2$O$_3$ 和 SO$_4^{2-}$/TiO$_2$。研究表明，在制备这类超强酸时，必须使用无定型氧化物（或氢氧化物），不同的金属氧化物在用硫酸溶液处理时，都有一个最佳的硫酸浓度范围，ZrO$_2$、TiO$_2$ 和 Fe$_2$O$_3$ 所用硫酸分别为 $0.25 \sim 0.5$mol/L、$0.5 \sim 1.0$mol/L 和 $0.25 \sim 0.5$mol/L，这样能使处理后的表面化学物种 M$_x$O$_y$ 与 SO$_4^{2-}$ 以配位的状态存在，而不形成 Fe$_2$(SO$_4$)$_3$ 或 ZrOSO$_4$ 稳定的金属硫酸盐，氧化物表面上硫为高价氧化态是形成强酸性的必要条件。氧化物用硫酸处理后，其表面积和表面结构都发生很大变化。其表面结构取决于氧化物的性质。ZrO$_2$-SO$_4^{2-}$、TiO$_2$-SO$_4^{2-}$ 和 Fe$_2$O$_3$-SO$_4^{2-}$ 样品在 IR 谱中出现特征的吸收峰，即在 $1390 \sim 1375$cm^{-1} 出现一个较强的锐吸收峰，以及在 $1200 \sim 900$cm^{-1} 范围出现幅度较宽的吸收带，这是由 S＝O 键的伸缩振动引起的。当吸附吡啶蒸气后，$1390 \sim 1375$cm^{-1} 吸收峰将向低波数方向移动约 50cm^{-1}，这是由于吡啶分子的电子向 S＝O 键上转移，使其键级降低，这个位移幅度大小与样品的酸催化活性相关联。

本实验合成 TiO$_2$/SO$_4^{2-}$ 和 Fe$_2$O$_3$/SO$_4^{2-}$ 固体超强酸，并通过 IR、TG-DTA 表征其结构和热稳定性。

三、实验仪器与试剂

主要仪器：坩埚，烧杯，抽滤装置，红外灯，马弗炉，热重-差热分析仪，红外光谱仪。

主要试剂：TiCl$_4$，FeCl$_3$ · 6H$_2$O(s)，28％氨水，H$_2$SO$_4$（1.0mol/L，0.5mol/L）。

四、实验步骤

1. TiO$_2$/SO$_4^{2-}$ 的制备

在通风橱内，取 10mL TiCl$_4$ 于 100mL 烧杯中搅拌，加入氨水至溶液 pH＝8，生成白色沉淀。抽滤，用蒸馏水洗至无 Cl$^-$，得白色固体。在红外灯下烘干后研磨成粉末，过 100

目筛后，用 1.0mol/L H_2SO_4 浸泡 14h，过滤。将粉末在红外灯下烘干，于马弗炉中在 450～500℃下活化 3h 后，置于干燥器中备用。

2. Fe_2O_3/SO_4^{2-} 的制备

取 5g $FeCl_3$ 于 100mL 烧杯中，加入 20mL 水搅拌溶解后，再边搅拌边滴加氨水，使 $FeCl_3$ 水解沉淀，抽滤，洗涤沉淀至无 Cl^-，固体在 100℃以下烘干（一昼夜），并在 250℃下焙烧 3h 得 Fe_2O_3，研磨成粉末，过 200 目筛后用 0.5mol/L H_2SO_4 浸泡 12h，过滤，于 110℃下烘干，然后在 600℃下焙烧 3h 左右，置于干燥器中备用。

3. 产品检测

（1）红外光谱的测定

取上述各样品，用 KBr 压片，分别做红外谱图，观察各样品红外谱图中特征吸收峰。

（2）固体超强酸的热稳定性

用上述各样品分别做 TG-DTA 热分析曲线，考察其热稳定性。条件选择：升温速率 10℃/min，N_2 气氛（50mL/min）。

（3）超强酸催化活性测定

以冰乙酸及乙醇为原料，用自制固体超强酸作催化剂进行酯化反应，并与用硫酸催化的结果作比较。

五、思考题

1. 什么是固体超强酸？它有何用途？
2. 合成固体超强酸的关键步骤是什么？

实验 18

低温固相法制备碳酸锶粉体

一、实验目的

1. 学习低温固相反应合成超细粉体的方法。
2. 了解低温固相反应机理。

二、实验原理

合成的碳酸锶是一种白色粉末，是重要的无机化工原料。由于碳酸锶对 X 射线及其他射线的吸收作用，广泛应用于光学玻璃的制造，如彩色显像管、显示器、工业监视器等。碳酸锶还可作为制备磁性材料铁酸锶和高档电子陶瓷的原料。在陶瓷中加入碳酸锶作配料可减少皮下气孔，扩大烧结范围，增加热膨胀系数。此外，碳酸锶还广泛用于高介电材料、压电材料、涂料的制造以及糖的精制和金属锌的精炼等，其用途涉及电子信息、化工、轻工、陶瓷、冶金等多个行业。目前，碳酸锶样品的粒径都在 $3\mu m$ 以上，难以满足高新科技发展的需要。由于具有比普通碳酸锶更优良的性能，新材料纳米碳酸锶应运而生，进而拓展了碳酸锶的应用领域。

目前，国内外对超细碳酸锶粒子粒度和形貌的控制研究已成为一大热门，其中对粒度的控制已取得了初步进展，但对于形貌的调控还处在研究阶段。在碳酸锶粒子形貌控制方面，大多通过采用不同的制备方法并调节反应条件或者添加晶形控制剂的方式来完成。目前已合成了球状、针状、纺锤状、片状、哑铃状、橄榄状等多种形貌的产品。

在本实验中，将一定质量的 $Sr(NO_3)_2$ 和 Na_2CO_3 进行固相研磨反应，再将研磨后的样品洗涤、干燥，得到碳酸锶产品。其反应式为：

$$Sr(NO_3)_2 + Na_2CO_3 \longrightarrow SrCO_3 + 2NaNO_3$$

三、实验仪器与试剂

主要仪器：恒温干燥箱，电子天平，玛瑙研钵，X 射线衍射仪，药匙。

主要试剂：无水碳酸钠（Na_2CO_3，AR），硝酸锶（$Sr(NO_3)_2$，AR），无水乙醇（C_2H_5OH，AR），去离子水。

四、实验步骤

1. 按照化学计量比分别适量称取 Na_2CO_3 和 $Sr(NO_3)_2$，首先将上述称取的样品分别放在玛瑙研钵中研细，然后再将上述两种试剂混合研磨，研磨时间为 $40min$。
2. 将研磨后的样品用去离子水洗涤 $3\sim5$ 次，过滤。
3. 将过滤后的样品在红外干燥箱中干燥，最后得到碳酸锶产品。
4. 利用 X 射线衍射对样品进行物相分析，确定产品为碳酸锶。
5. 利用光学显微镜对产品颗粒形貌进行初步观察。

五、思考题

1. 为什么在低温下，该反应可以进行？
2. 如何通过 X 射线衍射确定合成的产品是碳酸锶？

实验 19

低温固相法合成 CuO 纳米粉体

一、实验目的

1. 学习纳米材料制备和表征的基本方法。
2. 通过实验掌握固相法制备纳米粒子的基本原理和具体操作。
3. 了解用 X 射线衍射仪对纳米粒子进行测试的方法，学会分析 XRD 谱图。

二、实验原理

氧化铜粉是一种棕黑色的粉末，密度为 $6.3\sim6.49g/cm^3$，熔点为 $1326℃$，溶于稀酸、NH_4Cl、$(NH_4)_2CO_3$、氰化钾溶液，不溶于水，在醇、氨溶液中溶解缓慢。高温遇氢或一氧化碳，就可还原成金属铜。氧化铜的用途很广，作为一种重要的无机材料在催化、超导、陶瓷等领域中有广泛应用。它可以作为催化剂及催化剂载体以及电极活化材料，还可以作为火箭推进剂，其中作为催化剂的主要成分，氧化铜粉体在氧化、加氢、NO、CO、还原及碳氢化合物燃烧等多种催化反应中得到广泛应用。纳米氧化铜粉体具有比大尺寸氧化铜粉体更优越的催化活性和选择性以及其他性能。纳米氧化铜的粒径为 $1\sim100nm$，与普通的氧化铜相比，具有表面效应、量子尺寸效应、体积效应以及宏观量子隧道效应等优越性能，在磁性、光吸收、化学活性、热阻、催化性能和熔点等方面表现出奇异的物理和化学性能，因此纳米氧化铜成为用途十分广泛的无机材料之一。

在本实验中，将一定质量的氯化铜和 NaOH 进行固相研磨反应，经过沉淀转化反应而生成氧化铜粒子，再将沉淀物过滤、洗涤、干燥，得到纳米氧化铜。其反应式为：

$$CuCl_2 + 2NaOH \xrightarrow{\quad\quad} 2NaCl + CuO + H_2O$$

三、实验试剂与仪器

主要仪器：研钵，烧杯（若干），量筒，玻璃棒，高速离心机，超声波清洗仪，烘箱，抽滤装置（布氏漏斗、抽滤瓶），离心管。

主要试剂：氯化铜（$CuCl_2 \cdot 2H_2O$，AR），氢氧化钠（NaOH，AR），蒸馏水（H_2O），无水乙醇（C_2H_5OH，AR），硝酸银（$AgNO_3$，AR）。

四、实验步骤

1. 取氯化铜 17g，在研钵中充分研细后加入氢氧化钠 8g 再充分混合研细。待体系剧烈反应变黑后，继续研磨 10min。研磨 5min 后，由于体系温度升高和吸水的缘故，体系剧烈反应，固体由蓝色迅速变成黑色，同时放出大量的热量。继续研磨后，研钵内的物质完全变黑，形成泥状固体。

2. 将混合体系转移到离心管中，加入 80mL 蒸馏水超声清洗。

3. 接着在 8000r/min 条件下离心 8min。倾去上层清液后再加入蒸馏水清洗，重复上述操作 8 次。（在向离心机中放置离心管的时候，各离心管液面要相平，并对称放置，防止离心机因不平衡而发生震动。每次离心完毕后，取离心管中的上层清液，用 $AgNO_3$ 溶液滴加，观察有无沉淀。实验中发现，第 1～7 次清洗后都有白色沉淀，沉淀量逐渐减少。第 8 次清洗后，无白色沉淀）。

4. 离心完毕后，再用 40mL 无水乙醇超声清洗一遍。然后将得到的黑色固体转移到表面皿中，在 85℃烘箱中干燥 1h。然后将得到的固体研细保存，用于 XRD 分析。

5. 测定所得纳米样品的 XRD 图谱，并进行物相分析。（根据谱图可以分析所得样品为何种物质，并且进一步求得其粒子半径。）

五、思考题

1. 多晶衍射时能否用多种波长的多种 X 射线？为什么？

2. 固相反应不仅能够制备纳米氧化物、硫化物、复合氧化物等，还能够制备多种簇合物，特别是一些与溶剂发生副反应的化合物。它还广泛应用于一些有机反应。根据固相反应理论，试提出两个常见的化学反应改用固相反应的可能性假设。

3. 固相化学反应为什么能生成纳米材料？

4. 晶体尺寸的减小是否为导致衍射加宽的唯一因素？

实验 20

低温固相法合成磷酸三钙

一、实验目的

1. 了解磷酸三钙常用的制备方法。
2. 掌握低热固相反应合成磷酸三钙。
3. 熟悉过滤、沉淀、离心等操作。
4. 了解 X 射线衍射、红外光谱和透射电镜表征粒子的方法。

二、实验原理

磷酸三钙（TCP）是生物降解或生物吸收型生物活性陶瓷材料之一，当它被植入人体后，降解出来的 Ca、P 能进入活体循环系统形成新生骨，因此它可作为人体硬组织如牙和骨的理想替代材料，具有良好的可生物降解性、生物相容性和生物无毒性。目前，研究、应用较为广泛的生物降解陶瓷是 TCP 以及 TCP 和其他磷酸钙的混合物。通过不同的制备工艺来改变材料的理化性能，如孔隙结构、机械强度、生物吸收率等，可以满足不同的临床应用要求。

TCP 粉末的制备往往采用湿法、干法或水热法。其中水热法应用较少，一般是在水热条件下，控制一定温度和压力，以 $CaHPO_4$ 或 $CaHPO_4 \cdot 2H_2O$ 为原料合成得到晶粒直径更大、晶格完整的 TCP 粉末。湿法一般有两类：一类是酸、碱溶液直接反应，即在室温将一定浓度的磷酸滴加入 $Ca(OH)_2$ 悬浮液中，静置沉淀后过滤，得到 TCP 原粉，此法反应的唯一副产物是水，故沉淀无须洗涤，干燥后煅烧即得 TCP 粉末；另一类是可溶性钙盐和磷酸盐反应，一般是在室温、搅拌条件下，将一定浓度的 $(NH_4)_2HPO_4$ 水溶液按一定的速度滴加到 $Ca(NO_3)_2$ 溶液中，经陈化、过滤洗涤、干燥、煅烧成 TCP 粉末。采用湿法所得粉末，可制得独有孔隙结构的陶瓷块体。该陶瓷有丰富、均匀的微孔，较高的抗压强度，较好的溶解性能，孔隙可调控，是制备多孔 B-TCP 陶瓷较为理想的方法之一。干法是在高温下（＞900℃），以 $CaHPO_4 \cdot 2H_2O$ 和 $CaCO_3$ 或 $Ca(OH)_2$ 发生固相反应制备纯度较高的 TCP 粉末，干法制备的粉末晶体结构无晶格收缩，结晶性好，但粉末晶粒粗，组成不均匀，往往有杂相存在。

本实验通过 $Ca(OAc)_2 \cdot H_2O$ 与 $K_2HPO_4 \cdot 3H_2O$ 间的低热固相反应合成 TCP，大大降低了干法固相反应合成的温度，具有高产率、工艺过程简单等优点，使该功能材料的合成更加节能和环境友好。用透射电镜、红外光谱仪和 X 射线衍射仪等对粉体进行表征，可分析其粒度、物相和结晶度。

三、实验仪器和试剂

主要仪器：反应釜 1 套，离心泵 1 个，X 射线衍射仪 1 套，烘箱 1 个，马弗炉，傅里叶变换红外光谱仪 1 套，透射电镜 1 套。

主要试剂：$Ca(OAc)_2 \cdot H_2O$，无水乙醇，$K_2HPO_4 \cdot 3H_2O$，去离子水，超纯水。

四、实验步骤

1. 磷酸三钙的制备

在设定起始反应物 Ca 与 P 的摩尔比为 3∶2 的条件下，分别称取一定量的 $Ca(OAc)_2 \cdot H_2O$ 与 $K_2HPO_4 \cdot 3H_2O$，室温将其研磨后混合均匀，在研钵中继续研磨 40min。然后将其转移至试管中，置于 60℃ 油浴中加热继续反应 10h。再将样品依次用蒸馏水、二次水洗涤，抽滤后 120℃ 烘干，制得 TCP 原粉。将制得的 TCP 原粉在马弗炉中于 800℃ 焙烧 3h，自然降温得 TCP 结晶产物。

2. 产品检测

用 X 射线衍射仪测定产物物相，用红外光谱仪检测其结构，用透射电镜直接观察样品粒子的尺寸和形貌。

五、思考题

1. 制备磷酸三钙的方法都有哪些？各有何优缺点？
2. 如何检验颗粒是否呈球形？

实验 21

低温固相法合成磷酸镉铵类分子筛材料

一、实验目的

1. 通过类分子筛材料磷酸镉的制备，掌握固相室温模板合成中的基本操作技术。
2. 通过配位聚合物磷酸镉吸附重金属离子 Pb(Ⅱ) 来研究其吸附性能。

二、实验原理

近些年来，新型微孔材料因其结构的多样性以及在分离吸附、离子交换和催化等领域内潜在的应用前景而受到广泛的关注。1982 年 U.C.C 公司的科学家 S. T. Wilson 和 E. M. Flanigen 等成功合成开发出多孔物质发展史上堪称重要里程碑的全新分子筛家族——磷酸铝分子筛 $AlPO_{4-n}$，并在此基础之上发展了大量具有微孔结构的过渡金属与主族元素的磷酸盐。一般采用水热方法合成具有新型结构和组成的磷酸盐单晶，并解析其晶体结构。但是对这类微孔材料形貌控制方面工作的报道则相对较少，而颗粒形貌和物性之间存在的密切关系，会对诸如粉体的比表面积、流动性、填充性以及化学活性等性质产生很大影响，因而有必要进行此方面的尝试。

本实验借助模板剂三乙烯二胺（DABCO），使用简单的室温固相法合成制备新颖的、具有规则矩形片状形貌的磷酸镉铵 $NH_4CdPO_4 \cdot H_2O$。

这种室温固相合成方法相对于常用的水热/溶剂热法和高温固相法而言，不仅操作简单、没有溶剂污染，而且具有安全、成本低、能耗小和产率高等优点。该实验提供了合成特殊形貌磷酸盐微孔材料的一种简单方法。

类分子筛材料磷酸镉铵对于含有重金属离子的工业废水有吸附作用，尤其是对 Pb(Ⅱ) 的吸附具有吸附量大和吸附时间短的特点。在 1h 内可以达到饱和吸附；在 278K 和溶液起始浓度为 $1.68 \times 10^3 \mu g/mL$ 的条件下，其吸附量为 5.5mmol/g，并且通过吸附热力学研究发现 Langmuir 方程与实验数据相吻合。

三、实验仪器与试剂

主要仪器：离心机，研钵，X 射线粉末衍射仪，扫描电镜，傅里叶变换红外光谱仪，气浴振荡器，原子吸收光谱仪。

主要试剂：氯化镉，磷酸铵，三乙烯二胺，硝酸铝，乙醇。

四、实验步骤

1. 样品的合成

将 1.37g $CdCl_2 \cdot 2.5H_2O$，1.32g 三乙烯三胺和 0.81g 的 $(NH_4)_3PO_4 \cdot 3H_2O$ 在室温下分别用研钵研磨 10min。然后将研磨好的氯化镉和三乙烯三胺混合后再研磨 10min。最后加入研磨好的磷酸铵一并研磨 30min，在此过程中固体混合物先变成黏稠的胶状物，后又逐渐固化。将产品用蒸馏水进行离心洗涤，在室温下放至自然干燥，即得到样品，称量并计算产率。

2. 样品吸附 Pb（Ⅱ）的性能测试

取 20mg 所合成的磷酸镉铵放入 20mL 含 Pb(Ⅱ) 的溶液中，在 278K、288K 和 298K 温度下振荡不同的时间。离心分离后取清液用原子吸收光谱仪测定 Pb(Ⅱ) 的浓度，通过下列公式计算吸附量：

$$Q(\text{mmol/g}) = (c_0 - c) \cdot V/W$$

式中，c_0 和 c 分别是吸附前和吸附后的 Pb(Ⅱ) 的浓度，mmol/L；V 是吸附溶液的体积，L；W 是所用吸附剂磷酸镉铵的质量，g。

Langmuir 方程为：

$$c/Q = 1/(bQ_0) + c/Q_0$$

式中，Q 是吸附量，mmol/g；c 是 Pb(Ⅱ) 的平衡浓度，mmol/mL；Q_0 是饱和吸附

量，mmol/g；b 是经验参数。

3. 样品测试

（1）结构表征

采用 X 射线粉末衍射仪对产物进行物相结构分析。

（2）颗粒表面形貌表征

采用扫描电镜（SEM）观察产物颗粒大小与形貌。

（3）光谱测试

采用傅里叶变换红外光谱仪进行红外光谱测试。

五、思考题

1. 在磷酸镉铵的室温固相合成中，模板剂如何起到控制形貌的作用？
2. 对 Pb(Ⅱ) 的吸附性能研究，除了使用原子吸收法之外，还可使用什么方法？

实验 22

高温固相法合成纳米 Y_2O_2S：Eu^{3+} 发光材料

一、实验目的

1. 掌握间接法制备纳米材料 Y_2O_2S：Eu^{3+}。
2. 掌握高温固相合成荧光粉的方法。
3. 了解发射光谱的基本原理，掌握发射光谱分析的方法。

二、实验原理

Y_2O_2S：Eu^{3+} 是彩色电视显像管内所用三种基色（G、B、R）荧光粉中的红粉，它是一种高纯度的高温结晶物质，这里的 Y_2O_2S 是发光基质材料，而 Eu^{3+} 被称为发光材料的激活剂。彩色电视能呈现不同色彩，就在于彩色显像管能发射出红、绿、蓝三种颜色的荧光粉。因此荧光粉的光色和亮度是整个制造发光工艺的关键部分。

荧光粉的光色是否良好，亮度能否符合使用要求，这与合成时所用基质材料的纯度有着极为密切的关系，如 Y_2O_2S：Eu^{3+} 中 Ce^{3+}、Fe^{3+}、Co^{2+}、Ni^{2+} 等杂质的含量不得超过一定的范围，否则将直接影响其发光性能（如光色、亮度、余辉等），甚至根本不能发光。

影响荧光粉发光性能的另一个重要因素是高温反应过程。在这一过程中，基质材料会与激活剂相互作用，形成特定的晶型，激活剂进入晶格内而形成发光中心，所以晶型的形成与激活剂进入晶格的数量是和高温过程直接相关的。

各种物质的分子或原子所能吸收或发射的波长是不同的。在电弧的高温下，被测样品变为基态原子蒸气，然后高速电子流与基态原子相碰撞，从而使被测原子处于激发态，并很快又从激发态返回到基态，这时就会发射出一定波长的光。

本实验用间接法制备了纳米级红色荧光粉，首先化学合成 $(YEu)_2(C_2O_4)_3 \cdot xH_2O$，然后将 $(YEu)_2(C_2O_4)_3 \cdot xH_2O$ 高温烧结得到 $(YEu)_2O_3$ 粉末，最后用高温固相法硫化处理得到 $Y_2O_2S：Eu^{3+}$ 荧光粉。

三、实验仪器与试剂

主要仪器：荧光光谱仪，高温炉 1 台，布氏漏斗 1 只，砂芯漏斗 1 只，抽滤瓶 1 只，石英坩埚（直径 25mm、35mm，高 20mm）各 1 只，玛瑙研钵 1 只，电磁搅拌器 1 只。

主要试剂：氧化钇（Y_2O_3，99.97%），氧化铕（Eu_2O_3，99.95%），盐酸（AR），草酸（AR），硫粉（AR），碳酸钠（Na_2CO_3，AR），磷酸钾（$K_3PO_4 \cdot 3H_2O$，AR）。

四、实验步骤

1. $(YEu)_2(C_2O_4)_3 \cdot xH_2O$ 的制备，称取 2g Y_2O_3 和 125mg Eu_2O_3，加入到 50mL 6mol/L 盐酸中，稍稍加热使其溶解，并不断搅动，待完全溶解后，用砂芯漏斗抽滤，将所得的溶液加热。称取 5.2g 草酸溶于 50mL H_2O 中，加热此溶液，待两溶液的温度达 90℃左右；将草酸溶液用滴管滴加到钇、铕的氯化物溶液中，并不断搅动；维持沉淀的温度≥80℃（开始加草酸溶液较快，当沉淀出现时要较慢）；沉淀完全后，用电磁搅拌器继续搅动 5min，然后静置并用倾析法取出沉淀，以 80℃左右的热水漂洗沉淀到中性。过滤后将沉淀置于蒸发皿中在≤120℃下烘干。

2. 烘干后的 $(YEu)_2(C_2O_4)_3 \cdot xH_2O$ 倒入石英坩埚内，并加盖，然后外套直径 35mm 石英坩埚（或普通坩埚，只要可以放进高温炉膛就可以），把它移入高温炉内，并按以下的升温速度和保温时间进行升温分解：以 40℃/min 升温速度升到 200℃，保温 20min；以 20℃/min 升温速度升到 300℃，保温 10min；以 10℃/min 升温速度升到 400℃，保温 10min；以 30℃/min 升温速度升到 800℃，保温 10min；以 10℃/min 升温速度升到 1000℃，保温 15min。在升温到 1000℃和保温结束以后趁高温出炉，所得的 $(YEu)_2O_3$ 粉冷却以后备用。

3. $Y_2O_2S：Eu^{3+}$ 的合成，称取 1g $(YEu)_2O_3$、300mg 硫粉、300mg Na_2CO_3（助熔剂）和 50mg $K_3PO_4 \cdot 3H_2O$（助熔剂），放在玛瑙研钵中研磨，使混合均匀，然后移到直径 25mm 的石英坩埚内，略加压紧，再在上面盖上 1～2g 硫粉。盖好石英盖子。外套直径 35mm 的石英坩埚，暂置于高温炉顶上预热，待高温炉的温度升到 1200℃时，将坩埚在高温入炉，在 1150℃时保温 15min，保温结束后高温出炉。待冷却后用不锈钢匙将覆盖层去掉，再从坩埚内将产物移出，用温水浸泡并压碎，最后用≤80℃的热水漂洗到中性，用 120 目尼龙网过筛，用布氏漏斗过滤，$Y_2O_2S：Eu^{3+}$ 在 120℃烘干并存放在样品瓶内。

4. 将荧光粉（$Y_2O_2S：Eu^{3+}$）置于紫外灯下，观察其发光的情况。另外在荧光光谱仪上测定其激发光谱及发射光谱。

五、思考题

1. 为什么在合成 $Y_2O_2S：Eu^{3+}$ 之前要先合成 $(YEu)_2O_3$？

2. $K_3PO_4 \cdot 3H_2O$ 在合成 $Y_2O_2S：Eu^{3+}$ 中有什么作用？

实验 23

高温固相法合成 SrAl$_2$O$_4$：Eu^{2+}，Dy^{3+} 长余辉发光材料

一、实验目的

1. 了解长余辉发光材料的发光机理。
2. 熟悉高温固相反应的原理和特征。
3. 掌握高温电阻炉的结构和使用方法。

二、实验原理

物质吸收一定的能量后（被激发），以光的形式释放多余的能量的过程叫发光。能发光的物质叫发光材料，俗称荧光粉。例如，SrAl$_2$O$_4$：Eu^{2+}，Dy^{3+} 是一种黄绿色的长余辉发光材料，其发光主要源自被称作发光中心的 Eu^{2+}。在紫外光的照射下，材料中的稀土离子 Eu^{2+} 吸收能量后，其最外层电子从基态跃迁至激发态。由于材料中存在缺陷（主要是由 Dy^{3+} 不等价取代 Sr^{2+} 造成的），激发态电子被缺陷（能级）捕获而存储起来，不能立刻返回基态，这时对应的是能量的存储过程。在外界的作用如光照或加热下，被捕获的激发态电子挣脱缺陷能级的束缚，返回基态，能量被释放，即激发态电子以电磁辐射的形式释放能量返回基态，从而发光。因此，长余辉发光材料在激发以后的很长一段时间内都可能继续发光。目前，长余辉发光材料广泛地应用于建筑装饰、地铁通道、船舶运输、消防安全和室内装饰等领域。

发光材料的经典制备方法是高温固相法。狭义的固相反应是指固体与固体之间的反应。常温下，不同于气体和液体，固体中的原子不能离开其平衡位置而长距离迁徙，因此，固相反应一般难以进行。但是，当固体物质被高温加热后，原子的运动能力被提高，因而促进了它们的移动，使不同固体物质中的原子相遇而发生化学反应。因此，固相反应一般包括界面反应和物质迁移两个过程。具体来说，固相反应首先在不同固体物质的接触界面进行，生成新的物相；新物相在界面生成以后会阻碍原料相的接触，从而阻碍反应的进行，这时原料物相的构成原子必须在外界作用（即高温加热）下扩散迁移，突破新物相的阻碍，彼此接触而继续发生反应，从而生成新物相。由此可见，固相反应发生的快慢与反应温度、接触界面面积以及反应物本身的组成和结构等因素密切相关。

本实验利用高温固相法来制备稀土离子激活的长余辉发光材料 SrAl$_2$O$_4$：Eu^{2+}，Dy^{3+}。反应中，加入 H$_3$BO$_3$ 作为助熔剂以促进反应的进行。同时，加入活性炭使之不完全燃烧，生成的 CO 作为还原剂使 Eu^{3+} 还原生成 Eu^{2+}。相应反应原理如下：

$$SrCO_3 + Al_2O_3 + Eu_2O_3 + Dy_2O_3 \xrightarrow[H_3BO_3]{1250℃} SrAl_2O_4 : 0.01Eu^{2+}, 0.02Dy^{3+}$$

三、实验仪器与试剂

主要仪器：电子天平，研钵，刚玉坩埚，高温电阻炉（1300℃），X 射线粉末衍射仪，

荧光光谱仪。

主要试剂：Al_2O_3（AR），$SrCO_3$（AR），Eu_2O_3（99.99%），Dy_2O_3（99.99%），H_3BO_3（AR），活性炭粉（不含硫）。

四、实验步骤

1. 称量研磨

在电子天平上分别称取 Eu_2O_3（0.0176g）、Dy_2O_3（0.0373g），Al_2O_3（1.0196g）、$SrCO_3$（1.4762g）和 H_3BO_3（0.1275g），把原料放入研钵中，研磨 1h。

2. 移取

把混合均匀的原料转移到一个小的刚玉坩埚中，在另一大坩埚中放入一些活性炭粉，至少掩盖大坩埚底部，把装有原料的小坩埚置入大坩埚中，盖上坩埚盖，一起放进电阻炉中。

3. 煅烧

电阻炉以 5℃/min 的速度升温至 1250℃，恒温 150min，断电后随炉冷却至室温。

4. 产物观察与粉碎

拿出产物，观察其形貌和颜色，粉碎研磨，在日光灯下或太阳下照射 10min，然后在暗处观察。

5. 测试产物的 X 射线粉末衍射谱，进行物相分析

6. 测试产物的发射谱和激发谱

五、注意事项

1. 称量时注意天平的校正、清洁、药品移取方法及读数准确。
2. 研磨时间要长，研磨时用力适当，不要使原料撒落到实验桌上。
3. 剩余产物可防潮保存，以供今后使用。

六、思考题

1. 高温固相法制备长余辉发光材料的基本过程有哪些？规范的操作中应该注意哪些事项？
2. 查找文献，了解实验中添加 H_3BO_3 的作用有哪些？
3. Eu^{2+} 和 Dy^{3+} 在产物晶体中占据原本由 Sr^{2+} 占据的格点位置，你能用克罗格-文克符号表示相应的缺陷吗？
4. 高温电阻炉主要由哪些部分组成？使用过程中需要注意哪些事项？

实验 24

高温固相法制备 BaTiO₃

一、实验目的

1. 了解有关钛酸钡的物理性质。

2. 掌握钛酸钡的固相烧结方法。

二、实验原理

钛酸钡是电子陶瓷材料的基础原料，被称为电子陶瓷业的支柱。它具有高介电常数、低介电损耗、优良的铁电、压电、耐压和绝缘性能，广泛应用于制造陶瓷敏感元件，尤其是正温度系数热敏电阻（PTC）、多层陶瓷电容器、热电元件、压电陶瓷、声呐、红外辐射探测元件、晶体陶瓷电容器、电光显示器、记忆材料、聚合物基复合材料以及涂层等。钛酸钡具有钙钛矿晶体结构，用于制造电子陶瓷材料的粉体粒径一般要求在 100nm 以内。因此，$BaTiO_3$ 粉体粒度、形貌的研究一直是国内外关注的焦点之一。

本实验采用固体烧结法制备钛酸钡陶瓷材料，使用一定质量的碳酸钡与二氧化钛，充分研磨后升温至 800℃ 预烧，继续研磨后于 1200℃ 烧结制备 BTO 粉体，加黏结剂 PVC，压片成型，1400℃ 烧结，冷却后制得样品，反应方程式如下：

$$BaCO_3 + TiO_2 = BaTiO_3 + CO_2$$

三、实验仪器和试剂

主要仪器：马弗炉 1 台，电子天平 1 台，粉末压片机 1 套，研钵 1 套，管式炉 1 台，不锈钢模具 1 套，氧化铝坩埚 5 个。

主要试剂：碳酸钡（AR），聚氯乙烯（AR），二氧化钛（AR）。

四、实验步骤

1. 将碳酸钡、二氧化钛试剂放入干燥箱中 120℃、2h 干燥。

2. 称取干燥的碳酸钡 2.0g 和二氧化钛 0.8g 放入研钵中研磨。本实验在预烧前后有两次研磨，在压片前有一次研磨，研磨目的是将各种药品混合均匀。

3. 将研磨后样品放入氧化铝坩埚中，并将坩埚放在马弗炉中。预烧温度梯度：从室温在 120min 内升温至 800℃，保温 120min，自然降温至室温。

4. 将预烧后样品研磨充分，放入氧化铝坩埚中，并将坩埚放在管式炉中间的 20～30cm 处均可。烧结温度梯度：从室温在 240min 内升温至 1200℃，保温 24h，自然降温至室温。

5. 烧结后的样品重新研磨，加适量黏结剂 PVC，分别采用不同压力（分别为 8MPa、12MPa、16MPa）、不同压力保持时间（30s、90s、180s）对各替代样品的预烧混合物进行压片，将其压成直径为 12～13mm、厚度为 1.5～2mm 的薄片。

6. 将样品放入氧化铝坩埚中，并将坩埚放在管式炉中间的 20～30cm 处均可。烧结温度梯度：从室温在 360min 内升温至 1400℃，保温 6h，自然降温至室温，即可得 BTO 陶瓷材料样品。

7. 将烧结好的样品利用阿基米德法测量其致密度。

五、思考题

1. 为什么要对碳酸钡粉体进行预烧结？

2. 碳酸钡的致密度如何测量？

实验 25

沉淀法制备纳米 Fe_3O_4

一、实验目的

1. 掌握共沉淀反应合成化合物的基本原理与方法。
2. 了解材料物相分析的方法。

二、实验原理

在众多磁性材料中以铁磁材料的研究最为广泛，而在铁磁材料中又以纳米 Fe_3O_4 的研究最为普遍。四氧化三铁化学稳定性好，原料易得，价格低廉，已成为无机颜料中较重要的一种，广泛应用于涂料、油墨等领域；在电子工业中由于四氧化三铁纳米粒子的磁性比大块本体材料强许多倍，其粒子的粒径小于 20nm，具有超顺磁性，超细 Fe_3O_4 是磁记录材料、磁性流体，气、湿敏材料的重要组成部分。另外，超细 Fe_3O_4 还可作为微波吸收材料及催化剂。近年来，四氧化三铁纳米粒子在生物医学方面表现出潜在的广泛用途，成为备受关注的研究热点。

采用的化学共沉淀法是在含两种或两种以上阳离子的溶液中加入沉淀剂后，所有离子完全沉淀的方法。该法其实是溶液中形成的交替粒子的凝聚过程。可分为两个阶段：第一个阶段是形成晶核，第二个阶段是晶核成长。可大量制备高分散的 Fe_3O_4 颗粒，且颗粒尺寸分布范围窄，颗粒直径小且易于控制、设备要求低、成本低、操作简单、反应时间短，颗粒的表面活性强。

该法是最早采用的液相化学反应合成金属氧化物纳米颗粒的方法。两种或多种阳离子反应后，可得到成分均一的沉淀。将二价铁盐（Fe^{2+}）和三价铁盐（Fe^{3+}）按一定比例混合，加入沉淀剂（OH^-），搅拌反应即得超微磁性 Fe_3O_4 粒子，反应式为：

$$Fe^{2+}+Fe^{3+}+OH^- \longrightarrow Fe(OH)_2/Fe(OH)_3（形成共沉淀）$$
$$Fe(OH)_2+Fe(OH)_3 \longrightarrow FeOOH+Fe_3O_4（pH \leqslant 7.5）$$
$$FeOOH+Fe^{2+} \longrightarrow Fe_3O_4 +H^+（pH \geqslant 9.2）$$

总反应为：　　$$Fe^{2+}+2Fe^{3+}+8OH^- \longrightarrow Fe_3O_4+4H_2O$$

在整个制备过程中共沉淀反应是在氮气的保护下进行的，这样才能避免被氧化，保证生成的产物是 Fe_3O_4，否则将导致 Fe_3O_4 纯度很低。

三、实验仪器与试剂

主要仪器：集热式恒温加热磁力搅拌器，红外线干燥箱，X 射线衍射仪，其他玻璃仪器等。

主要试剂：硝酸铁 [$Fe(NO_3)_3 \cdot 9H_2O$，AR]，氯化亚铁（$FeCl_2 \cdot 4H_2O$，AR），氢氧化钠（NaOH，AR），氮气（N_2）。

四、实验步骤

1. 沉淀反应

装好装置，选择适当的水温，并保持不变。向烧瓶内加入 100mL 蒸馏水，打开氮气，并调好氮气的流出量。称取 2.99g $FeCl_2 \cdot 4H_2O$ 加入水中，开动磁力搅拌装置，待溶解后再加入 12.12g $Fe(NO_3)_3 \cdot 9H_2O$，溶解完全后，向体系滴加 3mol/L NaOH 溶液，并用 pH 计测定溶液 pH 值并控制最终 pH 值在某一个数值，观察滴定前后颜色的变化。在整个反应过程中，搅拌器始终处于开启状态，反应溶液处于氮气的保护下。

2. 离心处理

待反应至一定时间后，停止滴加，将产品倒出，用蒸馏水洗涤至用 $AgNO_3$ 检查无 Cl^-，因所制得的产品粒径很小不易沉淀，所以洗涤操作及纳米颗粒的收集都采用离心处理。

3. 干燥处理

将离心所得的产物置于红外干燥箱中进行干燥，得到纳米颗粒的团聚体，然后将其在研钵中充分研磨，得到纳米颗粒粉体。

4. 产品的表征

用 X 射线衍射仪对产物进行测试，根据 XRD 谱图，分析所制备粉体的物相结构；计算产品的晶粒大小。

五、思考题

1. 反应中氮气保护的目的是什么？
2. 哪些因素影响产品的晶粒大小。

实验 26

沉淀法制备 $LiNi_{1/3}Co_{1/3}Mn_{1/3}O_2$

一、实验目的

1. 掌握共沉淀法制备 $LiNi_{1/3}Co_{1/3}Mn_{1/3}O_2$ 正极材料的原理和方法。
2. 了解粉末 X 射线衍射分析的基本原理，掌握粉末 X 射线衍射实验方法。
3. 了解扫描电子显微镜的测试原理，掌握扫描电子显微镜样品制备方法。

二、实验原理

随着人类文明的发展和人类数量的激增，尤其是工业革命之后，人类对能源的依赖和需求越来越大。传统的自然能源，例如煤、石油、天然气等不可再生的化石资源正在面临着枯竭和耗尽，人类正面临着严重的能源危机。伴随着能源危机，环境问题也日益突出。锂离子二次电池因其具有较高的能量密度、较长的循环寿命、无记忆效应、较低的自放电率和环境友好等优点，已成为二次电池的主要发展趋势，并且日益受到学术界及产业界的青睐。同时，在能源危机和环境危机的推动下，纯电动汽车（EV）、混合电动车（HEV）、燃料电池汽车（FCEV）的发展日趋成熟，因此，高性能、低成本的锂离子电池及相关材料也成为目前科研人员的研发重点和热点。$Li(Ni，Mn，Co)O_2$ 常用作锂离子电池正极材料，其具有 $\alpha\text{-}NaFeO_2$ 层状结构，Li 原子在锂层中占据 3a 位，过渡金属原子 Ni、Co 和 Mn 随机占据在 3b 位，而 O 原子则分布在共边的 MO_6（M＝Ni、Co 或 Mn）八面体中的 6c 位，锂离子则嵌入过渡金属原子与氧原子形成的（Ni，Mn，Co）O_2 层之间。相对于 $LiMnO_2$ 正极材料，$Li(Ni，Mn，Co)O_2$ 三元材料 Ni^{2+} 含量的减少降低了晶体结构的错位，增强了结构的有序性，从而提高了其电化学性能。CO 的添加也可以帮助减少 Ni^{2+} 在 Li 层的数量，同时提高材料层状结构的稳定性和材料的电子电导率，从而有效地提高了材料的比容量和循环性能。而锰的加入，不仅可以大幅度降低材料的成本，而且能有效地改善材料的安全性能。

本实验采用共沉淀前驱体法合成 $LiNi_{1/3}Co_{1/3}Mn_{1/3}O_2$。实验原理（以氢氧化物沉淀为例）如下：

$$1/3Ni^{2+}+1/3Co^{2+}+1/3Mn^{2+}+nNH_3+2NaOH \longrightarrow [Ni_{1/3}Co_{1/3}Mn_{1/3}(NH_3)_n](OH)_2\downarrow+2Na^+$$
$$[Ni_{1/3}Co_{1/3}Mn_{1/3}(NH_3)_n](OH)_2\downarrow \longrightarrow [Ni_{1/3}Co_{1/3}Mn_{1/3}](OH)_2\downarrow+nNH_3$$
$$[Ni_{1/3}Co_{1/3}Mn_{1/3}](OH)_2+Li_2CO_3 \longrightarrow Li_2[Ni_{1/3}Co_{1/3}Mn_{1/3}]O_2+H_2O+CO_2$$

三、实验仪器与试剂

主要仪器：表面皿，烧杯，10mL 和 100mL 量筒，锥形瓶，250mL 单颈或三颈烧瓶，滴液漏斗，药匙，吸液管，铁架台，磁力搅拌加热装置及附属玻璃仪器，200℃温度计，抽滤装置，循环水式真空泵，坩埚，电子天平，X 射线粉末衍射仪（XRD），扫描电镜（SEM）。

主要试剂：镍盐、钴盐、锰盐（以硫酸盐为佳，分析纯），氢氧化钠（NaOH，AR），氨水（$NH_3 \cdot H_2O$，AR），碳酸氢铵（NH_4HCO_3，AR），碳酸钠（Na_2CO_3，AR），无水碳酸锂（Li_2CO_3，AR）。

四、实验步骤

1. 共沉淀剂的配制

配制 6mol/L NaOH 和 6mol/L $NH_3 \cdot H_2O$ 混合溶液 100mL 或 Na_2CO_3 的饱和溶液 [Na_2CO_3 与 NH_4HCO_3 的物质的量之比为 4∶1] 100mL。

2. 共沉淀前驱体的合成

利用控制结晶法合成镍、钴、锰共沉淀物前驱体。沉淀剂分别为 $NaOH+NH_3 \cdot H_2O$ 或 $Na_2CO_3+NH_4HCO_3$。以 $n(Ni)∶n(Co)∶n(Mn)=1∶1∶1$ 的比例称取相应量的可溶性镍盐、钴盐、锰盐配成适当浓度的混合溶液，将此混合溶液和适当浓度的沉淀剂，滴加到反应釜中，控制搅拌速度、pH 值、温度。反应一定时间后，陈化、过滤，所得沉淀用去离子水反复洗涤，干燥后得到镍、钴、锰共沉淀物前驱体 $Ni_{1/3}Co_{1/3}Mn_{1/3}(OH)_2$ 或 $Ni_{1/3}Co_{1/3}Mn_{1/3}CO_3$。

（1）以 $NaOH+NH_3\cdot H_2O$（浓度为 6mol/L）混合溶液为沉淀剂合成镍、钴、锰三元共沉淀物前驱体。分别称取 11.81g（0.044mol）$NiSO_4\cdot 6H_2O$，7.55g（0.044mol）$MnSO_4\cdot H_2O$，12.5g（0.044mol）$CoSO_4\cdot 7H_2O$ 配制成 100mL 镍、钴、锰混合溶液。将混合溶液置于 250mL 三颈烧瓶或烧杯中，在 55℃ 恒温搅拌下，将 $NaOH+NH_3\cdot H_2O$ 的共沉淀剂缓慢滴加入上述混合溶液中（约每秒一滴），当 pH=12.6 时，停止加液，继续搅拌 2h，静置陈化 3h，抽滤，并用去离子水反复洗涤，100℃ 下烘干，得镍、钴、锰共沉淀物前驱体。

（2）以 $Na_2CO_3+NH_4HCO_3$ 混合溶液为沉淀剂合成镍、钴、锰共沉淀物前驱体。分别称取 11.81g（0.044mol）$NiSO_4\cdot 6H_2O$、7.55g（0.044mol）$MnSO_4\cdot H_2O$、12.5g（0.044mol）$CoSO_4\cdot 7H_2O$ 配制成 100mL 镍、钴、锰混合溶液。将混合溶液置于 250mL 三颈烧瓶或烧杯中，在 55℃ 恒温搅拌下，将 $Na_2CO_3+NH_4HCO_3$ 沉淀剂缓慢滴加入金属盐溶液中（约每秒一滴），当 pH=7.5 时，停止加液，继续搅拌 2h，静置陈化 3h，抽滤，并用去离子水反复洗涤，100℃ 下烘干，得镍、钴、锰共沉淀物前驱体 $[Ni_{1/3}Co_{1/3}Mn_{1/3}]CO_3$。

3. 层状 $Li[Ni_{1/3}Co_{1/3}Mn_{1/3}]O_2$ 正极材料的制备

以 $n(Li):n(Ni_{1/3}Co_{1/3}Mn_{1/3})=1.05:1$ 的比例将 Li_2CO_3 和镍、钴、锰共沉淀物前驱体 $Ni_{1/3}Co_{1/3}Mn_{1/3}(OH)_2$ 或 $Ni_{1/3}Co_{1/3}Mn_{1/3}CO_3$ 在研钵中充分研磨，将混合好的原料干燥后取一部分进行热重实验，以确定焙烧条件。将混合好的剩余原料放入干净的坩埚中，并用一定大小的压力将混合物压紧，然后将坩埚放入程序控温箱式电阻炉内，在空气气氛下先于 480℃（升温速率为 2℃/min）恒温 4h，再升温至 900℃（升温速率为 2℃/h），保温 12～16h 后，随炉冷却至室温，取出研磨，得到目标产物锂离子电池 $Li Ni_{1/3}Co_{1/3}Mn_{1/3}O_2$ 正极材料。

4. 晶型测定

采用扫描电镜观察材料的形貌；利用 X 射线粉末衍射仪对样品进行 XRD 分析，测定其晶型；将 $Li Ni_{1/3}Co_{1/3}Mn_{1/3}O_2$ 与 $LiCoO_2$ 的 XRD 结果对比，并分析存在的区别及原因。

五、思考题

1. 在共沉淀法制备多元氧化物时，应注意的主要问题是什么？
2. 沉淀剂的选取原则是什么？

实验 27

沉淀法制备 $Y_3Al_5O_{12}$：Ce 荧光材料

一、实验目的

1. 了解荧光材料的概念及应用。

2. 掌握共沉淀合成法的过程及特点。

3. 了解发光材料的常用表征手段。

二、实验原理

白光 LED 是一种全新的照明技术，利用半导体芯片和荧光粉的组合直接将电能转换成光能，具有节能、环保、便携等优点。铈离子掺杂的铝酸钇 $Y_3Al_5O_{12}$：Ce（YAG：Ce）荧光粉是白光 LED 的重要组成部分，是当前研究最多、应用最广泛的荧光材料之一。基于 YAG：Ce 的白光 LED 是将 InGaN 芯片和 YAG：Ce 荧光粉封装在一起。InGaN 芯片将电激发能转换成蓝光发射，部分蓝光被 YAG：Ce 荧光粉吸收并转换成黄光，其余蓝光与荧光粉发出的黄光混合产生白光。目前，制备 YAG：Ce 荧光粉的方法主要有高温固相反应法、溶胶-凝胶合成法、水热合成法、化学共沉淀合成法等。

化学共沉淀合成法是把沉淀剂加入含有两种或两种以上金属离子的溶液中，使溶液中阳离子一起沉淀下来，生成沉淀混合物或固溶前驱体，并通过过滤、洗涤、热分解等步骤得到复合氧化物的合成方法。本实验采用共沉淀法，将铝、钇、铈的硝酸盐混合液与作为沉淀剂的碳酸氢铵混合，可以得到粒度均匀、分散性良好的 YAG 前驱体。YAG 前驱体进行真空热压烧结后，得到一定形貌的掺铈荧光粉体。

三、实验仪器和试剂

主要仪器：电子天平 1 台，离心机 1 台，马弗炉 1 台，扫描电子显微镜 1 台，红外光谱仪 1 台，烧杯 2 个，蒸发皿 1 个，X 射线粉末衍射仪 1 台，荧光光谱仪 1 台。

主要试剂：硝酸铝（AR），硝酸铈（AR），氧化钇（AR），碳酸氢铵（AR）。

四、实验步骤

称取适量 $Al(NO_3)_3$ 溶于蒸馏水中，制成 1.0mol/L $Al(NO_3)_3$ 溶液；称取适量氧化钇溶解于硝酸，制成 0.6mol/L $Y(NO_3)_3$ 溶液；称取适量 $Ce(NO_3)_3$ 溶解于二次水，制成 0.1mol/L $Ce(NO_3)_3$ 溶液。

量取 30mL $Al(NO_3)_3$ 溶液、14.7mL $Y(NO_3)_3$ 溶液、1.8mL $Ce(NO_3)_3$ 溶液配制成混合溶液于烧杯中。称取 10g NH_4HCO_3 溶解到 100mL 去离子水中配制成溶液。在剧烈搅拌的条件下，将混合盐溶液逐滴加到 NH_4HCO_3 溶液中，滴定速度保持为 1mL/min，滴定完成后继续搅拌 30min。沉淀物经离心分离后，用去离子水和无水乙醇交替反复洗涤，在 100℃下干燥 30min 得到前驱体。前驱体置于刚玉坩埚中，在弱还原气氛（95% N_2/5% H_2）下，1000℃焙烧 2h，即得最终产物。保持其他条件不变，将 NH_4HCO_3 溶液逐滴加到混合盐溶液中，比较最终产物的微观形貌及发光性能。

用红外光谱仪对前驱体进行分析；在暗室中观察 YAG：Ce 荧光粉的发光特征；用扫描电子显微镜观察记录 YAG：Ce 前驱体和最终产物的微形貌特征；用 X 射线粉末衍射仪观察记录 YAG：Ce 前驱体和最终产物的衍射图谱，并分析粉体的相组成和结构；用荧光光谱仪测定粉体的激发光谱和发射光谱。

五、思考题

1. 正向滴定和反向滴定的差异在哪里？
2. 沉淀剂的选择依据是什么？

实验 28

不同形貌氧化亚铜的溶剂热法制备

一、实验目的

1. 了解 Cu_2O 半导体的结构及应用领域。
2. 掌握 Cu_2O 粉末的溶剂热制备方法。
3. 熟悉 Cu_2O 半导体材料的形貌与性能间的关系。

二、实验原理

氧化亚铜（Cu_2O）是一种典型的 P 型金属氧化物半导体材料，其直接带隙为 $2.0 \sim 2.2eV$，能够直接被可见光激发，具有独特的光学和催化性质。氧化亚铜对于表面增强拉曼光谱具有灵敏度高的优点，可以有效地运用于食品安全、化学催化、生物化学、元素追踪等。以氧化亚铜作为光电材料，在 CO 氧化、光活化水分解成 H_2 和 O_2 以及锂离子电池等方面具有潜在的应用前景。

氧化亚铜粒子的形貌和尺寸大小与其宏观的物理与化学性质密切相关，所以不同形貌的氧化亚铜颗粒其应用领域不同。例如微米级氧化亚铜用作锂电池负极材料有更好的充放电性能；亚微米级氧化亚铜在可见光下对水的分解则有着更强的催化性能。氧化亚铜的正八面体结构比正方体结构有更好的吸附能力和光催化活性；球形氧化亚铜则具有特殊的电化学性质，是作锂电池电极的理想材料。

制备氧化亚铜的方法主要有烧结法、电化学法、水热法、溶剂热法、化学沉淀法、辐射法、多元醇法等。相对而言，溶剂热法能够使反应物的溶解、分散过程及化学反应活性大大加强，使得反应能够在较低的温度下发生，而且由于体系化学环境的特殊性，可能形成在常规条件下无法得到的亚稳相。

多元溶剂热法合成体系中制备的氧化亚铜立方体、微球、空心球、核壳结构，可以通过改变铜源种类以及多元醇的种类获得。以多元醇作为还原剂可以很顺利地将二价铜还原为一价，快速得到不同形貌的氧化亚铜。在该反应体系中可能的化学反应式为

$$2HOCH_2CH_2OH \longrightarrow CH_3CHO + 2H_2O$$

$$2Cu^{2+} + OH^- + CH_3CHO + H_2O \longrightarrow CH_3COOH + 3H^+ + Cu_2O$$

三、实验仪器与试剂

主要仪器：磁力加热搅拌器，三口圆底烧瓶（25mL），聚四氟乙烯内衬，不锈钢高压反应釜（25mL），烘箱，真空恒温干燥箱，温度计，电子天平，超声波清洗器，离心机。

主要试剂：三水硝酸铜 $[Cu(NO_3)_2 \cdot 3H_2O$，AR$]$，一水乙酸铜 $[(CH_3COO)_2Cu \cdot H_2O$，AR$]$，乙酰丙酮铜（$C_{10}H_{14}CuO_4$，AR），乙二醇（EG）$[\geqslant 98\%$，AR$]$；一缩二乙二醇（DEG）$[\geqslant 98\%$，AR$]$；二缩三乙二醇（TrEG）$[\geqslant 98\%$，AR$]$；三缩四乙二醇（TEG）$[\geqslant 98\%$，AR$]$；聚乙烯吡咯烷酮 $[$PVP-K30，GR$]$。

四、实验步骤

1. Cu_2O 空心球的合成

用电子天平称取 0.121g（0.5mmol）的 $Cu(NO_3)_2 \cdot H_2O$ 和 0.5g 的表面活性剂 PVP 置于 25mL 的三口圆底烧瓶中，并加入 10mL 的 DEG 溶剂（也是还原剂），混合后磁力搅拌 20min 使溶液完全溶解。将完全溶解的溶液注入容积为 25mL 带有内衬的高压釜内进行封釜，放入干燥箱中。从室温加热到 180℃，并在 180℃下恒温反应 60min。反应结束后将所得产物经离心、过滤、洗涤，得到橙黄色产物，干燥备用。

2. Cu_2O 核壳结构的合成

将步骤 1 中 10mL 的 DEG 溶剂换成 10mL 的 TrEG 溶剂，搅拌时间增加到 60min，其余步骤均相同，得到橙黄色产物，干燥备用。

3. Cu_2O 立方块的合成

将步骤 1 中 0.121g 的 $Cu(NO_3)_2 \cdot H_2O$ 换成 0.131g 乙酰丙酮铜，10mL 的 DEG 溶剂换成 10mL 的 TEG 溶剂，搅拌时间增加到 60min，其余步骤均相同，得到橙黄色产物，干燥备用。

4. Cu_2O 微球的合成

将步骤 1 中 0.121g 的 $Cu(NO_3)_2 \cdot H_2O$ 换成 0.100g 的一水乙酸铜，10mL 的 DEG 溶剂换成 10mL 的 TrEG 溶剂，搅拌时间增加到 60min，其余步骤均相同，得到橙黄色产物，干燥备用。

以上 4 种形貌每小组同学可自行选择一种进行合成操作。

五、思考题

1. 不同溶剂如何影响和控制 Cu_2O 的形貌？
2. Cu_2O 的形貌与其性能有何关联？
3. 铜源的选择会对 Cu_2O 的制备有什么影响？
4. 表面活性剂聚乙烯吡咯烷酮（PVP）在制备 Cu_2O 的工艺中起什么作用？

实验 29

纳米二氧化硅的制备及其吸附性能

一、实验目的

1. 熟悉醇盐水解沉淀法制备二氧化硅纳米粉的过程。

2. 了解二氧化硅的负载能力及吸附性能，进一步熟悉 Ag^+ 的定量分析方法，掌握吸附曲线的绘制。

二、实验原理

纳米二氧化硅是一种无毒、无味、无污染的无机化工材料，呈絮状和网状的准颗粒结构，为球形，其尺寸范围在 $1 \sim 100nm$ 之间，具有许多独特的性质，如具有对抗紫外线的光学性能，能提高其他材料抗老化、耐化学品性能。纳米二氧化硅比表面积大、表面能量高、化学反应活性大，可与聚合物基体发生界面反应，因此纳米二氧化硅作为工业填料能对聚合物起到增强、增韧的作用。随着研究的深入，纳米二氧化硅在军事、通信、电子、激光、生物学等领域都得到了广泛的应用。

二氧化硅纳米粉的制备方法包括化学沉淀法、气相法、溶胶-凝胶法、微乳液法和机械粉碎法等。化学沉淀法是目前生产纳米二氧化硅最主要的方法。其基本原理是利用金属盐或碱的溶解度，调节溶液的酸度、温度、溶剂，使其产生沉淀，然后对沉淀进行洗涤、干燥、热处理而制成超细粉体。

抗菌材料有较好的应用前景。无机抗菌材料由各种无机材料负载有色金属如锌、钛、银的离子或氧化物制得。如纳米 SiO_2-Ag^+ 复合材料作为无机抗菌材料，化学稳定性、热稳定性好，成型加工方便。纳米 SiO_2 对 Ag^+ 具有较强的吸附性，其载银能力定义为每 $100g$ SiO_2 负载银的克数。SiO_2 在硝酸银稀溶液中对银的吸附主要表现为物理吸附，但由于纳米 SiO_2 表面的 $\equiv Si{-}OH$ 具有活性，银离子与羟基上的质子发生离子交换而进行化学吸附。SiO_2 对 Ag^+ 的吸附性能受吸附时间、温度和硝酸银原始浓度以及 SiO_2 表面性能影响。

在通常情况下，在吸附初期 SiO_2 对 Ag^+ 有较快的吸附速率，随着吸附时间延长，吸附速率缓慢降低。因为随着吸附的进行，固体界面离子浓度与液相本体离子浓度的差减小，对流、扩散与吸附推动力减小。当温度较低时，随着温度升高，建立吸附平衡所需的时间缩短，吸附速率随着加快。在硝酸银原始浓度较低时，负载能力随其浓度升高而增大，其后载银能力逐渐趋于饱和。

本实验采用正硅酸乙酯在碱的催化下，与水反应，通过水解聚合过程可生成二氧化硅。反应式如下：

$$nSi(OC_2H_5)_4 + 4nH_2O \longrightarrow nSi(OH)_4 + 4nC_2H_5OH$$

$$n\,Si(OH)_4 \longrightarrow n\,SiO_2 + 2n\,H_2O$$

$$n\,Si(OH)_4 \longrightarrow n\,SiO_2 + 2n\,H_2O$$

$Si(OH)_4$ 在乙醇和水的混合液中，由于体系的碱度降低，从而诱发硅酸根的聚合反应，转化成硅羟基—OH，在它的表面吸附有大量的水，如果失水，这种硅氧结合就会迅速发生，形成 Si—O—结构，迅速增长成粗大的颗粒。极性分子乙醇起到了隔离的作用。形成硅氧联结，从而制得小颗粒的二氧化硅。

以制备的纳米 SiO_2 为担载体，研究银离子浓度、吸附时间及吸附温度对其载银能力的影响。SiO_2 的载银能力通过以下方法进行分析：将 SiO_2 加入一定浓度的 $AgNO_3$ 溶液中，当吸附达到平衡后，通过测定溶液中 Ag^+ 的浓度计算 SiO_2 的载银能力。溶液中 Ag^+ 的浓度采用如下方法测定：在含有 Ag^+ 的滤液中，加入适量的稀硝酸，以铁铵矾作指示剂，用 NH_4SCN 标准溶液滴定，首先析出 AgSCN 白色沉淀，当 Ag^+ 完全沉淀后，稍过量的 SCN^- 与 Fe^{3+} 生成红色 $[Fe(SCN)]^{2+}$，指示终点到达。滴定中应控制铁铵矾的用量，使 Fe^{3+} 浓度保持在 0.0015mol/L 左右，直接滴定时应充分摇动溶液。

$$Ag^+ + SCN^- \longrightarrow AgSCN \downarrow （白色）$$

$$SCN^- + Fe^{3+} \longrightarrow [Fe(SCN)]^{2+} （红色）$$

三、实验仪器与试剂

主要仪器：布氏漏斗，抽滤瓶，容量瓶，烧杯，分析天平，酸式滴定管，锥形瓶，移液管。

主要试剂：正硅酸乙酯，无水乙醇，浓氨水，蒸馏水，硝酸银，铁铵矾，硫氰酸铵（NH_4SCN）。

四、实验步骤

1. 二氧化硅纳米粉的制备

将一定量的水和 2.5mol/L 乙醇混合搅拌，滴入 100mL 正硅酸乙酯和 1.2mol/L 氨水，搅拌 30min，静置一段时间即分层得二氧化硅沉淀。将二氧化硅沉淀洗涤，利用布氏漏斗和抽滤瓶抽滤，最后用乙醇洗涤二氧化硅沉淀，在 100℃ 干燥得到白色轻质的 SiO_2 粉末。

2. 硝酸银溶液的配制

在分析天平上准确称取一定量的硝酸银，于烧杯中溶解，在容量瓶中配制成 Ag^+ 质量浓度为 200mg/L、400mg/L、800mg/L、1000mg/L、1200mg/L、1400mg/L 的 $AgNO_3$ 溶液。

3. 硝酸银原始浓度对负载能力的影响

取 5 份 1.0g 纳米 SiO_2 分别加入 Ag^+ 浓度为 200mg/L、400mg/L、600mg/L、800mg/L、1000mg/L 的 100mL $AgNO_3$ 溶液中，在 30℃ 温度下缓慢搅拌一定时间，过滤，用移液管移

取 25mL 滤液在锥形瓶中，以铁铵矾为指示剂，用 NH_4SCN 标准溶液滴定，分析滤液中 Ag^+ 浓度，考察 SiO_2 吸附能力与 $AgNO_3$ 溶液原始浓度的关系。

4. 吸附温度对负载能力的影响

取 5 份 1.0g 纳米 SiO_2 分别加入 5 份 100mL Ag^+ 浓度为 800mg/L 的 $AgNO_3$ 溶液，分别在 20℃、30℃、40℃、50℃、60℃吸附 2h，过滤，用移液管移取 25mL 滤液，用 NH_4SCN 标准溶液滴定，分析滤液中 Ag^+ 浓度，考察 SiO_2 吸附能力与吸附温度的关系。

5. 吸附时间对负载能力的影响

取 5 份 1.0g 纳米 SiO_2 分别加入 5 份 100mL Ag^+ 浓度为 1000mg/L 的 $AgNO_3$ 溶液，在 30℃分别吸附 1h、2h、3h、4h、5h，过滤，用移液管移取 25mL 滤液，用 NH_4SCN 标准溶液滴定，分析滤液中 Ag^+ 浓度，考察 SiO_2 吸附能力与吸附时间的关系。

五、注意事项

1. 实验发现在溶液体积近似不变的情况下，氨水浓度在本实验范围内对二氧化硅粉体粒度的影响不大。二氧化硅粉体的平均粒径为 40nm。

2. 分别用乙醇和水洗涤二氧化硅沉淀，直到流出液显中性，发现用乙醇洗的粉体比用水洗的粉体团聚小、易分散，这是由于在用水洗涤后，残留在颗粒间的微量水会通过氢键而使颗粒团聚在一起，而用乙醇可以减少这种液桥作用，从而获得团聚少的粉体。

六、思考题

1. 为什么吸附温度升高到一定程度后，纳米 SiO_2 吸附速率增加的程度反而降低？
2. 本实验用什么方法测定 SiO_2 负载量？
3. SiO_2 的粒度、比表面积与其对 Ag^+ 的吸附能力有何关系？

实验 30

均匀沉淀法制备 α-Fe₂O₃

一、实验目的

1. 掌握金属氧化物合成的一般过程。
2. 学习和了解尿素水解的基本过程及条件。
3. 掌握材料物相结构的分析方法。

二、实验原理

超细 α-Fe_2O_3 在高新技术领域中得到了广泛的应用，其不仅可以作为优良软磁铁氧体材料的主要成分，还可以作为磁性材料用于高密度化记录，同时也是一种新型传感材料，具有较强的敏感性能，不需要掺杂贵金属。在光吸收、磁记录材料、精细陶瓷、塑料制品、涂料、催化剂和生物医学工程等方面有广泛的应用价值和开发前景。目前，主要采用溶胶-凝胶法、电化学合成法、微波辐射法、燃烧合成法、水热法等不同方法制备合成 $\alpha\text{-}Fe_2O_3$ 粉体，然而如何获得尺寸可控、高分散和稳定性好的 $\alpha\text{-}Fe_2O_3$ 粉体仍然是目前材料科学领域的研究目标之一。本实验采用均匀沉淀法制备了超细 $\alpha\text{-}Fe_2O_3$，其粒子粒度分布均匀，大小可控，分散性良好。

实验采用尿素水解均匀沉淀法制备前驱体 $Fe(OH)_3$，由于尿素在 70℃ 左右开始发生水解生成 NH_4OH，从而提供了 $[Fe(H_2O)_6]^{3+}$ 的沉淀剂 OH^-，整个反应过程可能存在着以下基本反应：

$$(NH_2)_2CO(aq) + 3H_2O \longrightarrow 2NH_4OH(aq) + CO_2(g)$$

$$NH_4OH(aq) \longrightarrow NH_4^+(aq) + OH^-(aq)$$

$$3OH^-(aq) + [Fe(H_2O)_6]^{3+}(aq) \longrightarrow Fe(OH)_3(s) + 6H_2O$$

因为尿素受热水解过程缓慢，所以释放出 OH^- 的反应是整个反应的速率控制步骤，由于 OH^- 均匀地分布在溶液的各个部分，与 Fe^{3+} 充分混合，避免了溶液中浓度不均匀的现象和沉淀剂局部过浓的现象，使过饱和度能很好地控制在适当范围内，从而控制粒子的生长速率。因此，获得的粉体粒度均匀，分散性良好。

三、实验仪器与试剂

主要仪器：X 射线粉末衍射仪，扫描电子显微镜，热分析仪，箱式电阻炉，水浴恒温振荡器，红外线干燥箱。

主要试剂：尿素 $[(NH_2)_2CO，AR]$，三氯化铁（$FeCl_3 \cdot 6H_2O$，AR），无水乙醇（CH_3CH_2OH，AR）。

四、实验步骤

分别配制适当浓度的 $FeCl_3 \cdot 6H_2O$ 和尿素溶液，以物质的量之比为 4∶1（尿素与 $FeCl_3 \cdot 6H_2O$）混合置于反应器中。在不断搅拌情况下，控制温度在 80℃，恒温反应 4h 至反应结束。然后将沉淀以热水和无水乙醇交替洗涤各 5 次，过滤后将沉淀放于红外线干燥箱中干燥得到前驱体产物。将前驱体产物用玛瑙研钵研磨后，放于箱式电阻炉中在 600℃ 下焙烧 3h，即得超细 $\alpha\text{-}Fe_2O_3$ 粉体。图 3-7 为实验装置示意图。

所得产品利用 X 射线粉末衍射仪进行测试分析粉体的物相组成；用透射电镜进行测试分析粉体的颗粒形貌；采用激光粒度分析仪确定粉体的粒度分布。

五、思考题

1. 请选取合适的方法和操作手段，对本实验中生成的 $Fe(OH)_3$ 进行洗涤。
2. 简述均匀沉淀法的原理。

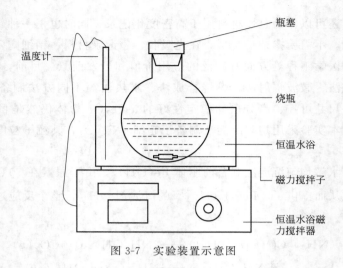

图 3-7　实验装置示意图

实验 31

ZnS 纳米材料的制备与表征

一、实验目的

1. 了解 ZnS 半导体纳米材料的制备工艺。
2. 掌握常温制备纳米材料的制备方法和工艺特征。
3. 了解纳米材料的表征手段，包括透射电镜和粒度分析等。

二、实验原理

β-ZnS 又称闪锌矿，面心立方结构，晶胞参数 $a=0.5406\text{nm}$，$z=4$，在自然界中能够稳定存在。ZnS 是一种性能优良的半导体材料，禁带宽度为 3.54eV，被广泛用于陶瓷材料、光催化材料、气敏材料、电致发光材料等，近年来 ZnS 型半导体发光器件、半导体量子阱器件也取得了重大成果。此外，它还被应用于传感器，对 X 射线进行探测，也可用于制作光电（太阳能电池中）敏感元件、涂料及特定波长控制的具有光电识别标志的激光涂层等。ZnS 还是一种优异的红外光学材料，在波段 $3\sim5\mu m$ 和 $8\sim12\mu m$ 范围内具有较高的红外透过率及优良的光学、力学、热学综合性能，是性能最佳的飞行器双波段红外观察窗口和头罩材料。此外，ZnS 还具有一定的气敏性，对低浓度、还原性较强的 H_2S 具有很高的灵敏度，对其他还原性相对较弱的气体灵敏度较低。因此，其抗干扰能力较强，有很好的开发应用前景。ZnS 具有对六种水溶性染料的光降解脱色作用。粒径约为 4nm 的 ZnS 纳米微粒通过表面活性剂十六烷基二硫代磷酸（DDP）修饰后，作为润滑油添加剂使用时能够明显提高基础油的抗磨能力。近年来，用水热法合成的 ZnS 粒子屡见报道。中国科技大学钱逸泰院士课题组利用水热法将 $Zn(CH_3COO)_2$ 和 Na_2S 反应生成白色蓬松的悬浮液，在 150℃ 条件下水热处理，成功制备的纳米级 ZnS 为立方型 ZnS 相（闪锌矿），平均粒径约为 6nm；制备出的闪锌矿 ZnS 粉末粒子分布窄，在 $400\sim500cm^{-1}$ 范围内具有良好的红外透射率。青岛科技大学胡正水教授利用咪唑啉型表面活性剂作为表面修饰剂，在无水乙醇中以 $Zn(CH_3COO)_2$ 和硫代乙酰胺（TAA）于 150℃溶剂热反应 12h，得到粒径为 $300\sim500nm$ 的均分散 ZnS 空心球，具有良好的空心量子效应和光致发光效应。

随着材料化学的发展，制备 ZnS 半导体纳米材料的工业化应用越来越引起人们的广泛关注。然而对于上述制备 ZnS 纳米材料的方法，水热、溶剂热法的高温、高压不但会增加成本，而且操作比较复杂、危险，表面活性剂的引入经常会遭到破坏或难以被回收循环利用，对工业化生产非常不利。因此，开发一种简便、经济的合成工艺，大规模制备 ZnS 空心球还面临很大挑战。

本实验以 $Zn(CH_3COO)_2$ 和硫代乙酰胺（TAA）分解为 Zn 源和 S 源，以十六烷基三甲基溴化铵（CTAB）为表面活性剂在室温下于水中或无水乙醇中反应 24h 制备 ZnS 纳米晶。

三、实验仪器与试剂

主要仪器：100mL 烧杯，电子天平，离心机，离心试管，干燥箱。

主要试剂：乙酸锌 $[Zn(CH_3COO)_2 \cdot 2H_2O]$，硫代乙酰胺（TAA），无水乙醇，十六烷基三甲基溴化铵（CTAB），以上试剂均为分析纯，水为蒸馏水。

四、实验步骤

1. ZnS 的制备

在 100mL 烧杯中分别加入等摩尔比的 $Zn(CH_3COO)_2 \cdot 2H_2O$ 和 TAA，用 40mL 无水乙醇充分搅拌溶解后，再加入 0.24g 的表面活性剂 CTAB。该体系在室温（15~20℃）下放置 24h，得到白色沉淀。将沉淀仔细收集后，分别用蒸馏水和无水乙醇洗涤多次，粉末经室温干燥 4h。

2. ZnS 的表征

采用透射电镜表征合成 ZnS 的形貌，采用粒度分布仪确定其粒径分布。

五、思考题

1. 常温制备 ZnS 纳米材料有哪些优点？
2. TAA 是如何提供硫源的？

实验 32

溶胶-凝胶法制备 LiCoO₂

一、实验目的

1. 掌握氧化还原溶胶-凝胶法制备 $LiCoO_2$ 的基本原理和方法。

2. 熟练掌握水浴加热、蒸发、干燥、焙烧等基本操作。

3. 掌握 $LiCoO_2$ 的相关性能测定。

二、实验原理

$LiCoO_2$ 是锂离子电池正极材料领域的研究热点。采用传统的高温固相反应法能够合成出性能较好的 $LiCoO_2$ 正极材料，但该方法存在的固有缺点，如：能耗高、高温下 Li 损失严重、产物组成难以控制、高纯度 Co 源 Co_3O_4 价格昂贵等，使得正极材料的性能和成本（性能/价格比）不成比例。有些研究者采用某些软化学合成方法，如：溶胶-凝胶法、共沉淀法和水热合成法等，但结果不太令人满意。氧化还原溶胶-凝胶（redox sol-gel）软化学合成法制备过程简单方便，控制容易，合成的 LCoO$_2$ 正极材料不仅具有完整的层状晶体结构，而且具有良好的电化学性能和循环稳定性能。

本实验采用氧化还原溶胶-凝胶法制备 $LiCoO_2$ 正极材料，反应如下：

$$2Co(NO_3)_2 + 4LiOH^- + H_2O_2 \longrightarrow 2LiCoO_2 + 2HNO_3 + 2LiNO_3 + 2H_2O$$

三、实验仪器与试剂

主要仪器：烧杯，电热套，烘箱，马弗炉，恒温槽，研钵，干燥器。

主要试剂：$Co(NO_3)_2 \cdot 6H_2O(AR)$，$LiOH \cdot H_2O(AR)$，去离子水，浓 $NH_3 \cdot H_2O$，H_2O_2，乙醇。

四、实验步骤

1. $LiCoO_2$ 的制备

取两只烧杯，编号分别为①和②。称取 2.18g $Co(NO_3)_2 \cdot 6H_2O$ 加入①号烧杯中，再向其中加 2～4mL 乙醇。将 0.315g $LiOH \cdot H_2O$ 和约 1mL 去离子水加入②号烧杯中溶解，再加 10 滴浓 $NH_3 \cdot H_2O$ 和 20 滴 H_2O_2。将②号烧杯溶液在搅拌下加入①号烧杯中，生成溶胶（Sol）后继续强力搅拌使成为凝胶（Gel）。然后迅速蒸发除去溶剂和水分，再于 105℃下烘干过夜，成为干凝胶。将干凝胶以 120℃/h 的速度在马弗炉和空气中升温至 800℃，恒温 12h，然后以 120℃/h 的速度降至室温，取出后研磨，即得 $LiCoO_2$ 正极材料样品。保存于干燥容器中备用。

2. $LiCoO_2$ 的表征

分别进行 XRD、TEM、SEM、BET 测试表征。

五、思考题

1. 实验中加入 H_2O_2 的目的是什么？

2. 试写出 $LiCoO_2$ 锂离子电池正负电极反应式。

3. 氧化还原溶胶-凝胶法合成锂离子二次电池正极材料 $LiCoO_2$ 有何优缺点？

4. 制备 $LiCoO_2$ 还有什么方法？

5. 什么是溶胶-凝胶法？溶胶-凝胶法制备纳米材料的基本操作流程有哪些？

实验 33

溶胶-凝胶法制备 MoO_3/SiO_2 纳米复合催化剂

一、实验目的

1. 掌握溶胶-凝胶法制备纳米复合催化剂的方法。
2. 了解热分析（DTA-TG）方法在固体催化剂制备中的应用。
3. 了解 FT-IR 在催化剂表征中的应用。

二、实验原理

材料的结构决定其性质和用途，在纳米层次对材料进行结构构建时，材料的性能可以得到显著增强。正是由于纳米材料的特殊性能和巨大的应用潜力，化学、材料、物理以及生物等各个领域研究者对纳米结构材料合成方法以及性能的研究在不断深入，使纳米科技深刻地影响和改变着人类的生活。目前，对纳米材料的合成，有多种不同的方法。

本实验采用溶胶-凝胶法制备 MoO_3/SiO_2 纳米复合催化剂，采用特定的催化剂组分前驱体反应物在一定的条件下反应，形成溶胶，然后经过溶剂的挥发和加热等处理，使溶胶转变成特定结构的凝胶，再经适当的后处理手段来制备纳米催化剂。

钼酸铵和 HCl 反应生成的 MoO_3 水合物在常规条件下不能形成凝胶，而是一种晶状沉淀。同时，反应生成 MoO_3 水合物沉淀的量、外观、开始生成沉淀的时间以及沉淀完全的时间随钼酸铵溶液的浓度和盐酸的浓度的改变而发生变化。为使 MoO_3 很好地负载在 SiO_2 上，必须使钼酸铵和 HCl 反应，并与正硅酸乙酯（TEOS）水解反应同步，在反应过程中 Mo 原子尽可能分散在载体前驱体 $(H_4SiO_4)_n$ 而促使 Mo 和 Si 之间更好地发生相互作用，这样，MoO_3 水合物就能很好地附着在 $(H_4SiO_4)_n$ 上，形成效果良好的复合凝胶。同时，过量水的存在对正硅酸乙酯水解是比较有利的。在制备过程中，确定 TEOS 与水的物质的量之比为 1：20，即 3.57g（约 3.8mL）TEOS 水解得 1g SiO_2 时，加水量约为 24g。利用气相色谱检测 TEOS 的水解情况，对 TEOS 在酸性条件下的水解、钼酸铵和盐酸浓度进行系统调试后发现，取浓度为 0.06mol/L 的钼酸铵溶液、浓度为 0.5mol/L 的盐酸进行制备反应时，能使钼酸铵和 HCl 反应基本上与 TEOS 水解反应同步。同时，由于钼酸铵溶液与盐酸的浓度都较低，取两者混合溶液 24g（通过改变钼酸铵溶液和盐酸的相对量来改变催化剂中的钼含量），其中的水含量可基本保证 TEOS 水解时 TEOS 与 H_2O 的比例。

三、实验仪器与试剂

主要仪器：差热分析仪，红外光谱仪，恒温磁力搅拌器，电热恒温干燥箱，离心机，分析天平及相应的玻璃仪器。

主要试剂：钼酸铵（AR），盐酸（AR），氨水（AR），正硅酸乙酯（AR）。

四、实验步骤

1. 采用相应的仪器与试剂分别配制浓度为 0.06mol/L 的钼酸铵溶液、浓度为 0.5mol/L 的盐酸和浓度为 6mol/L 的氨水待用。

2. 采用溶胶-凝胶法制备不同 Mo 含量（12％、16％）的 MoO_3/SiO_2 纳米复合催化剂前驱体。

取浓度为 0.06mol/L 的钼酸铵溶液 3.4mL、浓度为 0.5mol/L 的盐酸 26.6mL 混合（在混合过程中有白色沉淀生成，振荡后沉淀消失）配制成无色透明溶液。在不断搅拌条件下加入 3.8mL TEOS，搅拌反应 3h 后在溶液中滴加 5mL 6mol/L 的氨水，溶液迅速变为蓝色凝胶。将此蓝色凝胶于 100℃ 恒温干燥，制得催化剂 Cat1 前驱体。

取浓度为 0.06mol/L 的钼酸铵溶液 4.7mL、浓度为 0.5mol/L 的盐酸 19.3mL 混合配制成无色透明溶液。在不断搅拌的条件下加入 3.8mL TEOS，搅拌反应 3h 后在溶液中滴加 5mL 6mol/L 的氨水，溶液迅速变为蓝色凝胶。将此蓝色凝胶于 100℃ 恒温干燥，制得催化剂 Cat2 前驱体。

3. 将前驱体进行热分析，根据分析结果选择前驱体后处理温度。为了得到对纳米复合催化剂前驱体后处理的适当条件，可对前驱体进行 DTA -TG 分析，并根据分析结果，将前驱体在 O_2 气氛下，空速为 $1200h^{-1}$，一定温度下焙烧 2h 制得催化剂 Cat1 和 Cat2。

4. 催化剂的红外表征。将催化剂样品与 KBr 以体积比 1：500 混合、压片，压力 200MPa，室温记谱。

五、注意事项

1. 在催化剂制备过程中要用可封口的玻璃仪器，以防止在反应时正硅酸乙酯挥发而影响催化剂组成与结构。

2. 在凝胶形成过程中注意氨水加入量的控制以及磁力搅拌的速度。

六、思考题

1. 试分析在催化剂制备过程中盐酸和钼酸铵浓度选取的依据。

2. 试根据所得催化剂前驱体热分析曲线的变化情况确定催化剂前驱体的焙烧温度。

3. 分别对 MoO_3、SiO_2 和 MoO_3/SiO_2 复合催化剂进行红外表征后，根据所得红外曲线的特征吸收初步确定催化剂结构。

4. 常用的纳米催化剂制备方法有哪些？

5. 常用的热分析方法有哪些？

实验 34

溶胶-凝胶法制备纳米二氧化钛薄膜

一、实验目的

1. 了解溶胶-凝胶法制备纳米二氧化钛薄膜的实验原理。
2. 掌握溶胶-凝胶法制备纳米二氧化钛薄膜的实验步骤。
3. 了解实验中对实验结果影响的各因素，并对实验结果进行分析。

二、实验原理

二氧化钛（TiO_2）是日常生活中的常见材料，是一种性能优异、可用于净化环境的光催化材料。作为一种重要的半导体材料，其成本低廉、无公害且极其稳定。其禁带宽度为 3.2eV，可吸收波长小于 387.5nm 的紫外光；而受到激发时，产生自由电子和空穴，可用来光催化降解许多有害的有机污染物。在实际生活和工作空间场合，通过在居室、办公室等场合以及在窗户玻璃、陶瓷等建材表面涂覆 TiO_2 光催化薄膜，或在空间内安放 TiO_2 光催化设备均可有效降解甲醛、甲苯等有机物，净化室内空气。TiO_2 光催化剂还可用于石油和化工等产业的工业废气处理，改善厂区周围空气质量。

溶胶-凝胶法制备纳米 TiO_2 是利用易水解的金属醇盐或无机盐，在乙醇溶剂中与水发生反应，通过水解缩聚形成溶胶，将溶胶用浸渍或者旋转涂膜法在基底上制备一层 TiO_2 膜。该方法制备 TiO_2 膜有三个关键环节：溶胶制备、凝胶形成、凝胶层向 TiO_2 薄膜的转化。该方法具有合成温度低、纯度高、均匀性好、化学成分稳定、易于掺杂、可大面积制膜、工艺简单等优点，特别是通过液相化学途径，在制备材料初期，便于精确控制材料组分达到设计的化学配比，实现材料组分的均匀性达到纳米级，甚至分子级水平。通过液相过程，还可制备其他工艺无法实现的多组分材料，如复合材料等。

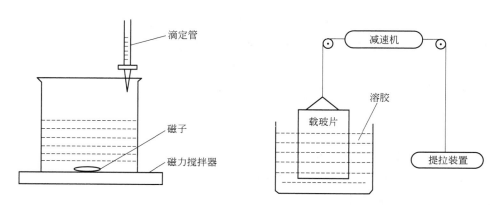

图 3-8　反应装置及提拉成膜装置

本实验以 $Ti(OC_4H_9)_4$（钛酸四丁酯，TBOT）、H_2O、二乙醇胺等为原料，采用溶胶-凝胶法和浸渍提拉法制备纳米 TiO_2 薄膜，反应装置及提拉成膜装置如图 3-8 所示。

钛酸四丁酯的水解和缩聚反应如下：

水解：　　$Ti(OC_4H_9)_4 + nH_2O \longrightarrow Ti(OC_4H_9)_{4-n}(OH)_n + nHOC_4H_9$

缩聚：　$2Ti(OC_4H_9)_{4-n}(OH)_n \longrightarrow [Ti(OC_4H_9)_{4-n}(OH)_{n-1}]_2O + H_2O$

用 TBOT 制取纳米 TiO_2 时，由于其黏度较大，水解速率极快，故加入一定比例的乙醇水溶液起分散作用，并加入一定量的 DMF（二甲基甲酰胺）作为抑制剂延缓其水解速率，防止局部沉淀而形成团聚体。

三、实验仪器与试剂

主要仪器：拉膜机，恒温玻璃水浴，磁力搅拌器，干燥箱，马弗炉，电子天平，烧杯，量筒，移液管，超声波清洗器，紫外-可见分光光度计。

主要试剂：钛酸四丁酯（TBOT），无水乙醇，二乙醇胺（DEA），N,N'-二甲基甲酰胺（DMF），去离子水。

四、实验步骤

1. 将钛酸四丁酯（3.4g）溶于乙醇溶剂（23mL）（二者的摩尔比为 1：840），再加入 1mL 二乙醇胺（与钛酸四丁酯相同摩尔配比），室温下用磁力搅拌器搅拌 0.5h。

2. 混合均匀后，再加入水和无水乙醇体积比为 1：9 的乙醇水溶液（0.1mL 水，0.9mL 乙醇）（其中钛酸四丁酯与水的摩尔比为 1：0.5），反应 1.5h。

3. 最后加入抑制剂 0.25mL DMF（用量为钛酸丁酯物质的量的 30%），得到稳定、均匀、透明的浅黄色溶胶，陈化 24h，即可用于镀膜。

4. 把经过洁净处理的载玻片缓慢匀速地浸入上述配好的溶胶中，静止 2min 后，以一定速度缓慢向上提拉载玻片，然后在空气中晾置 5min。

5. 将提拉好的载玻片放入烘箱中，温度设置为 100℃，干燥 5min，在无尘空气中冷却 5min，重复上述操作可制备多层薄膜。

6. 将上述多层薄膜放入马弗炉中，设置温度为 100℃，保温 30min，然后以 3℃/min 的速度缓慢升温至 500℃。保温 1h，在炉内自然冷却至室温即可得到锐钛矿相纳米 TiO_2 薄膜。

7. 将所制备的薄膜进行紫外-可见光谱的分析表征。

五、思考题

1. 不同乙醇用量对胶体有何影响？

2. 不同加水方式和用量对产物有何影响？

3. 反应温度和煅烧温度对产物有何影响？

实验 35

溶胶-凝胶法制备纳米钛酸钡

一、实验目的

1. 了解纳米粉体材料的应用和纳米技术的发展。
2. 学习和掌握溶胶-凝胶法制备纳米粉体的原理和方法。
3. 制备纳米钛酸钡粉体。

二、实验原理

钛酸钡（$BaTiO_3$）具有良好的介电性，是电子陶瓷领域应用最广的材料之一。传统的 $BaTiO_3$ 制备方法是固相合成，这种方法生成的粉末颗粒粗且硬，不能满足高科技应用的要求。现代科技要求陶瓷粉体具有高纯、超细、粒径分布窄等特性，纳米材料与粗晶材料相比在物理和力学性能方面有极大的差别。由于颗粒尺寸减小引起材料物理性能的变化主要表现在：熔点降低、烧结温度降低、荧光谱峰向低波长移动、铁电和铁磁性能消失、电导增强等。溶液化学法是制备超细粉体的一种重要方法，其中以溶胶-凝胶法最为常用。

1. 溶胶-凝胶法的基本原理

溶胶-凝胶（简称 Sol-Gel）法是以金属醇盐的水解和聚合反应为基础的。其反应过程通常用下列方程式表示。

① 水解反应

$$M(OR)_4 + x H_2O \Longrightarrow M(OR)_{4-x}(OH)_x + x ROH$$

② 缩合-聚合反应

$$失水缩合 \quad —M—OH + OH—M \longrightarrow —M—O—M— + H_2O$$

$$失醇缩合 \quad —M—OR + OH—M \longrightarrow —M—O—M— + ROH$$

缩合产物不断发生水解、缩聚反应，溶液的黏度不断增加。最终形成凝胶（含金属-氧-金属键的网络结构）的无机聚合物。正是由于金属-氧-金属键的形成，使 Sol-Gel 法能于低温下合成材料。Sol-Gel 技术关键就在于控制条件发生水解、缩聚反应形成溶胶、凝胶。

2. 溶胶-凝胶方法合成 $BaTiO_3$ 纳米粉体的工艺流程及原理

该方法的简单原理是：钛酸四丁酯是一种非常活泼的醇盐，遇水会发生剧烈的水解反应，吸收空气或体系中的水分而逐渐水解，水解产物发生失水缩聚形成三维网络状凝胶，而 Ba^{2+} 或 $Ba(Ac)_2$ 的多聚体均匀分布于三维网络中。高温热处理时，溶剂挥发或灼烧—Ti—O—Ti—多聚体与 $Ba(Ac)_2$ 分解产生的 $BaCO_3$（X 射线衍射分析表明，在形成 $BaTiO_3$ 前有 $BaCO_3$ 生成），生成 $BaTiO_3$。

纳米粉的表征可以用 X 射线粉末衍射、透射电子显微镜和比表面积测定、红外透射光谱等方法，本实验仅采用 XRD 技术。

三、实验仪器与试剂

主要仪器：氧化铝坩埚，马弗炉，光电天平，磁力搅拌器，烧杯，50mL 量筒，玻璃棒，烘箱，研钵，X 射线粉末衍射仪等。

主要试剂：钛酸四丁酯，正丁醇，冰醋酸，醋酸钡，滤纸。

四、实验步骤

1. 溶胶及凝胶的制备

准确称取钛酸四丁酯 10.2108g（0.03mol），置于小烧杯中，倒入 30mL 正丁醇使其溶解，搅拌下加入 10mL 冰醋酸，混合均匀。另准确称取等物质的量的已干燥过的无水醋酸钡（0.03mol，7.6635g），溶于 15mL 蒸馏水中，形成 $Ba(Ac)_2$ 水溶液。将其加到钛酸四丁酯的正丁醇溶液中，边滴加边搅拌，混合均匀后用冰醋酸调 pH 值为 3.5，即得淡黄色澄清透明的溶胶。用普通分析滤纸将烧杯口盖上、扎紧，室温下静置 24h，即可得到近乎透明的凝胶。

2. 干凝胶的制备

将凝胶捣碎，置于烘箱中，在 100℃温度下充分干燥（24h 以上），去除溶剂和水分，即得干凝胶。研细备用。

3. 高温灼烧处理

将研细的干凝胶置于氧化铝坩埚中进行热处理。先以 4℃/min 的速度升温至 250℃，保温 1h，以彻底除去粉料中的有机溶剂。然后以 8℃/min 的速度升温至 1000℃，高温灼烧保温 2h，然后自然降至室温，即得到白色或淡黄色固体，研细即可得到结晶态 $BaTiO_3$ 纳米粉。$BaTiO_3$ 纳米粉的制备流程如图 3-9 所示。

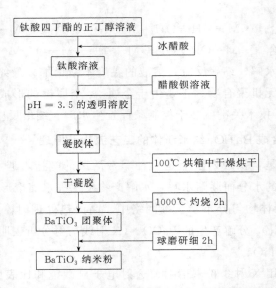

图 3-9 溶胶-凝胶（Sol-Gel）法制备 $BaTiO_3$ 纳米粉的工艺过程

4. 纳米粉的表征

将 BaTiO₃ 粉涂于专用样品板上，于 X 射线粉末衍射仪上测定衍射图。

BaTiO₃ 纳米粉 XRD 标准谱图见图 3-10。

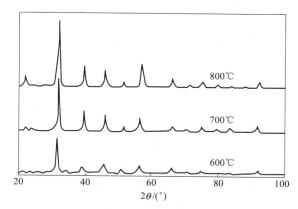

图 3-10 BaTiO₃ 纳米粉 XRD 标准谱图

五、注意事项

1. 本实验使用广义的溶胶-凝胶法水解得到的干凝胶，并非无定形的 BaTiO₃，而是一种混合物，只有经过适当的热处理才成为纯的 BaTiO₃ 纳米粉。

2. 要通过 DTA 曲线确定热处理温度。

3. 在制备前体溶胶时，应为清澈透明略有黄色且有一定黏度，若出现分层或沉淀，则表示失败。

六、思考题

传统的 BaTiO₃ 制备方法是固相合成，溶胶-凝胶法与其比较有什么优点？

实验 36

水热法制备纳米 SnO₂

一、实验目的

1. 了解水热法制备纳米材料的原理及方法。
2. 学会制备纳米 SnO₂ 微粉的一种方法。
3. 学会不锈钢高压釜的使用。

二、实验原理

SnO₂ 是一种宽禁带的 n 型半导体材料，其 $E_g = 3.50\text{eV}$，本征电阻率高达 $10^8\Omega \cdot \text{cm}$

数量级。SnO_2 是重要的电子材料、陶瓷材料和化工材料。在电工、电子材料工业中，SnO_2 及其掺合物可用于导电材料、荧光灯、电极材料、敏感材料、热反射镜、光电子器件和薄膜电阻器等领域；在陶瓷工业中，SnO_2 用作釉料及搪瓷的乳浊剂，由于其难溶于玻璃及釉料中，还可用作颜料的载体；在化学工业中，主要作为催化剂和化工原料。氧化锡是目前最常见的气敏半导体材料，它对许多可燃性气体，如氢气、一氧化碳、甲烷、乙醇或芳香族气体都有相当高的灵敏度。利用 SnO_2 制成的透明导电材料可应用在液晶显示、光探测器、太阳能电池、保护涂层等技术领域。由于 SnO_2 纳米材料具有广阔的应用前景，因此，制备适合不同领域的纳米 SnO_2 已成为人们研究的热点。

目前制备纳米 SnO_2 的方法主要有液相法和气相法两大类。常用的方法有溶胶-凝胶法、水热法、电弧气化法、胶体化学法、低温等离子化学法、共沉淀法、微乳液法等。

其中，水热法制备纳米氧化物微粉有很多优点，如产物直接为晶体，无需经过焙烧净化过程，因而可以减少其他方法难以避免的颗粒团聚问题，同时粒度比较均匀，形态比较规则。因此，水热法是制备纳米氧化物微粉的较好方法之一。

水热法是指在温度不超过100℃和相应压力（高于常压）条件下利用水溶液（广义地说，溶剂介质不一定是水）中物质间的化学反应合成化合物的方法。

本实验以水热法制备纳米 SnO_2 微粉，研究不同水热反应条件对产物微晶形成、晶粒大小及形态的影响。水热反应制备纳米晶体的反应机理如下：

第一步是 $SnCl_4$ 的水解：

$$SnCl_4 + 4H_2O \xrightarrow{\quad\quad} Sn(OH)_4 \downarrow + 4HCl$$

形成无定形的 $Sn(OH)_4$ 沉淀，紧接着发生 $Sn(OH)_4$ 的脱水缩合和晶化作用，形成 SnO_2 纳米微晶。反应式为：

$$n\,Sn(OH)_4 \xrightarrow{\quad\quad} n\,SnO_2 + 2n\,H_2O$$

（1）反应温度

反应温度低时 $SnCl_4$ 水解、脱水缩合和晶化作用慢。温度升高将促进 $SnCl_4$ 的水解和 $Sn(OH)_4$ 脱水缩合，同时重结晶作用增强，使产物晶体结构更完整，但也导致 SnO_2 微晶长大。本实验反应温度以 120～160℃为宜。

（2）反应介质的酸度

当反应介质的酸度较高时，$SnCl_4$ 的水解受到抑制，中间产物 $Sn(OH)_4$ 生成相对较少，脱水缩合后，形成的 SnO_2 晶核数量较少，大量 Sn^{4+} 残留在反应液中。这一方面有利于 SnO_2 微晶的生长，同时也容易造成粒子间聚结，导致产生硬团聚，这是制备纳米粒子时应尽量避免的。

当反应介质的酸度较低时，$SnCl_4$ 水解完全，大量很小的 $Sn(OH)_4$ 质点同时形成。在水热条件下，经脱水缩合和晶化，形成大量 SnO_2 纳米微晶。此时由于溶液中残留的 Sn^{4+} 数量也很少，生成的 SnO_2 微晶较难继续生长。因此产物具有较小的平均微粒尺寸，粒子间的硬团聚现象也相应减少。本实验反应介质的酸度控制在 pH=1.45。

（3）反应物的浓度

单独考察反应物浓度的影响时，反应物浓度愈高，产物 SnO_2 的产率愈低，这主要是由

于当 $SnCl_4$ 浓度增大时，溶液的酸度也增大，Sn^{4+} 的水解受到了抑制。当介质的 pH 为 1.45 时，反应物的黏度较大，因此反应物浓度不宜过大，否则搅拌难以进行。一般 $SnCl_4$ 的浓度以 1mol/L 为宜。

三、实验仪器与试剂

主要仪器：不锈钢高压反应釜（四氟乙烯内衬），磁力搅拌器，恒温干燥箱，酸度计，玛瑙研钵，透射电子显微镜。

主要试剂：五水四氯化锡（$SnCl_4 \cdot 5H_2O$，AR），氢氧化钾（KOH，AR），乙酸（CH_3COOH，AR），乙酸铵（CH_3COONH_4，AR），乙醇（CH_3CH_2OH，AR），硝酸银（$AgNO_3$，AR）。

四、实验步骤

1. 反应液的配制

用去离子水配制 1.0mol/L 的 $SnCl_4$ 溶液和 10mol/L 的 KOH 溶液，每次取 25mL 1.0mol/L 的 $SnCl_4$ 溶液于 100mL 烧杯中，在磁力搅拌器的搅拌下逐滴加入 10mol/L 的 KOH 溶液，调节反应液的 pH 值为 1.45、4、7、8、10，配制好的反应液待用。观察反应液随 pH 值变化的状态，在少量 KOH 溶液加入后，溶液开始变浑浊，由于开始体系内的产物还不多，可以清晰地看到颗粒的存在。在实验开始后较长一段时间内，溶液的 pH 值变化极为缓慢。随着 KOH 溶液的加入量增多，体系也变得越来越透明，呈乳白色，搅拌也随着产物生成量的增加变得越来越困难。在滴加最后一滴之前 pH 值还在 1.32，滴入最后一滴就迅速变为 1.46。

2. 水热反应

把配制好的原料液倾入具有四氟乙烯内衬的不锈钢高压反应釜内，采用管式电炉套加热反应釜，用控温装置控制反应釜的温度，在水热反应所要求的温度下（120～160℃）反应一段时间（约 2h）。反应结束后，停止加热，待反应釜冷却至室温时，开启压力釜，取出反应产物。

3. 反应产物的后处理

将反应物静置沉降，移去上层清液后，用大约 100mL 10％乙酸加入 1g 乙酸铵的缓冲液洗涤沉淀物 4～5 次，洗去沉淀物中的 Cl^- 和 K^+，最后用 95％的乙醇洗涤两次，在 80℃干燥后研细。

4. 反应产物的表征

用透射电镜观察产物粒子的尺寸和形貌，进行 TEM 图谱分析。

五、思考题

1. 水热法作为一种非常规无机合成方法具有哪些优点？
2. 水热法制备纳米氧化物的过程中，哪些因素会影响产物的粒子大小和粒度分布？

实验 37

Y 型沸石分子筛的水热法制备及表征

一、实验目的

1. 了解 Y 型沸石分子筛的结构和应用。
2. 掌握水热条件下溶胶-凝胶体系中合成沸石分子筛的基本方法。
3. 学习 X 射线多晶粉末衍射仪、红外光谱仪的操作。

二、实验原理

1. 产物的结构及制备

沸石，也可称为沸石分子筛，是自然界中广泛存在的一类矿物，其结构多种多样。迄今为止，已经有 50 余种结构的天然沸石被发现。传统意义上的沸石分子筛是指以硅氧四面体和铝氧四面体为基本结构单元，通过氧原子形成的氧桥连接基本结构单元构成的一类具有笼形或孔道结构的硅铝酸盐晶体。在沸石分子筛笼内和孔道中存在着平衡骨架负电荷的可交换的阳离子和水分子，其化学组成一般用下式表示：

$$[M_2(I),M_2(II)]O \cdot Al_2O_3 \cdot nSiO_2 \cdot m\,H_2O(n>2)$$

式中的 M(I) 和 M(II) 分别表示一价和二价阳离子，m 为吸附水的量，其值因沸石分子筛的种类而不同。

Y 型沸石分子筛是分子筛的一种，其骨架与金刚石晶体结构类似，只是用 β 笼替代金刚石骨架中的 C 原子，如图 3-11（a）所示。β 笼间以六方柱笼连接，构成八面沸石笼，如图 3-11(b) 所示。其理想组成为：$Na_{56}[Al_{56}Si_{136}O_{384}] \cdot 264H_2O$。

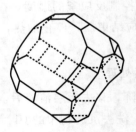

(a) 骨架拓扑结构 　　　　　　(b) 八面沸石笼

图 3-11　Y 型沸石分子筛骨架结构

由于 Y 型沸石分子筛具有独特的晶体结构，因此具有良好的离子交换性、吸附性、催化性等优异性能，广泛应用于石油化学工业、精细化工、环境保护以及新功能材料等领域，在国民经济中占有重要的地位。如 Y 型沸石分子筛是强极性吸附剂，可应用于选择性吸附脱硫技术与芳烃、烷烃的分离技术；在农业方面，Y 型沸石分子筛可用作土壤改良剂、农药和催熟剂的载体；在环境保护方面，Y 型沸石分子筛可以用来消除大气污染、进行污水处理等；在轻工业方面，用 9%～15% 的 NaY 沸石分子筛作为填充材料而生产的纸，特别适用于制造涂有光敏的氧化锌层的复印纸。

Y 型沸石分子筛通常采用水热法在溶胶-凝胶体系下合成，合成路线主要有两种：直接法和导向剂法。本实验采用的导向剂法是以水玻璃（即硅酸钠）为硅源，先制备 Y 型沸石分子筛导向剂，再采用水热法合成沸石分子筛产物。

2. 产物的结构表征

产物的结构表征采用 X 射线多晶粉末衍射仪（XRD）和红外光谱分析仪（IR）。

Y 型沸石分子筛由于具有特殊的骨架结构，有特征的 XRD 谱图，可以通过 XRD 对产物进行结构表征（图 3-12），考察合成出的产物是否为纯相 Y 型沸石分子筛。

由于 Y 型沸石分子筛骨架组成主要为硅氧四面体和铝氧四面体，所以通过红外光谱（图 3-13），可以在 $1012cm^{-1}$ 附近观察到 TO_4（T＝Si 或 Al）四面体的内部联结反对称伸缩振动谱带，在 $754cm^{-1}$ 和 $674cm^{-1}$ 附近观察到 TO_4 四面体的外部联结和内部联结对称伸缩振动谱带，在 $562cm^{-1}$ 处观察到双环的特征谱带，在 $420\sim500cm^{-1}$ 处观察到 T—O 键的弯曲振动谱带。另外，由于 Y 型沸石分子筛骨架中有部分吸附水，因此，在 $472.02cm^{-1}$ 处可观察到物理吸附水的扭曲振动宽吸收峰。

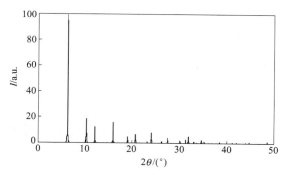

图 3-12　Y 型沸石分子筛骨架的标准 XRD 谱图

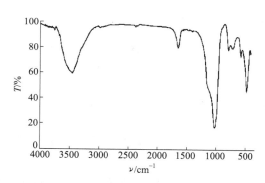

图 3-13　Y 型沸石分子筛骨架的 FT-IR 谱图

三、实验仪器与试剂

主要仪器：电子天平，电热恒温干燥箱，磁力加热搅拌机，不锈钢反应釜（15mL，70mL），烧杯（200mL，100mL），量筒（50mL，10mL），X 射线粉末衍射仪，红外光谱仪。

主要试剂：氢氧化钠（AR），水玻璃（工业级，模数为 3.31，Na_2O 8.36%，SiO_2 26.81%），偏铝酸钠（工业级 Al_2O_3 28%，Na_2O 34.05%，H_2O 27.95%）。

四、实验步骤

1. Y 型沸石分子筛导向剂的制备

在 200mL 烧杯中称取 3.2g NaOH 和 0.41g $NaAlO_2$，加入 14.4mL 的蒸馏水，搅拌一段时间，等到温度达到室温的时候，加入 4.575g 硅酸钠，强烈搅拌 15min，室温条件下密封静置 2h，得到凝胶状液体。其化学组成为：$32NaOH : 2NaAlO_2 : 15Na_2SiO_3 : 320H_2O$。

2. 导向剂法合成 Y 型沸石分子筛

（1）原料加碱老化生成硅铝凝胶；（2）硅铝凝胶在导向剂或导晶剂作用下高温晶化得到 NaY 分子筛。

$$7.68NaOH : 2NaAlO_2 : 6.4Na_2SiO_3 : 307.2H_2O$$

取 0.01mol　　　　3.072　　　　1.64　　　　7.808　　　　55.296

需加导向剂 6.4743g，加入导向剂后配比为：$4.65Na_2O : Al_2O_3 : 8.2SiO_2 : 308H_2O$

合成步骤：称取 1.64g $NaAlO_2$ 和 7.808g Na_2SiO_3 加入一定摩尔比（55.296g 水对 3.072g NaOH）的氢氧化钠溶液，在室温下充分搅拌均匀。在 50℃ 的恒温条件下一边搅拌一边加入导向剂 6.6743g（导向剂量占凝胶液的质量分数的 10%），在 50℃ 条件下充分搅拌老化 2h。继续升温到 90℃，在 90℃ 条件下搅拌晶化 3h。抽滤、洗涤、将滤饼在 120℃ 干燥烘干。

3. 产物表征

利用 X 射线衍射仪对样品进行 XRD 分析；用红外光谱仪检测其结构，对产物进行表征。

五、注意事项

1. 加入水玻璃时速度要慢，同时加以搅拌，以降低水解速度。
2. 反应釜一定要拧紧，以防止加热过程中出现渗漏，导致实验失败。

六、思考题

1. 为什么沸石材料可以应用于离子交换、吸附等领域，此类应用与沸石材料的哪些性质有关？
2. 在实验过程中是如何创造适合分子筛材料生成的高温高压环境的？
3. 查阅相关文献，了解导向剂在沸石分子筛合成中所起的作用。

实验 38

MCM-41 分子筛的制备及表征

一、实验目的

1. 了解通过液相法（共沉淀法、溶胶-凝胶法、水热法、溶剂热法）制备新材料的方法、原理及工艺过程。
2. 应用及巩固所学理论知识，初步培养和锻炼学生的实际动手能力和探索能力。

二、实验原理

多孔材料是指一种由相互贯通或封闭的孔洞构成网络结构的材料，孔洞的边界或表面由支柱或平板构成。按照国际纯粹和应用化学联合会（IUPAC）的定义，多孔材料可以按它们的孔径分为三类：小于 2 nm 为微孔（micropore）材料；2～50nm 为介孔（mesopore）材料；大于 50 nm 为大孔（macropore）材料，有时也将小于 0.7nm 的微孔材料称为超微孔材料。多孔材料由于具有较大的比表面积、吸附容量和许多特殊的性能，在吸附、分离、催化等领域得到了广泛的应用。近年来，微观有序多孔材料以其种种特异的性能引起了人们的高度重视。

MCM-41 分子筛的结构和性能介于无定形无机多孔材料和具有晶体结构的无机多孔材料之间，其主要特征为：①与其他介孔材料相比，孔径分布狭窄；②孔径大小可通过改变表面活性剂的链长来调节；③具有较高的热稳定性和水热稳定性；④孔道排列有序。其中 MCM-41 分子筛的孔道呈六方有序排列，孔径分布在 1.5～10nm 范围内，是一致的平行轨道，稳定性好，因而引起人们的更多关注。由于微孔材料和介孔材料具有较大的比表面积，在作为催化剂和吸附剂方面有了相当广泛的应用，但包括一些晶态的沸石在内，目前已知最大孔径不超过 1.4nm，如一些金属磷酸盐（1.0～1.2nm）和黄硫铁矿（1.4nm）。硅胶和改性后的层状矿物虽是介孔材料，但它们是无定形或次晶态，具有不规则的孔径，而且分布较宽，即使可以通过表面活性剂来控制孔径，仍保持着层状特性。作为一种理想的催化剂，要求其可逆吸附量大、孔径分布窄、催化活性高、疏水性好、水热稳定性好，所以就要寻求更好的分子筛材料来满足现代工业的需求。与其他介孔材料相比，MCM-41 分子筛是一种性能极好的分子筛，它的出现给分子筛领域带来了新活力。

本实验以十六烷基三甲基溴化铵（CTAB）为模板剂，通过水热合成法。在碱性条件下，合成 MCM-41 型有序介孔材料。正硅酸乙酯的水解缩聚总反应式为：

$$Si(OCH_2CH_3)_4 + 2H_2O \Longrightarrow SiO_2 + 4C_2H_5OH$$

三、实验仪器与试剂

主要仪器：电子天平，干燥箱，真空抽滤设备，漏斗，配套滤纸，200～250mL 烧杯，50mL 量筒，10mL 移液管，磁力搅拌器（加热），2～5cm 磁力搅拌子，热分析仪，红外光谱仪，比表面积分析仪。

主要试剂：表面活性剂十六烷基三甲基溴化铵（CTAB，$C_{19}H_{42}BrN$，AR），正硅酸乙酯（TEOS，$Si(OC_2H_5)_4$，AR），氢氧化钠（NaOH，AR）。

四、实验步骤

1. MCM-41 分子筛的合成

（1）称取十六烷基三甲基溴化铵（CTAB）1.510g，在 30℃下以 50mL 去离子水溶解，磁力搅拌至完全溶解，约 10min，然后将其冷却至室温备用。

（2）称量 NaOH 0.3999g，以 20mL 去离子水溶解后，加入上述 CTAB 溶液中，保持磁力搅拌，使其充分混合，然后加入去离子水 30mL。

（3）用移液管量取正硅酸乙酯（TEOS）8.75mL，在剧烈搅拌下逐滴缓慢加入上述混合液中，室温下磁力搅拌 2h，保持 40r/min。实验现象：溶解 NaOH，得一无色透明溶液；将十六烷基三甲基溴化铵（CTAB）加入上一步所得溶液后，磁力搅拌器加热搅拌时，溶液表面产生大量白色泡沫，并产生具有刺激性气味的气体；完全溶解后，加入正硅酸乙酯（TEOS），泡沫迅速消失，继续搅拌得一黏稠状白色液体；继续加热液体，之后静置，抽滤后得到了白色粉末状产物。

（4）搅拌均匀后，停止搅拌，在室温下静置陈化 0.5h，将溶胶转入带聚四氟乙烯内衬的高压反应釜中，于 150℃下晶化 48h。

（5）将晶化产物过滤、洗涤、干燥。

（6）最后，将烘干的 MCM-41 原粉置于马弗炉中在 550℃下煅烧 6h。冷却即得到纳米孔 MCM-41 型二氧化硅材料。

2. MCM-41 分子筛的表征与数据处理

（1）热重-差热（TG-DTA）

分子筛的热稳定性用 TG/SDTA 热分析仪考察，热稳定性考察所用分子筛样品为脱除模板剂后未经离子交换的钠型分子筛。升温范围 20～800℃，升温速度 20℃/min。根据热重曲线可以确定模板剂的分解温度以及模板剂在样品中的含量和作模板剂的物质。

（2）红外光谱分析

波数范围为 400～3000cm^{-1}，分辨率：4cm^{-1}，用 KBr 压制样品，KBr 在测试前经红外灯干燥。

（3）等温吸附分析

利用 BET 氮吸附测定样品的比表面积，利用静态容量法测定孔体积和孔径分布。

五、思考题

在合成过程中十六烷基三甲基溴化铵的主要作用是什么？

实验 39

微乳法制备 ZnS 纳米材料

一、实验目的

1. 了解半导体材料 ZnS 的结构和性能。
2. 熟悉微乳法的特点和基本原理。
3. 了解扫描电镜测试的大致流程和制样要求。

二、实验原理

微乳液是由表面活性剂、助表面活性剂、水溶液以及油（有机试剂）构成的四组分单相热力学稳定体系。制备无机纳米材料的微乳液通常是在大量的油里面分散无机物的水溶液，在表面活性剂的帮助下，把水溶液分散成纳米级的小水珠，让相应的化学反应在小水珠中发生。小水珠充当了一个"微反应器"，通过控制溶液浓度、表面活性剂的量以及水溶液的量等可以有效调控小水珠尺寸和形貌，达到控制产物粒子形貌和尺寸的目的。双相微乳法是把不同原料配制成两种微乳液，把两种微乳液混合，含有不同原料的小水珠在溶液中碰撞结合，彼此交换溶质而发生化学反应。

ZnS 是 II-VI 族宽禁带半导体化合物，具有两种不同的晶型结构。立方相禁带宽度约为 3.7eV，六方相的为 3.8eV。ZnS 在平板显示器、电致发光、非线性光学器件、阴极射线发光、发光二极管、太阳能电池、光催化和传感等方面有着广泛的应用。本实验利用双相微乳法制备 ZnS 纳米粉体。

$$Zn^{2+} + S^{2-} =\!=\!= ZnS \downarrow$$

本实验以环己烷为油相，正己醇为助表面活性剂，十六烷基三甲基溴化铵（CTAB）为表面活性剂，分别配制含 $Zn(NO_3) \cdot 6H_2O$ 和 $Na_2S \cdot 9H_2O$ 水溶液的两种微乳液。也可以用曲拉通 X-100 作为表面活性剂。曲拉通 X-100 又叫辛基苯基聚氧乙烯醚或者聚乙二醇辛基苯基醚，英文名为 Triton X-100。两种微乳液彼此混合后，其中的两种小水珠彼此碰撞结合、交换物质、迅速分开，反应生成 ZnS。由于水珠形貌和大小的约束，可以得到一定形貌和尺寸大小的 ZnS 沉淀。

三、仪器与试剂

主要仪器：吸量管（1mL 两支），吸量管（5mL），烧杯（50mL，2 个），塑料滴管（2 支），量筒（20mL），磁子，恒温磁力搅拌器，电热恒温干燥箱，离心机，离心试管，X 射线粉末衍射仪，扫描电镜。

主要试剂：$Zn(NO_3) \cdot 6H_2O$，$Na_2S \cdot 9H_2O$，正己醇，蒸馏水，环己烷，十六烷基三甲基溴化铵（CTAB）或者曲拉通 X-100（OP 乳化剂），乙醇。

四、实验步骤

1. 配制水溶液，配制 2mol/L $Zn(NO_3) \cdot 6H_2O$ 和 2mol/L $Na_2S \cdot 9H_2O$ 的水溶液各 100mL。

2. 在一只烧杯中，分别加入 15mL 环己烷，1mL $Zn(NO_3) \cdot 6H_2O$ 溶液，1.0130g CTAB 或者 1.7mL 曲拉通 X-100，然后逐滴加入 3.5mL 正己醇，边搅拌边观察混合液的变化，滴加完后继续搅拌 15min，得到含 Zn^{2+} 的微乳液。

3. 在另一只烧杯中，按照步骤（2），分别添加相应试剂，但把 1mL $Zn(NO_3) \cdot 6H_2O$ 溶液换成 1mL $Na_2S \cdot 9H_2O$ 溶液，滴加完后继续搅拌 15min，得到含 S^{2-} 的微乳液。

4. 在搅拌的同时，把含 S^{2-} 的微乳液缓慢导入含 Zn^{2+} 的微乳液的烧杯中，把烧杯移到 40℃的水浴中，恒温反应约 60min，停止反应，冷却后离心分离，用 95％乙醇洗涤 3 次，把所得产物在 80℃下烘干。

5. 对产物进行 X 射线粉末衍射谱（XRD）测试，分析产物的物相。

6. 对产物进行扫描电镜（SEM）测试，分析产物的形貌。

五、注意事项

1. 配制微乳液时，相应的玻璃仪器要干燥。如果室温较低，可适当加热到 30℃左右促进微乳液的形成。

2. 微乳法制备产物的量通常比较少，洗涤时应尽量多收集产物。

六、思考题

1. 能否利用 Jade 软件计算其相应的晶胞参数，并估算其尺寸大小呢？

2. 查阅资料，了解哪些参数可用来调控微乳液中"微反应器"的形貌和大小，通常可以获得具有哪些形貌的"微反应器"？

3. 查阅资料，结合实验，分析微乳法制备材料具有哪些优缺点。

4. 利用 SEM 图，试分析产物形貌的可能形成机理。

实验 40

微乳法合成 YBO_3：Eu^{3+} 荧光材料

一、实验目的

1. 了解微乳法的基本原理。
2. 掌握 YBO_3：Eu^{3+} 荧光材料的制备方法。

二、实验原理

在微乳法的应用中，无机纳米材料的制备往往是用反相微乳法来进行，即用大量有机物作连续相，用水作分散相充当微反应器。因为无机盐通常在水中具有一定的溶解度，而在有机物中的溶解度可能就要小很多，甚至不溶解。利用微乳法制备的产物很多都是无定形的，要得到晶态产物需要进行进一步处理。其中，把微乳反应转移到水热釜中进行，可以视作一种微乳-溶剂热的组合反应方式。

YBO_3：Eu^{3+} 是一种经典的红色荧光粉，由于其在真空紫外波段具有较强的吸收，能够被 147nm 和 172nm 的真空紫外线有效激发而获得 Eu^{3+} 的典型红光发射，被认为是一种优良的等离子显示用红色荧光粉。通常，荧光粉的制备方法是高温固相法，但高温固相法所得产物团聚严重、产物粒子尺寸不均。本实验利用微乳反应，预先制备得到 YBO_3：Eu^{3+} 的无定形产物作为前驱体，然后把混合物转移到水热釜中，在一定温度下恒温处理一段时间，在表面活性剂的作用下，无定形产物经过晶化并自我调整，可以得到形貌可控和尺寸大小均一的 YBO_3：Eu^{3+} 荧光粉。

三、仪器与试剂

主要仪器：烧杯（50mL，2 个），滴管，恒温磁力搅拌器，磁子，量筒（10mL，1 个），移液管（1mL，三支），水热反应釜（聚四氟乙烯内衬），恒温干燥箱，离心机，离心试管。

主要试剂：浓氨水，曲拉通 X-100，蒸馏水，正己醇，$Y(NO_3)_3 \cdot 6H_2O$，H_3BO_3，$Eu(NO_3)_3 \cdot 6H_2O$，无水乙醇，环己烷。

四、实验步骤

1. 配制 0.5mol/L 的混合溶液 100mL（溶液的组成按照 YBO_3：$0.01Eu^{3+}$ 的化学计量关系计算，硼酸过量 5%）：分别称取 18.9775g $Y(NO_3)_3 \cdot 6H_2O$，0.2230g $Eu(NO_3)_3 \cdot 6H_2O$ 和 3.2462g H_3BO_3 于 150mL 烧杯中，加入蒸馏水约 80mL，搅拌至全部溶解，然后把溶液转移到 100mL 容量瓶中，定容至 100mL 待用。

2. 在一烧杯中加入环己烷 7.5mL，快速搅拌，随后加入 0.85mL 的曲拉通 X-100，加入混合溶液 0.5mL，加入正己醇 0.85mL，搅拌 20min，得微乳液 A。

3. 在另一烧杯中加入环己烷 7.5mL，快速搅拌，随后加入 0.85mL 的曲拉通 X-100，加入正己醇 0.85mL，加入市售浓氨水 0.5mL，搅拌约 2min，得到微乳液 B。

4. 逐滴把微乳 B 加到 A 中，同时快速搅拌，生成无定形的白色沉淀，得混合溶液 C。

5. 把混合溶液 C 转移到 25mL 聚四氟乙烯内衬中，然后放到水热反应釜中，拧紧，置于恒温干燥箱中，150℃恒温 12h。自然冷却至室温。

6. 所得产物水洗两次，醇洗两次，80℃烘干得到 YBO_3：Eu^{3+} 红色荧光粉。

五、注意事项

1. 配制氨水的微乳液时，搅拌时间不宜过长，否则氨水挥发过多，影响最终产物的量。

2. 荧光粉用醇洗涤两次后，在 80℃下烘干时间不宜过长，达到干燥目的即可。

3. 溶剂热反应时，注意控制混合溶液的填充度不要超过 80%。

4. 如果要观察产物形貌，可以利用扫描电镜进行进一步观察。

六、思考题

1. 在配制微乳液 A 和 B 时，加入正己醇的顺序略有差别，实验过程中是否观察到不同的实验现象如浑浊状态的改变，如有，试分析其中的原因。

2. 荧光粉如果要在等离子显示方面具有潜在的应用价值，其发光性能应该具有何特点？

实验 41

微乳法制备纳米 ZnO 粉体

一、实验目的

1. 了解氧化锌的结构及应用。

2. 掌握微乳液技术制备纳米材料的方法与原理。

3. 了解 X 射线衍射仪、扫描电子显微镜与比表面测定仪等表征手段及其原理。

二、实验原理

纳米氧化锌（ZnO）粒径为 1～100nm，由于粒子尺寸小，比表面积大，因而纳米 ZnO

表现出许多特殊的性质如无毒、非迁移性、荧光性、压电性、能吸收和散射紫外线能力等，利用其在光、电、磁等方面的性能可制造气体传感器、荧光体、变阻器、紫外线遮蔽材料、杀菌剂、图像记录材料、压电材料、压敏电阻、高效催化剂、磁性材料和塑料薄膜等。同时氧化锌材料还被广泛地应用于化工、信息、纺织、医药行业。纳米氧化锌的制备是所有研究的基础。合成纳米氧化锌的方法很多，一般可分为固相法、气相法和液相法。本实验采用共沉淀和成核/生长隔离技术制备纳米氧化锌粉。

氧化锌（ZnO）晶体是纤锌矿结构，属六方晶系，为极性晶体。氧化锌晶体结构中，Zn 原子按六方紧密堆积排列，每个 Zn 原子周围有 4 个氧原子，构成 Zn—O$_4$ 配位四面体结构，四面体的面与正极面 C（00001）平行，四面体的顶角正对负极面（0001），晶格常数 $a=342$pm，$c=519$pm，密度 5.6g/cm^3，熔点 2070K，室温下的禁带宽度 3.37eV，如图 3-14 和图 3-15 所示。

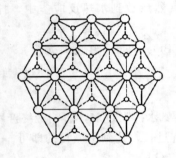

图 3-14　ZnO 晶体结构在 C（00001）面的投影

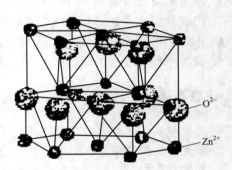

图 3-15　ZnO 纤锌矿晶格图

本实验利用微乳法制备 ZnO 纳米粉体。

$$Zn^{2+} + 2OH^- \Longrightarrow Zn(OH)_2 \downarrow$$

本实验以 TritonX-100 为表面活性剂，正己醇为助表面活性剂，环己烷为油相，分别配制含 Zn(NO$_3$)·6H$_2$O 和沉淀剂（碳酸铵、碳酸钠、氨水）的两种微乳液。两种微乳液彼此混合后，其中的两种小水珠彼此碰撞结合、交换物质、迅速分开，反应生成 Zn(OH)$_2$。经热处理得到 ZnO 纳米粉体。

三、仪器与试剂

主要仪器：烧杯，量筒，玻璃棒，电磁搅拌器，磁子，烘箱，研钵，药勺，样品袋，坩埚，马弗炉，电子天平，烘箱，X 射线粉末衍射仪，比表面积测定仪，扫描电子显微镜。

主要试剂：硝酸锌 [Zn(NO$_3$)$_2$·6H$_2$O，AR]，曲拉通（C$_{34}$H$_{62}$O$_{11}$，AR），正丁醇（C$_4$H$_{10}$O，AR），环己烷（C$_6$H$_{12}$，AR），正己醇（C$_6$H$_{14}$O，AR），去离子水（H$_2$O），碳酸钠（Na$_2$CO$_3$，AR），碳酸铵 [（NH$_4$）$_2$CO$_3$，AR]，氨水（NH$_3$·H$_2$O，AR）。

四、实验步骤

1. 配制同样组成的反相微乳液两份 A 和 B。以 TritonX-100 为表面活性剂，正己醇为助表面活性剂，环己烷为油相，按体积比 1∶1.2∶2 进行混合。

2. 称取一定量的金属硝酸锌，加入一定量的去离子水溶解，保持浓度为 $0.25\sim$ 0.75mol/L。加入 A 反相微乳液中。

3. 将一定量的沉淀剂（碳酸铵、碳酸钠、氨水）溶于去离子水中。搅拌使其溶解；浓度约为 1.0mol/L。加入 B 反相微乳液中。

4. 室温下取一定量的微乳液 A 缓慢加入微乳液 B 中，控制 pH 值为 7～8，剧烈搅拌 1h，室温下静置老化 24h。

5. 当烧杯底部出现絮状细粉而上部仍澄清时，进行离心分离。100℃下干燥 24h，500℃下焙烧 4h 烧掉残存的表面活性剂。

6. 进行 XRD、SEM、比表面积、DSC-TGA 表征。

a. 取 50mg 干燥后的粉做 DSC-TGA 实验，观察粉体的热变化行为。

b. 取 100mg 以上的热处理粉末做 XRD 实验，测定粉体的相组成和粒径。

c. 取 100mg 以上的热处理粉末测定比表面积。

d. 取 100mg 以上的热处理粉末做 SEM 实验，观察粉体的微观形貌。

注意考察前驱体的合成温度（20℃、25℃、30℃ 和 35℃）及浓度（0.25mol/L、0.4mol/L、0.5mol/L、0.75mol/L）对合成氧化锌的影响。

五、思考题

1. 反相微乳液技术制备纳米材料的优缺点各是什么？

2. 正己醇在合成过程中的作用是什么？

实验 42

微波辐射合成磷酸锌

一、实验目的

1. 了解磷酸锌的微波合成原理和方法。

2. 掌握抽滤的基本操作。

二、实验原理

磷酸锌 $Zn_3(PO_4)_2 \cdot 2H_2O$ 是新一代无毒性、无公害的防锈白色颜料，溶于无机酸、氨水、铵盐溶液，不溶于水、乙醇，它能有效地替代含有重金属铅、铬的传统防锈颜料。磷酸锌对三价铁离子具有很强的络合能力，磷酸锌与铁阳极反应，可形成以磷酸铁为主体的坚固的保护膜，这种致密的钝化膜不溶于水、硬度高、附着力优异，呈现出卓越的防锈性能。由于磷酸锌活性高，能与很多金属离子反应生成络合物，形成致密的钝化膜，因此，具有良好的防锈效果。

它的合成通常是用硫酸锌、磷酸和尿素在水浴加热下反应，反应过程中尿素分解放出氨气并生成铵盐，过去反应需 4h 才完成。本实验采用微波加热条件下进行反应，反应时间缩短为 8min，反应式为：

$$3ZnSO_4 + 2H_3PO_4 + 3(NH_2)_2CO + 7H_2O \longrightarrow Zn_3(PO_4)_2 \cdot 4H_2O + 3(NH_4)_2SO_4 + 3CO_2$$

所得的四水合晶体在 110℃烘箱中脱水即得二水合晶体。

三、实验仪器与试剂

主要仪器：微波炉，电子天平，微型实验仪器，烧杯，表面皿，量筒。

主要试剂：硫酸锌（$ZnSO_4 \cdot 7H_2O$，AR），尿素 [$(NH_2)_2CO$，AR]，磷酸（H_3PO_4，AR），（1+1）HCl，二甲酚橙指示剂，六亚甲基四胺，无水乙醇（AR）、EDTA 标准溶液（0.0100mol/L），NH_3-NH_4Cl 缓冲溶液（pH=10），铬黑 T（AR），氨水（AR）。

四、实验步骤

1. 合成 $Zn_3(PO_4)_2 \cdot 2H_2O$

称取 2.00g 硫酸锌于 50mL 烧杯中，加 1.00g 尿素和 1.0mL H_3PO_4，再加入 20.0mL 水搅拌溶解，把烧杯置于 100mL 烧杯水浴中，盖上表面皿，放进微波炉里，以大火挡（约600W）辐射 10mim，烧杯里隆起白色沫状物，停止辐射加热后，取出烧杯，用蒸馏水浸取、洗涤数次，抽滤。晶体用水洗涤至滤液无 SO_4^{2-}。产品在 110℃烘箱中脱水得到 $Zn_3(PO_4)_2 \cdot 2H_2O$，称重计算产率。

2. 测定 $Zn_3(PO_4)_2 \cdot 2H_2O$ 中的锌含量

用分析天平称取 0.4～0.5g 样品于 100mL 烧杯中，加 5mL（1+1）HCl 溶解，然后定容在 250mL 容量瓶中。移取 25mL 待测溶液于容量瓶中，加 20～30mL H_2O，加 1～2 滴二甲酚橙指示剂（0.2%），滴加 20%的六亚甲基四胺至溶液呈稳定的紫红色（此时溶液 pH 为 5～6），再多加 5mL 六亚甲基四胺。用 EDTA 标准溶液滴定，当溶液由紫红色变黄色时为终点。平行测定三次，取平均值。

五、注意事项

1. 在合成反应完成时，溶液的 pH=5～6 左右，加尿素的目的是调节反应体系的酸碱性。

2. 晶体最好洗涤至近中性时再抽滤，否则最后会得到一些副产物杂质。

3. 微波对人体有危害，在使用时炉内不能使用金属，以免产生火花。炉门一定要关紧后才可以加热，以免微波泄漏而伤人。

六、思考题

1. 还有哪些制备磷酸锌的方法？

2. 如何对产品进行检验？请拟出实验方案。

3. 为什么微波加热能显著缩短反应时间？使用微波炉要注意哪些事项？

实验 43

微波辐射合成纳米钛酸钡

一、实验目的

1. 了解纳米材料的特性、应用以及常用的制备方法。
2. 学习微波辐射法以及该方法在制备纳米钛酸钡的应用。
3. 掌握纳米粉体常用的分析表征方法。

二、实验原理

纳米技术是 20 世纪 90 年代出现的一门新型技术，它是在 0.10nm 至 100nm 尺度的空间内，研究电子、原子和分子的运动规律和特性的崭新技术。纳米陶瓷粉体是介于宏观颗粒和分子尺度之间的具有纳米尺寸的亚稳态粉体。随着粉体的超细化，其表面效应、宏观量子隧道效应、体积效应和量子尺寸效应逐渐产生，使其产生了块体材料不具有的特殊效应。钛酸钡粉体是电子陶瓷元器件的基础母体原料，被称为"电子工业的支柱"。钛酸钡粉体被细化到纳米量级，其作为陶瓷粉体的物理化学性能将大幅度提高，原因主要有：

① 极小的粒径、巨大的比表面积和极高的化学活性，在制备器件过程中可以降低烧结温度；

② 使材料的组成结构致密化、均匀化，改善陶瓷材料的性能，提高其使用的可靠性；

③ 可以从纳米层次上控制材料的成分和结构，使纳米材料的组织结构和性能的定向设计成为可能，有利于充分发挥陶瓷材料的潜在性能。

目前，国内外制备钛酸钡粉体的方法很多，常用方法主要有：

（1）传统固相法

把 $BaCO_3$ 和 TiO_2 混合，经充分研磨均匀后在 1300℃，连续反应 48h 以上。

$$BaCO_3 + TiO_2 \longrightarrow 2BaTiO_3 + CO_2$$

该法虽然成本较低，操作简单，过程容易控制，但易引入杂质，能耗大，球磨本身不能完全破坏颗粒之间的团聚，不能保证组分的均匀性，且在球磨后的干燥过程中，分散颗粒将重新团聚，后期的高温烧结容易使粒子进一步团聚长大。

（2）溶胶-凝胶法

在钛酸四丁酯中滴加冰醋酸，得近乎透明的钛酰型化合物，然后滴加醋酸钡，将反应混合物置于 95℃ 的水浴中凝胶化，得近乎透明的凝胶体，待凝胶老化后，取出，捣碎，干燥，在高温炉中于 700～1100℃ 下煅烧，即得 $BaTiO_3$ 超细粉体。

$$Ba(Ac)_2 + Ti(OC_4O_9)_4 \rightarrow 溶胶 \rightarrow 凝胶 \rightarrow 干凝胶 \rightarrow BaTiO_3 + CO_2$$

反应各组分的混合在分子间进行，因而产物的粒径小、均匀性高，反应过程易于控制，此外，反应是在低温下进行，避免了高温杂相的出现，副反应少，因而产物的纯度较高。但所用原料成本高，在高温下处理时有团聚现象，不易于实现工业化生产。

（3）草酸法

将 $TiCl_4$、$BaCl_2$、$H_2C_2O_4$ 分别精制配成一定浓度的溶液，采用快速混合方式进行反应，老化一定时间后，过滤洗涤至用 $0.1mol/L$ $AgNO_3$ 检验不含 Cl^- 为止，干燥后的草酸氧钛钡，经 $850℃$ 煅烧得 $BaTiO_3$ 粉体。

$$BaCl_2 + TiCl_4 \longrightarrow 4BaTiO(C_2O_4)_2 \cdot 4H_2O \longrightarrow BaTiO_3 + CO_2$$

该法虽然产物纯度较高，杂质含量少，化学组分较均匀，但是经过高温煅烧之后，粒度明显长大，且有团聚产生，难以控制粒子尺度，烧结活性降低，无论是对烧结过程还是对烧成材料的性能都有一定的负面影响。

本实验采用一种全新的制备方法——微波液相合成法。微波加热时，利用微波照射含有极性分子（如水分子）的电介质，则极性水分子的取向将随微波场而变动。由于极性水分子的这种运动，以及相邻分子间的相互作用，产生了类似摩擦的现象，使体系的温度迅速升高。由于微波穿透物体的能力极强（金属例外），用微波加热时其内部也同时被加热，使反应体系均匀受热，快速升温。因此微波合成法具有能量利用率高、操作简便、过程易于控制及安全卫生等特点，同时也有利于均匀分散粒子的形成。

本实验先将 $TiCl_4$ 水解为 H_2TiO_3 或 $TiO_2 \cdot nH_2O$，再与 $Ba(OH)_2$ 溶液混合，所得浆体置于微波炉中，在 $100℃$ 以下反应 $20min$，反应完成后，经抽滤、洗涤、超声波处理、烘干，得到纳米钛酸钡粉末。

$$TiCl_4 \xrightarrow{\text{水解}} \left.\begin{array}{c} H_2TiO_3 \\ Ba(OH)_2 \end{array}\right\} \xrightarrow{\text{微波辐射}} BaTiO_3 + 2H_2O$$

三、实验仪器与试剂

主要仪器：分析天平，烧杯，滴液漏斗，加热套，微波炉，减压过滤装置，电位及纳米粒度分析仪，透射电子显微镜，X 射线衍射仪。

主要试剂：$TiCl_4$(AR)，$Ba(OH)_2 \cdot 8H_2O$(AR)，氨水(体积比为 $1:1$)。

四、实验步骤

1. 量取 $11mL$ $TiCl_4$ 于 $20mL$ 氨水中进行水解，水解完毕后用氨水调节溶液 pH＝7，得到白色浆状物，抽滤洗涤除去 Cl^-（如何检验 Cl^- 是否完全除尽？），将滤饼打成均匀浆体。

2. 称取 $56g$ $Ba(OH)_2 \cdot 8H_2O$ 溶于 $200mL$ 水中，煮沸使之完全溶解，趁热减压过滤，除去溶液中的不溶性杂质，将滤液快速与浆体混合，搅拌均匀。

3. 将混合浆体置于微波炉中，在 $100℃$ 以下反应 $20min$，通过调节微波炉火力旋钮使溶液保持微沸状态，反应完成后，经抽滤、洗涤、超声波处理、烘干，得到纳米钛酸钡粉末。

4. 将烘干的粉体称重，计算产率。

5. 利用电位及纳米粒度分析仪、透射电子显微镜（TEM）对所得粉体进行粒度、形貌分析。

6. 利用 X 射线衍射仪（XRD）对所得粉体进行物相分析。

7. 查阅相关资料，分析讨论纳米材料形貌、粒度的影响因素，设计制备不同形貌、粒度的 $BaTiO_3$，并探讨形貌、粒度与 $BaTiO_3$ 介电性能的关系。

五、注意事项

1. $TiCl_4$ 水解后调节 pH 要控制好，以免影响水解的完全程度。

2. 抽滤洗涤 Cl^- 时要彻底，否则会给产品引入杂质。

3. $Ba(OH)_2 \cdot 8H_2O$ 必须煮沸趁热抽滤除去不溶物，目的是更好地除掉 $Ba(OH)_2 \cdot 8H_2O$ 与空气反应生成的 $BaCO_3$ 等杂质。

4. 微波反应时使用水浴，注意水浴的水面高度，要求浸没反应液的液面高度。

5. 微波辐射对人体会造成伤害。市售微波炉在防止微波泄漏上有严格的措施，使用时要遵照有关操作程序与要求进行，以免造成伤害。

六、思考题

1. 如果四氯化钛水解速度过快会导致什么结果？对粉体制备有何影响？

2. 在 $TiCl_4$ 和 $Ba(OH)_2 \cdot 8H_2O$ 进行混合之前，$Ba(OH)_2 \cdot 8H_2O$ 为什么要溶解过滤？

3. 微波反应的产物为什么要进行超声波处理，目的是什么？如何操作？

4. 纳米粉体表面能大，易于团聚，本实验中可采取哪些措施抑制纳米粉体的团聚？

5. 与常规加热方式相比，微波加热有何特点？使用微波炉有哪些注意事项？

6. 微波反应后，进行固液分离时应注意哪些问题？

实验 44

微波辐射合成纳米磷酸钴

一、实验目的

1. 了解微波辐射合成纳米材料的方法。

2. 加深理解微波辐射的原理。

3. 学习使用 X 射线粉末衍射仪、差热分析仪等对样品进行表征。

二、实验原理

纳米材料是指晶粒和晶界等显微结构能达到纳米级尺度水平的材料。纳米材料由于具有极微小的粒径及巨大的比表面，因此常表现与本体材料不同的性质，如纳米材料可在颜料、涂料、催化剂、功能陶瓷材料、发光材料、生物材料等方面有重要的作用。纳米材料的制备方法有多种，微波辐射法可在较短时间内完成，具有时间短、见效快、操作方便等特点。

本实验将含硫酸钴、磷酸二氢钠、尿素及十二烷基苯磺酸钠的混合液，在微波辐射下反应制备纳米材料磷酸钴，其反应式为：

$$3Co^{2+} + 2H_2PO_4^- + 4OH^- \Longrightarrow Co_3(PO_4)_2 \cdot 4H_2O$$

产物经离心分离、洗涤、干燥后，用 X 射线粉末衍射观察其粒子分布及颗粒形状；用差热分析仪观察其受热时脱水和晶型变化的情况。

三、实验仪器与试剂

主要仪器：天平，烧杯，微波炉，X 射线粉末衍射仪，差热分析仪。

主要试剂：无水硫酸钴（AR），磷酸二氢钠（AR），十二烷基苯磺酸钠（AR），尿素（AR），二次蒸馏水。

四、实验步骤

1. 磷酸钴的制备

配制含硫酸钴（3.0×10^{-3} mol/L）、磷酸二氢钠（3.0×10^{-3} mol/L）、十二烷基苯磺酸钠（0.01mol/L）、尿素（1.0mol/L）的混合液 100mL，放入 200mL 烧杯中，搅拌溶解后，放在微波炉的中央，中火挡（约 500W）辐射 3min，待混合液沸腾后调至小火挡（约 200W）辐射 2min，取出后置于冷水中冷至室温，然后转入离心管用离心机以 3000r/min 离心分离，倾去上层清液，用二次蒸馏水冲洗沉淀 3 次，所得沉淀于 100℃ 以下烘干，贮于干燥器中备用。

2. 产品的表征

（1）将得到的固体粉末研细后进行 XRD 分析，从衍射峰强度及峰宽来判定其晶粒大小。

（2）用差热分析仪，在氮气保护、升温速度 15℃/min 条件下，观察记录样品从室温至 700℃ 的 TG 和 DTA 曲线，并计算样品的含水量，以确定水合物中结晶水的数目。

五、思考题

1. 制备过程中加入的表面活性剂十二烷基苯磺酸钠有何作用？
2. 试分析制备磷酸钴纳米材料受到哪些因素影响。

实验 45

微波辐射合成二氧化锰/氧化石墨烯复合材料

一、实验目的

1. 掌握微波法制备复合材料的原理，练习抽滤、洗涤等基本操作。
2. 学习电化学工作站的使用方法，学会使用 Origin 软件。
3. 了解循环伏安曲线、恒流充放电、交流阻抗的测试原理。

二、实验原理

二氧化锰（MnO_2）因其储量丰富、价格低廉、环境友好、电位窗口宽、理论比电容高等优点，被认为是一种非常具有发展潜力的电极材料，现在已被广泛地用作超级电容器的电极材料。由于 MnO_2 较差的导电性，导致其电化学性能不够理想。石墨烯具有较大的比表面积、较高的导电性和较高的热传导系数等独特的性能，成为一种具有潜在应用价值的超级电容器电极材料。在中性条件下，高锰酸钾可与石墨烯发生如下反应：

$$4MnO_4^- + 3C + H_2O \longrightarrow 4MnO_2 + CO_3^{2-} + 2HCO_3^-$$

通过微波法可将二氧化锰均匀负载在石墨烯表面，可以有效提高其导电性，利用纳米材料之间的相互协同作用，可使复合材料展现优异的电化学性能。

三、实验仪器与试剂

主要仪器：电子分析天平，烘箱，烧杯（200mL、100mL），量筒（100mL），磁力搅拌子，微波炉，抽滤泵，抽滤瓶，滤膜，移液枪，电化学工作站，模拟电解池，玻璃板，铂片电极，电热套，药匙，饱和甘汞电极。

主要试剂：蒸馏水，无水乙醇（AR），高锰酸钾（AR），泡沫镍（AR），氧化石墨（AR），炭黑，导电剂，黏结剂，氧化钾（AR），硫酸钠（AR）。

四、实验步骤

1. 活性材料的制备

准确称取 1mmol（158mg）高锰酸钾分散到 100mL 1.3mol/L 的氧化石墨分散液中，磁力搅拌 30min，放入微波炉中反应 8min，待冷却至室温，抽滤，用蒸馏水和无水乙醇洗涤三次，放入烘箱中烘干。

2. 电极的制备

称取 20mg 炭黑分散到 20mL 无水乙醇中，超声 60min。将活性材料、导电剂、黏结剂按照 75：20：5 的比例混合，超声 30min，加入适量乙醇搅拌均匀，加热破乳至微干。将涂料用玻璃板均匀涂覆在泡沫镍集流体上，获得 1cm×1cm 电极，于 100℃ 真空烘箱中干燥 3h。

3. 电化学测试

测试利用三电极体系，对电极是铂片电极，参比电极是饱和甘汞电极，工作电极是所制备的电极材料，电解液为饱和氯化钾溶液和 1mol/L 的硫酸钠溶液。在电化学工作站 CHI660C 上进行测试。

循环伏安测试：扫描时的电压范围为 0～0.9V。逐一变化扫速：0.002V/s、0.005V/s、0.01V/s、0.02V/s、0.05V/s、0.075V/s、0.1V/s。

恒流充放电测试：扫描时的电压范围为 0～0.9V。逐一变化电流密度为 1A/g、2A/g、5A/g、10A/g、20A/g、30A/g。

交流阻抗测试：交流阻抗测试在开路电位下进行，测试频率范围在 $0.01\mathrm{Hz}\sim100\mathrm{kHz}$ 之间，交流扰动电位为 $5\mathrm{mV}$。

注意：涂电极时不要刮掉泡沫镍，称量电极质量一定要准确。

五、思考题

1. 此实验使用的微波加热与常规加热相比，有什么优点？
2. 阐述交流阻抗的测试原理。

实验 46

电解法制备过二硫酸钾

一、实验目的

1. 了解电解合成过二硫酸钾的基本原理、特点及影响电流效率的主要因素。
2. 熟悉电解仪器、装置和使用方法，练习碘量法分析测定化合物的方法。
3. 掌握阳极氧化制备含氧酸盐的方法和技能。

二、实验原理

本实验用电解 $KHSO_4$ 水溶液（或 H_2SO_4 和 K_2SO_4 水溶液）的方法来制备 $K_2S_2O_8$。在电解液中主要含有 K^+、H^+ 和 HSO_4^-，电流通过溶液后，发生电极反应，其中，

阴极反应：　　$2H^+ + 2e^- \longrightarrow H_2$　　　　　　　　$\varphi^{\ominus} = 0.00\mathrm{V}$

阳极反应：　　$2HSO_4^- \longrightarrow S_2O_8^{2-} + 2H^+ + 2e^-$　　　　$\varphi^{\ominus} = 2.05\mathrm{V}$

在阳极除了以上的反应外，H_2O 变为 O_2 的氧化反应也是很明显的：

$$2H_2O = O_2 + 4H^+ + 4e^- \qquad \varphi^{\ominus} = 1.23\mathrm{V}$$

从标准电极电位来看，H_2O 的氧化反应的发生优于 HSO_4^- 的氧化反应，但实际上从水中放出 O_2 需要的电位比 $1.23\mathrm{V}$ 更大，这是由于水的氧化反应是一个很慢的过程，从而使得这个半反应为不可逆的，这个动力学的慢过程，需要外加电压（超电压）才能进行。无论怎样，这个慢反应的速率受发生这个氧化反应的电极材料的影响极大。氧在 $1\mathrm{mol/L}$ KOH 溶液中的不同阳极材料上的超电压如下：

阳极	Ni	Cu	Ag	Pt
超电压/V	0.87	0.84	1.14	1.38

这些超电压不能很好地重复与材料的来源有关，但是它们的差别使人想到在缓慢的氧化反应中，电极参加了反应。确实，超电压是人们所熟悉的，但对它的了解却较少。对于合成目的来说，正是由于氧的超电压使物质在水中的氧化反应可以进行。如果水放出氧的副反应没有超电压的话，物质在水中的氧化反应便不能实现。因为注意到了氧在 Pt 上高的超电压，所以 $K_2S_2O_8$ 最大限度地生成，并使 O_2 的生成限制在最小的程度。调整电解的条件与增加氧的超电压是有利的，因为超电压随电流密度增加而增大，所以采用较大的电流。同样，假

如电解在低温下进行，因为反应速度变小，同时水被氧化这个慢过程的速度也会变小，这就增加了氧的超电压，所以低温对 $K_2S_2O_8$ 的形成是有利的。最后，提高 HSO_4^- 的浓度，使 $K_2S_2O_8$ 产量最大。

由于这些原因，HSO_4^- 的电解将采用：①Pt 电极；②高电流密度；③低温；④饱和的 HSO_4^- 溶液。

在任何电解制备中，总有对产物不利的方面，就是产物在阳极发生扩散，到阴极上又被还原为原来的物质，所以一般阳极和阴极必须分开，或用隔膜隔开。本实验，阳极产生的 $K_2S_2O_8$ 也将向阴极扩散，但由于 $K_2S_2O_8$ 在水中的溶解度不大，它在移动到阴极以前就从溶液中沉淀出来。

阳极采用直径较小的 Pt 丝，已知 Pt 丝的直径和它同电解液接触的长度可以计算电流密度：

$$电流密度 = \frac{安培}{阳极面积}$$

根据法拉第电解定律可以计算电解合成产物的理论产量和产率：

理论产量：

$$G_{理论} = \frac{M}{nF} \times I \times t$$

式中，M 为摩尔质量，g/mol；n 为转移电子摩尔数，mol；F 为法拉第常数，96485 C/mol；I 为电流密度，A/cm²；t 为时间，s。

因为有副反应，所以实际产量往往比理论产量少，通常所说的产率，在电化学中称为电流效率：

$$产率 = 电流效率 = \frac{实际产量}{理论产量} \times 100\%$$

过二硫酸根的盐比较稳定，但在酸性溶液中产生 H_2O_2：

$$O_3S-O-O-SO_3^{2-} + 2H^+ \longrightarrow HO_3S-O-O-SO_3H$$

$$HO_3S-O-O-SO_3H + H_2O \longrightarrow HO_3S-O-OH + H_2SO_4$$

$$HO_3S-O-OH + H_2O \longrightarrow H_2SO_4 + H_2O_2$$

在某些条件下反应可能会停留在中间产物过一硫酸 HO_3SOOH 这一步。工业上为制备 H_2O_2，是用蒸出 H_2O_2 而迫使反应完成的。

$S_2O_8^{2-}$ 是已知最强的氧化剂之一，它的氧化性甚至比 H_2O_2 还强。

$$S_2O_8^{2-} + 2H^+ + 2e^- \Longrightarrow 2HSO_4^- \qquad \varphi^{\ominus} = 2.05V;$$

$$H_2O_2 + 2H^+ + 2e^- \Longrightarrow 2H_2O \qquad \varphi^{\ominus} = 1.77V$$

它可以把很多种元素氧化为它们的最高氧化态，例如：Cr^{3+} 可被氧化为 $Cr_2O_7^{2-}$：

$$3S_2O_8^{2-} + 2Cr^{3+} + 7H_2O \longrightarrow 6SO_4^{2-} + Cr_2O_7^{2-} + 14H^+$$

此反应较慢，加入 Ag^+ 则被催化，Ag^+ 催化反应的动力学指出最初阶段是 Ag^+ 变为 Ag^{3+} 的氧化反应：$S_2O_8^{2-} + Ag^+ \longrightarrow 2SO_4^{2-} + Ag^{3+}$，而 Ag^{3+} 同 Cr^{3+} 作用生成 $Cr_2O_7^{2-}$ 是很快的，而且使 Ag^+ 再生：$3Ag^{3+} + 2Cr^{3+} + 7H_2O \longrightarrow Cr_2O_7^{2-} + 3Ag^+ + 14H^+$，这些反应的细节尚不清楚，但是由于 $S_2O_8^{2-}$ 中原有的 O—O 基团的分解，得到高活性的 SO_4^{2-} 原子团继续进行氧化反应，使 $S_2O_8^{2-}$ 的氧化很快地进行。

$S_2O_8^{2-}$ 的强氧化能力已经被用来制备 Ag 的特殊的氧化态（+2）化合物，例如配合物 $[Ag(PY)_4]S_2O_8$ 的合成：$2Ag^+ + 3S_2O_8^{2-} + 8PY \longrightarrow 2[Ag(PY)_4]S_2O_8 + 2SO_4^{2-}$，阳离子 $[Ag(PY)_4]^{2+}$ 具有平面正方形的几何构造，类似于 $Cu(PY)^{2+}$ 的形状，PY 为 Pyri-dine 的缩写，其分子式为 C_5H_5N。

三、仪器与试剂

主要仪器：直流稳压电源，Pt 丝电极（1cm 长，直径 0.64mm），Pt 片电极，烧杯（1000mL），大口径试管（直径 35mm，高 15cm），抽滤装置一套，碱式滴定管，碘量瓶。

主要试剂：H_2SO_4（1mol/L），HAc（浓），$Na_2S_2O_3$（0.1000mol/L），KI（0.1mol/L），$Cr_2(SO_4)_3$（0.1mol/L），$MnSO_4$（0.1mol/L），$AgNO_3$（0.1mol/L），$KHSO_4$，KI，吡啶，H_2O_2（10%），C_2H_5OH（95%）。

四、实验步骤

1. $K_2S_2O_8$ 的合成

溶解 40g $KHSO_4$ 于 100mL 水中，然后冷却到 −4℃ 左右，用倾析法取 80mL 至大试管中，装配 Pt 丝电极和 Pt 片薄电极，调节两极间的合适距离，并使之固定，如图 3-16 所示。

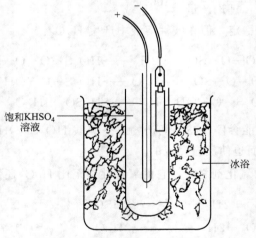

图 3-16　制 $K_2S_2O_8$ 的电解装置

将试管放在 1000mL 烧杯中，周围用冰盐水浴冷却。通电 0.5～0.6A（电压不超过 10V），时间大约 1.5～2h，$K_2S_2O_8$ 的白色晶体会聚集在试管底部，待 $KHSO_4$ 将消耗尽时，电解反应就慢得多了。由于电解时溶液的电阻使电流产生过量的热，以致需要在电解时，每隔半小时在冰浴中补加冰，必须使温度保持在 −4℃ 左右。反应结束后，关闭电源并记录时间。在布氏漏斗中进行抽滤，收集 $K_2S_2O_8$ 晶体，不能用水洗涤。抽干后，先用 95% 乙醇，再用乙醚洗涤晶体。抽干后，在干燥器中干燥一至两天，一般得产物 1.5～2g，若产量少 1.5～2g，则需加入新的 $KHSO_4$ 溶液，再进行电解。

2. K₂S₂O₈ 的性质

配制自制的 $K_2S_2O_8$ 饱和溶液，大约用 0.75g $K_2S_2O_8$ 溶解在尽量少的水中，将 $K_2S_2O_8$ 溶液同下列各种溶液反应，注意观察每个试管中发生的变化。

(1) 与酸化了的 KI 溶液反应（微热）；

(2) 与酸化了的 $MnSO_4$ 溶液（需加入 1 滴 $AgNO_3$ 溶液）反应（微热）；

(3) 与酸化了的 $Cr_2(SO_4)_3$ 溶液（需加入 1 滴 $AgNO_3$ 溶液）反应（微热）；

(4) 与 $AgNO_3$ 溶液反应（微热）；

(5) 用 10% 的 H_2O_2 溶液作以上（1）～（4）实验，与 $K_2S_2O_8$ 对比；

(6) 过二硫酸四吡啶合银(Ⅱ) $[Ag(PY)_4]S_2O_8$ 的合成（选作）：加 1.4mL 分析纯吡啶至 3.2mL 含有 1.6g $AgNO_3$ 的溶液中，搅拌，将此溶液加入 135mL 含有 2g $K_2S_2O_8$ 溶液中，放置 30min，有沉淀生成，抽滤，用尽可能少量的水洗涤黄色产品，在干燥器中干燥，计算产率。

3. K₂S₂O₈ 的含量

在碘量瓶中溶解 0.25g 样品在 30mL 水中，加入 4g KI，用塞子塞紧，振荡，溶解碘化物以后至少静置 15min，加入 1mL 冰醋酸，用 $Na_2S_2O_3$ 标准溶液（0.1000mol/L）滴定析出的碘，至少分析两个样品，计算电流效率。

实验完毕后废液和固体废弃物倒入指定容器中。

五、思考题

1. 分析制备 $K_2S_2O_8$ 中电流效率降低的主要原因。

2. 比较 $S_2O_8^{2-}$ 的标准电极电位，你能预言 $S_2O_8^{2-}$ 可以氧化 H_2O 为 O_2 吗？实际上这个反应能发生吗？为什么？

3. 写出电解 $KHSO_4$ 水溶液时发生的全部反应。

4. 为什么在电解时阳极和阴极不能靠得很近?

5. 如果用铜丝代替铂丝作阳极，仍能生成 $K_2S_2O_8$ 吗？

实验 47

电化学合成碘酸钾

一、实验目的

1. 了解固体氧化物电极的实用价值和制作方法。

2. 掌握电解实验技术和影响电流效率的主要因素。

二、实验原理

借助于一种特殊的试剂——电子在电极上合成产品的方法或过程称为电化合成，而电化反应通常都是在特定的反应器——电解池的电极上进行的，在许多实验中阴、阳极都采用铂电极，由于铂是贵金属，价格昂贵，且不易获得，因此长期以来人们一直在探索新的不溶性阳极以替代铂电极。

　　用于生产和科研的电极材料多种多样，较典型的阳极材料是石墨以及铂等不溶性金属。除了石墨和金属外，不少固体氧化物也能作为较好的阳极材料，例如氯碱工业中，用铁基体上涂氧化钌（RuO_2）的电极来代替石墨阳极，具有寿命长、电耗低、产量高等优点。在电化生产高氯酸、溴酸和碘酸及相应盐的工业中，用过氧化铅（PbO_2）电极代替昂贵稀缺的铂电极和易磨损的石墨电极，过氧化铅电极有良好的化学稳定性，对氧化剂和某些强酸（如硫酸、硝酸等）有较强的惰性；它的氧析出电位相当高，仅稍次于铂；制造它的原料易得，造价低。PbO_2 电极的表面还有特异的催化作用，所以成为生产高碘酸及其盐必不可少的电极，这一特性，对将 Cr(Ⅲ) 氧化成 Cr(Ⅵ) 以及某些有机基团的氧化也有同样的功效。在有机电化合成方面，用 PbO_2 电极生产异丁酸，不仅不产生有毒废液，而且成本也比使用化学合成法低得多。近年来，人们为开辟 PbO_2 电极的新用途做了许多研究，涉及环境保护、电冶金、选矿、电镀、防腐蚀、去除生物附着和有机电化学合成等方面。

　　制备氧化物电极的常用方法有两种：热分解法和电解法。热分解法制造 RuO_2 电极的过程：将 $RuCl_3$ 的醇溶液涂在钛基体上，在 400℃下烘烤一段时间，取出冷却后再涂溶液，然后再烘烤，这样重复操作多次，得到十几微米厚的氧化物涂层。PbO_2 电极的制造方法主要是电解法，本实验用电解法制备 PbO_2 电极，再用它来电化合成 KIO_3。因此，作为无机电化学合成方法来讲此法属于"二次"电化合成，有一定的理论研究和实用价值。

　　过氧化铅电极的制作在中性、酸性和碱性条件下进行电解，本实验选用的配方如下：

$Pb(NO_3)_2$	200～400g/L
$Cu(NO_3)_2 \cdot 3H_2O$	100～120g/L
平平加	0.5～1g/L
温度	60～70℃
阳极电流密度	0.05～0.07A/cm²

阳极反应：　　　$Pb^{2+} + 2H_2O - 2e^- \rightleftharpoons PbO_2 \downarrow + 4H^+$

阴极反应：　　　$Cu^{2+} + 2e^- \rightleftharpoons Cu \downarrow$

　　阳极用石墨棒，在上面电沉积得到的 PbO_2 有 α 型和 β 型两种形态。在酸性条件下，一般得到的是 β-PbO_2，它是一种黑色紧密镀层。阴极用石墨或铜材料，在上面获得铜镀层。若电解液中不加硝酸铜，则 Pb^{2+} 会在阴极上以絮状的形式沉积出来。这样，一方面 Pb^{2+} 不能有效地沉积在阳极上，另一方面在溶液中絮状铅粒多了，会影响 PbO_2 在阳极上沉积的均匀程度。平平加是一种非离子型表面活性剂，它的化学名称为烷基聚乙烯醚或聚氧乙烯脂肪醇醚，化学式为 $RO-(CH_2OCH_2)_n H$，型号较多，如平平加 A 型、平平加 O 型、平平加 C 型等。在本实验中用的是平平加 O 型。它的作用可使 PbO_2 镀层气孔少、光滑、平整。

　　电解合成碘酸钾的电解液组成及电解条件为：

KI	35g/L
$K_2Cr_2O_7$	2g/L
pH	7～9

温度	60～70℃
阳极	PbO_2（石墨为基体）
阴极	不锈钢
阳极电流密度	$0.2A/cm^2$

在阳极，碘离子氧化成碘酸根，在阴极放出氢气。电解液中加入重铬酸钾的目的是避免碘酸根在阴极还原，由于重铬酸根还原为三价铬，且在阴极生成一层铬氧化物的薄膜，防止了产物碘酸根与阴极的接触，因而防止了与氢原子的接触。

在阳极，碘离子被氧化的机理可能是：

$$2I^- = I_2 + 2e^- \tag{1}$$

$$I_2 + OH = HIO + I^- \tag{2}$$

$$I_2 + 2OH^- = IO^- + I^- + H_2O \tag{3}$$

$$2HIO + IO^- = IO_3^- + 2HI \tag{4}$$

保持溶液呈微碱性，有利于反应（2）、（3）的进行，因而电流效率提高。若碱性太强，氢氧根可能在阳极上放电，电流效率下降。

电解停止后，蒸发浓缩电解液得碘酸钾晶体，重结晶后变成洁白晶体，符合试剂规格。

三、实验仪器与试剂

主要仪器：直流电源或整流器，电磁搅拌器，烧杯，砂纸，水浴锅，石墨棒（直径为 0.6cm），石墨片或铜片（1cm×7cm），不锈钢片（1cm×7cm）。

主要试剂：$Pb(NO_3)_2$（AR），$K_2Cr_2O_7$（AR），$Cu(NO_3)_2 \cdot 3H_2O$（AR），0.1mol/L $Na_2S_2O_3$ 标准溶液，KI（AR），1%淀粉溶液，平平加（O 型）。

四、实验步骤

1. 电解制备过氧化铅电极

用作阳极的石墨棒（直径为 0.6cm），预先用砂纸打磨去除可能存在的油迹和其他杂质，用自来水和蒸馏水冲洗干净，然后与直流电源的正极相接。用作阴极的两片石墨或铜片也同样处理，与直流电源的负极相连。电路中接入一只安培表用以控制电解电流。

在 250mL 烧杯中，称取 40g $Pb(NO_3)_2$ 和 20g $Cu(NO_3)_2 \cdot 3H_2O$，用蒸馏水配制 200mL 的电解液，向溶液中加入 0.2g 平平加（O 型），在此烧杯的正中，挂上阳极，在此阳极的两边对称挂置两片阴极。将此烧杯置于电磁搅拌器上，根据阳极石墨棒浸在溶液中的高度和直径，计算出表面积，根据表面积将电解电流控制在 0.05～0.07A/cm² 的范围内。溶液的温度一般以 60～70℃为佳，电解过程中溶液要不断搅拌，通电 2h 后停止电解，将镀上一层过氧化铅的石墨棒取出并洗净。

2. 碘酸钾合成

用 150mL 烧杯作电解槽，以 100mL 蒸馏水溶解 3.5g KI 和 0.2g $K_2Cr_2O_7$，用 KOH 稀溶液调整 pH 在 7～9，用水浴控制温度在 60～70℃（注意电解过程中会放热），用自制的二氧化铅电极作阳极，用一块不锈钢片作阴极。以阳极浸入溶液中的表面积，控制电流密度

在 $0.2A/cm^2$。注意，阳极的引线夹子应与基体石墨接触，不应直接与二氧化铅镀层接触，否则由于接触电阻很高而发热，使电极或引线烧坏。

小心观察电解过程中中间产物碘的生成，随时补充蒸发掉的水分。严格控制电解时的规定电流，电解时间的确定由各自的实际情况而定，以不再生成中间产物碘为终点。正确记录电解时间。

电解液中的 KIO_3 含量用碘量法进行分析（由学生自行设计），进而算出溶液中 KIO_3 的实际产量。以实际产量与理论产量之比求出实验中的电流效率，根据法拉第电解定律，电解合成产品的理论产量的计算为：

$$理论产量＝(I_t/96500)×(产物的摩尔质量/得失电子数)$$

$$电流效率＝(实际产量/理论产量)×100\%$$

最后将电解液蒸发、浓缩、结晶或重结晶得到碘酸钾晶体。

五、注意事项

1. 黏附在过氧化铅电极表面的电解液一定要清洗干净。
2. 在电解合成 KIO_3 时，温度应严格控制在 70℃ 以下。
3. 碘量法分析 KIO_3 的实际产量时，应扣除外加的 $K_2Cr_2O_7$ 量。

六、思考题

1. 除了石墨、铂、RuO_2 和 PbO_2 外，还有哪些材料可作为阳极？用于哪些电解池中？
2. 在制备 KIO_3 时，如果误把阴阳极的电流方向接反，将会出现怎样的结果？

实验 48

化学气相沉积法制备 ZnO 薄膜

一、实验目的

1. 了解化学气相沉积（CVD）法原理及仪器基本构造。
2. 掌握 CVD 制备氧化锌（ZnO）薄膜的方法。
3. 了解 ZnO 薄膜测试的相关仪器及使用方法。

二、实验原理

在半导体制备过程中，影响 CVD 反应的因素包括：温度、压力、气体的供给方式、流量、气体混合比及反应器装置等。制备过程基本上按气体传输、热能传递、反应三方面进行，亦即反应气体被导入反应器中，借由扩散方式经过边界层到达晶片表面；由晶片表面提供反应所需的能量；反应气体就在晶片表面发生化学变化，生成固体生成物，从而沉积在晶片表面。

1. CVD 反应机制

图 3-17 显示在化学气相沉积过程所包含的主要机制。其中可以分为下列 5 个主要的步骤：（1）首先在沉积室中导入反应气体，以及稀释用的惰性气体所构成的混合气体，称为主气流；（2）主气流中的反应气体原子或分子往内扩散移动通过停滞的边界层而到达基板表面；（3）反应气体原子被吸附在基板上；（4）吸附原子在基板表面迁徙，并且发生薄膜成长所需要的表面化学反应；（5）表面化学反应所产生的生成物被吸收，并且往外扩散通过边界层而进入主气流中，并在沉积室中被排除。

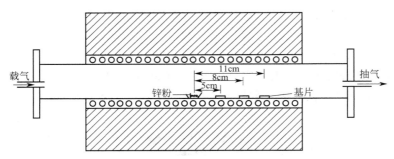

图 3-17　化学气相沉积过程所包含的主要机制示意图

在积体电路制程中，经常使用的 CVD 技术有：大气压化学气相沉积、低压化学气相沉积、电浆辅助化学气相沉积。

2. 测试

采用 X 射线粉末衍射法确定产物的物相；用扫描电子显微镜测试 ZnO 薄膜的厚度及表面形貌；并通过荧光光谱研究 ZnO 薄膜的光致发光现象。

三、实验仪器与试剂

主要仪器：瓷舟，管式炉，超声仪，真空泵，X 射线粉末衍射仪，环境扫描电镜，荧光光度计。

主要试剂：ITO（铟锡氧化物半导体）基片，去离子水，丙酮（AR），无水乙醇（AR），氮气，锌粉。

四、实验步骤

1. 样品制备

将 ITO 基片裁成 1cm×1cm 大小，依次用去离子水、丙酮、无水乙醇超声清洗各 30min 后，再用纯氮气吹干。

称 2.0g 锌粉放入瓷舟，将瓷舟放入管式炉中心位置。将 ITO 基片放入石英套管中，并将石英套管放入管式炉锌源气流下方约 5cm 处。

接好真空系统，开启油泵，将系统压力抽至 0.1MPa 以下。然后开启高压氮气瓶，调节气体流速为 50sccm（sccm 即标况下体积流量 mL/min）。待系统真空稳定后（约 30min），开始进行加热。

调节加热设置，以 5℃/min 速度升温至 500℃，并在 500℃下保温 30min，待反应完毕，系统冷至 50℃以内时停止供气，关闭真空泵，取出样品。

2. 样品测试

用 X 射线粉末衍射仪测定产物物相，用扫描电镜观察样品粒子的尺寸和形貌，用荧光光度计测试样品激发光谱、发射光谱。

五、思考题

1. 氮气在 CVD 过程中起到什么作用？在 CVD 制备不同材料过程中还可以使用哪些气体？
2. 为什么有些 XRD 谱图与标准卡片能较好吻合，有些 XRD 结果中只出现少数特征峰？
3. SEM 结果中薄膜厚度及表面形貌与实验过程的关系如何？
4. 说明各荧光峰产生的原因；如果没有得到荧光峰也请解释原因。

实验 49

化学气相沉积法制备碳纳米管

一、实验目的

1. 掌握化学气相沉积法制备碳纳米管的原理和方法。
2. 了解影响碳纳米管生长的条件、影响因素和表征方法。

二、实验原理

如图 3-18 所示，碳纳米管（CNTs）作为一维纳米材料，由于其质量轻，六边形结构连接完美等独特的结构和许多奇特的物理、化学和力学特性，被认为是最具有纳米效应和应用前景的纳米材料。CNTs 的制备方法很多，如石墨电弧放电法，激光烧蚀法、化学气相沉积法（CVD 法）、等离子增强化学气相沉积法（PECVD 法）、火焰法等。本实验主要介绍CVD 法制备 CNTs 技术。

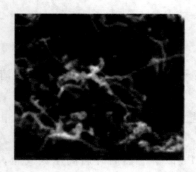
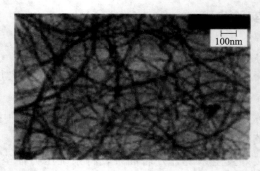

图 3-18　碳纳米管的形貌和结构

CVD 法是在一定温度下，催化裂解碳氢化合物，并在催化剂颗粒（铁、钴、镍等过渡金属及其化合物）上生长出碳纳米管（CNTs）的办法。根据催化剂引入方式的不同，CVD 法可以分为基种催化裂解法和浮动催化裂解法，这里主要介绍基种催化裂解法的实验原理。实验时先把催化剂颗粒预先分散在基板上，然后将其放置到反应室中。一般用石英管或陶瓷管作为反应室，水平放置在电阻炉中。对催化剂活化处理后，在一定温度下，按一定比例将碳氢化合物与载气（通常为氩气）送入反应室。由于一定条件下一定尺寸的催化剂颗粒呈活化状态，含碳的气体分子（碳氢化合物）附在催化剂颗粒上，发生裂解反应，在催化剂颗粒表面形成表面碳，一方面，表面碳同表面的其他碳键合，形成覆盖颗粒表面的石墨层，这种石墨层能阻止含碳气体的进一步吸附，使催化剂颗粒失去活性；另一方面，表面碳进一步溶解在颗粒中，并扩散到颗粒的另一侧析出 CNTs，随时间的延长，CNTs 长度不断增加。这一过程为气相生长 CNTs 的成核阶段，随着催化剂颗粒被石墨层完全覆盖，催化剂失去活性，CNTs 停止轴向生长，在 CNTs 的成核阶段以及在轴向停止生长后，一部分热解碳同时在 CNTs 的壁上沉积，以外延生长的方式沿径向生长，从而使碳纳米管长粗，这一过程称为增粗阶段。

实验中可以通过改变碳氢化合物气体成分、炉温、催化剂等工艺参数控制产物成分。该方法成本低、产量大，但需要提纯除去残留的催化剂颗粒，通常采用的碳源气体为乙烷，也可采用其他气体，如甲烷、乙烯、丙烯、苯等。不同的碳源气体用于合成 CNTs 时，不仅活性有差别，而且所得的 CNTs 的结构和性能也有所不同。

三、仪器与试剂

主要仪器：管式反应炉，电子天平，超声振荡仪，石英研钵，石英舟，扫描电镜。

主要试剂：钼酸铵 $[(NH_4)_6Mo_7O_{24}]$，硝酸铁 $[Fe(NO_3)_3]$，醋酸镁 $[Mg(Ac)_3]$，柠檬酸 $(C_6H_8O_7)$，硝酸铵 (NH_4NO_3)，去离子水，氩气，甲醇。

四、实验步骤

1. 催化剂制备。

（1）用电子天平（精度为 0.0001）按 40∶2∶2∶15∶7 的物质的量比例称取所需量的钼酸铵 $[(NH_4)_6Mo_7O_{24}]$、硝酸铁 $[Fe(NO_3)_3]$、醋酸镁 $[Mg(Ac)_3]$、柠檬酸 $[C_6H_8O_7]$、硝酸铵 $[NH_4NO_3]$，加 50mL 去离子水溶解，进行超声处理 5～10min，使溶质完全溶解，此时溶液呈淡黄色。

（2）用电炉加热溶液，直至沸腾变为黄色粉末。

（3）初步研磨后，放入管式炉中，在 600℃焙烧 300min。

（4）结束焙烧后进一步研磨得到浅黄色粉末，即为所需催化剂。

2. 把催化剂粉末平铺在石英舟中，将石英舟放入管式炉石英管中央，将进气管和出气管分别接于石英管的两端，接好使其不漏气。

3. 通入氩气（高纯，99.999%），在一定时间内将炉温从室温升至生长温度（800℃）。在生长开始前将氩气流量加至生长时的所需值（500mL/min），使生长过程开始时系统处于稳定的状态。

4. 将 CH$_4$（99.99%）流量开至所需值（50 mL/min），生长所需时间 1h。

5. 生长过程结束后，关闭 CH$_4$。在降至较低的温度（300℃）后，将盛有催化剂的石英舟取出，利用 SEM 对材料的形貌与结构进行表征。

五、思考题

讨论 CVD 法中实验条件（反应时间、温度，气体质量）对碳纳米管质量与形貌的影响。

实验50

煤矸石酸浸脱铝制备 ZSM-5 分子筛

一、 实验目的

1. 了解煤矸石制备分子筛的研究背景。
2. 掌握 ZSM-5 分子筛的制备原理。

二、 实验原理

煤矸石是采煤和选煤过程中产生的固体废弃物，由于其独特的性能及含有丰富的硅和铝，近年来在矿物材料深加工及利用方面已经引起许多学者越来越多的兴趣。ZSM-5 分子筛是一种具有优越催化性能、良好的耐酸碱性和热稳定性的催化剂，也就是人们所熟知的 FCC 催化剂，被广泛应用于石油催化裂化领域。

目前，ZSM-5 型分子筛的合成主要是采用可溶性硅酸盐和铝盐等为原料，在模板剂的作用下，或采用加入导向剂或晶种的方法，经过长时间的高温晶化获得。煤矸石的主要成分为高岭盐，其硅铝比（氧化硅与氧化铝的摩尔比）约为 2，而 ZSM-分子筛的硅铝比一般大于 10，所以，若要利用煤矸石作为硅源和铝源直接合成 ZSM-5 分子筛，一般可通过在原料中补硅或脱铝两种方式来提高原料的硅铝比。本实验拟采用酸浸脱铝的方法，浸出原料中的部分铝，从而通过提高原料硅铝比来合成 ZSM-5 分子筛。

通过煤矸石这种廉价的矿物原料代替化学试剂作为合成 ZSM-5 分子筛的唯一的硅源和铝源，合成出结晶度好、催化吸附性能高的 ZSM-5 分子筛，这将给 ZSM-5 分子筛的大规模工业化生产带来无限的前景，为加快煤矸石资源的开发利用开拓了更加广阔的空间。

（1）煤矸石煅烧活化与除杂

煤矸石中的高岭石结构比较稳定，一般的酸、碱溶液很难和它发生化学反应，即它的化学活性很低，通常需采用高温煅烧提高其活性。高岭石经过一定温度高温焙烧活化，改变了结构和化学组成，使其中氧化铝尽可能成为脱稳态，形成偏高岭石，分为以下几个阶段：

第一阶段：脱去吸附水，温度范围大约在 100～110℃；

第二阶段：脱去结构水，当高岭石被加热到一定温度（通常为 450℃）将发生脱羟基反应，高岭石结构中的羟基以水的形式逸出，晶型结构的高岭石将转变为偏高岭石，从 450℃

开始失重，延续至 750℃ 左右结束，反应式可表示为：

$$Al_2O_3 \cdot 2SiO_2 \cdot 2H_2O \xrightarrow{450\sim750℃} Al_2O_3 \cdot 2SiO_2（偏高岭石）+2H_2O \uparrow$$

第三阶段：当温度继续升高到 925℃ 以上时，偏高岭石将重结晶，经硅铝尖晶石型转变为莫来石和方石英。

只有第二阶段生成的偏高岭石与酸具有较高的反应活性。因此，只要将高岭石于 450～750℃ 中煅烧便可生成有反应活性的偏高岭石，而偏高岭石中的 Al_2O_3 与 H_2SO_4 反应生成相应的 $Al_2(SO_4)_3$ 溶于酸性溶液中，SiO_2 却不溶，这样便可提高煤矸石原料中的硅铝比。

另外，煤矸石本身含有铁、钛等杂质，酸浸取过程中，这些杂质伴随着铝被酸浸出来。这些杂质离子的存在不但会对 Al_2O_3 浸出率的测定形成干扰，而且会影响合成分子筛的晶化过程，容易形成杂晶，因此必须在酸浸实验之前除去杂质。可用在煅烧过程中加入 NH_4Cl 的方法去除杂质。加热过程中，铁、钛与其结合生成沸点低于煅烧温度的氯化物，随着煅烧的进行挥发出去。高岭土在高温煅烧活化过程中加入一定量的氯化铵，发生如下反应：

$$NH_4Cl \Longrightarrow NH_3 \uparrow + HCl \uparrow$$
$$Fe_2O_3 + 6HCl \Longrightarrow 2FeCl_3 + 3H_2O$$
$$TiO_2 + 4HCl \Longrightarrow TiCl_4 + 2H_2O$$

而 $FeCl_3$ 的沸点是 319℃，反应生成的 $FeCl_3$ 在高温下升华，达到除铁的目的。同理，$TiCl_4$ 的沸点是 135.9℃，反应生成的 $TiCl_4$ 在高温下升华，达到除钛的目的。

（2）合成 ZSM-5 沸石分子筛

ZSM-5 是一种具有高硅三维交叉直通道的新结构沸石分子筛。ZSM-5 沸石分子筛骨架中硅氧四面体、铝氧四面体连接成比较特殊的基本结构单元 ［如图 3-19(a)］，结构单元之间通过共用的边相连成链状 ［如图 3-19(b)］，进而再连成片 ［如图 3-19(c)］。晶胞组成可以表示为：$Na_n\{Al_n Si_{96-n} O_{192}\} \cdot 16H_2O$（$n$ 为 0～20 左右），晶胞中铝的含量，即硅铝比可以在较大范围内改变，但硅铝原子总数为 96 个。根据 ZSM-5

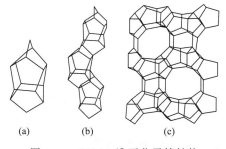

(a)　　(b)　　(c)

图 3-19　ZSM-5 沸石分子筛结构

沸石分子筛的晶胞组成：$Na_n\{Al_n Si_{96-n} O_{192}\} \cdot 16H_2O$（$n$ 为 0～20 左右）当 n 取值不同时，SiO_2/Al_2O_3 发生变化，Na_2O/SiO_2 也随之发生变化。

影响分子筛合成的主要因素包括：

1. 硅铝比（Si/Al，SiO_2/Al_2O_3）

反应物料的硅铝比对最终产物的结构和组成起着重要作用，产物的硅铝比与反应物料的硅铝比无明确的定量关系。一般情况下，反应物料的硅铝比总是高于晶化产物的硅铝比，并非所有结构沸石其低硅和高硅形式都能被合成出来。

2. 碱度（OH^-/Si，H_2O/Na_2O）

沸石合成中的碱度问题有两种含义，即 OH^-/Si 比和碱浓度水钠比。

OH^-/Si 比：OH^-/Si 升高会增加硅与铝的溶解度，改变原料物种在合成体系的聚合态及分布，在碱度大的体系中，多硅酸根的聚合度降低，这就加快了溶液中多硅酸根与铝酸根间聚合成胶和胶溶的速度。总的结果是增高碱度，缩短诱导期和成核时间，加快晶化速度有利于高铝沸石的生成，即晶化产物的 Si/Al 比降低。结晶度、pH 与反应时间的关系见图 3-20。

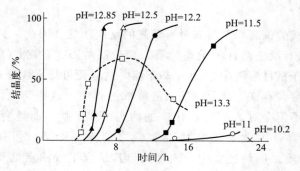

图 3-20 结晶度、pH 与反应时间的关系

碱浓度水钠比（H_2O/ Na_2O）：碱浓度增大，晶化加快，晶体粒度变小且粒度分布变窄。这是由于碱浓度增大造成硅、铝缩聚反应增大，成核速度加大结晶度、水钠比与反应时间的关系见图 3-21。

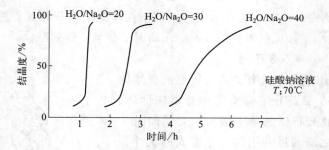

图 3-21 结晶度、水钠比（按物质的量之比）与反应时间的关系

三、实验仪器与试剂

主要仪器：电热真空干燥箱，循环水式多用真空泵，数显恒温水浴锅，定时电动搅拌器，电子天平，马弗炉，常用玻璃仪器，X 射线荧光光谱仪，X 射线粉末衍射仪，扫描电子显微镜。

主要试剂：乙酸，乙酸铵，氯化铵，浓硫酸，高岭土（球磨至 3000 目以下），硫酸铜，乙二胺四乙酸二钠，PAN，氧化锌，氢氧化钠，正丁胺，压力溶弹（聚四氟乙烯内胆），研钵，氨水，乙醇，ZSM-5 晶种。

四、实验步骤

1. 煤矸石的活化及除杂实验

称取一定质量的煤矸石，加入 10％（质量分数）煤矸石的固体氯化铵，混合均匀，盛于坩埚中。将上述耐火坩锅置入马弗炉中煅烧，升温速度为 10℃/min。升至 750℃，保温

1h，然后自然冷却。

2. 活化煤矸石的酸浸脱铝

精确称取一定量经过煅烧处理的活化煤矸石样品装入 250mL 三口瓶中与 20％硫酸溶液混合均匀，使用硫酸的量与活化煤矸石中铝所结合的硫酸的理论值的摩尔比为 1.2∶1。在恒温水浴锅水浴恒温 95℃ 下反应，温度波动范围为±1℃，反应时间为 45min。实验过程中用定时电动搅拌器混合均匀。反应完成后将偏高岭土转移出三口瓶，趁热用真空抽滤机进行抽滤，用去离子水反复洗涤滤饼，并且 65℃ 干燥滤饼，此为酸浸 1 次。活化煤矸石和酸浸脱铝的流程如下：

按同样的方法酸浸 4 次～5 次，采用 X 射线荧光光谱仪检测酸浸后产品中各成分含量，并计算其硅铝比。

3. 合成 ZSM-5 分子筛

称取一定量的步骤 2 产品，加入一定摩尔比的固体氢氧化钠、模板剂溶液和一定量的水，用 20％硫酸调节 pH 为 11，于室温下充分搅拌混合均匀，转入含有聚四氟乙烯内胆的压力溶弹；25℃ 老化 12h。升温至 170℃ 晶化 60h 后，抽滤、洗涤。将滤饼置于干燥箱中60℃ 烘干，磨细，550℃ 焙烧 5h 脱出模板剂，制得 ZSM-5 分子筛产品。具体的实验操作步骤如下：

4. 结果分析及表征

（1）利用单因素实验分别考察硅铝比、钠硅比和水硅比对合成分子筛产品的影响。

（2）利用 X 射线衍射仪对分子筛产品进行 XRD 分析、利用扫描电子显微镜对产品进行形貌分析，研究合成 ZSM-5 分子筛反应的适宜条件。

五、思考题

1. 活化时加入氯化铵的目的是什么？
2. 硅铝比如何计算得到？

[1] 张克立，孙聚堂，袁良杰，等 . 无机合成化学 . 武汉：武汉大学出版社， 2012.

[2] 高胜利，陈三平 . 无机合成化学简明教程 . 北京：科学出版社， 2010.

[3] 吴庆银 . 现代无机合成与制备化学 . 北京：化学工业出版社， 2010.

[4] 吴贤文，向延鸿 . 储能材料：基础与应用 . 北京：化学工业出版社， 2019.

[5] 徐如人，庞文琴，霍启升 . 无机合成与制备化学 . 北京：高等教育出版社， 2009.

[6] 化学实验教材编写组编 . 化学合成技术实验 . 北京：化学工业出版社， 2015.

[7] 朱继平 . 材料合成与制备技术 . 北京：化学工业出版社， 2018.

[8] 林建华，李彦，等 . 无机材料化学 . 北京：北京大学出版社， 2018.

[9] 孙万昌 . 先进材料合成与制备 . 北京：化学工业出版社， 2016.

[10] 郭松柏，耿海音 . 纳米与材料 . 苏州：苏州大学出版社， 2018.

[11] 徐甲强 . 材料合成化学 . 哈尔滨：哈尔滨工业大学出版社， 2001.

[12] 熊兆贤 . 无机材料研究方法 . 厦门：厦门大学出版社， 2001.

[13] 刘德宝，陈艳丽 . 功能材料制备与性能表征实验教程 . 北京：化学工业出版社， 2019.

[14] 李炎 . 材料现代微观分析技术：基本原理及应用 . 北京：化学工业出版社， 2011.

[15] 马毅龙，董季玲，丁皓 . 材料分析测试技术与应用 . 北京：化学工业出版社， 2017.

[16] 孙广 . 氧化物半导体气敏材料制备与性能 . 北京：化学工业出版社， 2018.

[17] 罗清威，唐玲，艾桃桃 . 现代材料分析方法 . 重庆：重庆大学出版社出版， 2020.

[18] 吕彤 . 材料近代测试与分析实验 . 北京：化学工业出版社， 2015.

[19] 黎兵，曾广根 . 现代材料分析技术 . 成都：四川大学出版社， 2017.

[20] 袁存光，祝优珍，田晶，等 . 现代仪器分析 . 北京：化学工业出版社， 2012.

[21] 马红燕，齐广才 . 现代分析测试技术与实验 . 西安：陕西科学技术出版社， 2012.

[22] 古映莹，郭丽萍 . 无机化学实验 . 北京：科学出版社， 2013.

[23] 陈凌霞 . 化学专业综合实验 . 北京：化学工业出版社， 2017.

[24] 史继诚，车如心 . 综合化学实验 . 北京：北京交通大学出版社， 2014.

[25] 刘树信 . 无机材料制备与合成实验 . 北京：化学工业出版社， 2015.

[26] 焦桓，杨祖培 . 无机材料化学实验 . 西安：陕西师范大学出版社， 2014.

[27] 师进生 . 材料化学综合实验 . 北京：化学工业出版社， 2017.

[28] 王兆波，王宝祥，郭志岩 . 实用材料科学与工程实验教程 . 北京：化学工业出版社， 2019.

[29] 黄薇 . 综合化学实验 . 北京：化学工业出版社， 2018.

[30] 陈万平 . 材料化学实验 . 北京：化学工业出版社， 2017.

[31] 化学化工学科组 . 化学化工创新性实验 . 南京：南京大学出版社， 2010.

[32] 钟山 . 中级无机化学实验 . 北京：高等教育出版社， 2003.

[33] 商少明 . 无机及分析化学实验 . 北京：化学工业出版社， 2019.

[34] 李志林，赵晓珑，焦运红 . 无机及分析化学实验 . 北京：化学工业出版社， 2015.

[35] 蔡定建 . 无机化学实验 . 武汉:华中科技大学出版社， 2013.

[36] 朱棉霞 . 综合、设计、研究性化学实验 . 南昌：江西高校出版社， 2008.8.

[37] 师进生 . 材料化学综合实验 . 北京：化学工业出版社， 2017.